Werner Rübe: Alexander v. Humboldt

WERNER RÜBE

Alexander von Humboldt

ANATOMIE EINES RUHMES

DEUTSCHER KUNSTVERLAG

Mit 11 Abbildungen und einem Brief
Alexander v. Humboldts an August Borsig

CIP-Titelaufnahme der Deutschen Bibliothek

Rübe, Werner:
Alexander von Humboldt: Anatomie e. Ruhmes/Werner Rübe.
- München : Dt. Kunstverl., 1988
ISBN 3-422-06023-5

Inhalt

»Um einen Charakter zu analysieren, muß man
das erste determinierende Motiv aufsuchen;
dies modifiziert alle anderen Kräfte.«

WILHELM VON HUMBOLDT

FÜR U. R.

»Mein Resultat habe ich längst,
ich weiß nur noch nicht genau,
wie ich dazu kommen werde.«

FRIEDRICH GAUSS

Vorrede

Es ist dies ein Versuch: Der Verfasser nimmt sich die Freiheit, aus faktischen Lagebeständen, aus Anschauungen und Meinungen von Männern, die Wichtiges zu diesem Thema beigetragen haben, bis in stilistische Einzelheiten hinein Vorteil zu ziehen. Es kam ihm nicht darauf an, nur Originales zu sagen. Vielmehr verfügte er über das bereitliegende Material, wo immer er es fand, um die Tatsachen, wie er sie versteht, bloßzulegen und den inneren Haushalt der Humboldtschen Existenz aufzuzeigen. Der Kenner wird die Verweise zu finden wissen, der interessierte Laie sie nicht vermissen.

Wurde er sich der Übernahme einer geistvollen Periodisierung bewußt, wählte er die »stille Dankesformel des Zitats«.

Man erwarte von ihm weder Offenbarungen noch Gelehrsamkeit: Dieser biographische Essay ist nicht die Arbeit eines Wissenschaftshistorikers. Ihm kam es darauf an, Soll und Haben eines großen Daseins für seine Zeit neu zu berechnen; Persönlichkeit und Charakter des Jahrhundertmannes, darauf wirkende Gegebenheiten, sein Milieu und die Einheit seiner Person, auch seine Körperlichkeit darzustellen.

Es schien ihm nicht seine Aufgabe, das Weihrauchfaß zu schwenken. Vielmehr ist seine Überzeugung, daß der Held wachsen wird, so, wie er an Wahrheit zunimmt.

Er ist in die dunklen Keller der Originalia, der wissenschaftlichen Lebensbeschreibungen, der Memoiren- und Briefliteratur gestiegen, um die dort in staubigen Fässern dahindämmernden Kostbarkeiten für den geneigten Leser auszuplündern und auf Flaschen zu füllen. Dennoch hofft er, den maltenen Lebenston Alexander von Humboldts getroffen zu haben: Nur ein Abguß der Venus Kallipygos ziert die Treppe des Palazzo Camuccini; - und freut sich nicht alle Welt an den erborgten Gefälligkeiten?

Darfeld, Antoinettenburg, April 1988

»Wenn man einen Riesen sieht, untersuche
man erst den Stand der Sonne und gebe acht,
ob es nicht der Schatten eines Pygmäen ist.«

Novalis

Erstes Kapitel

Die saturnische Sphinx

Schon zu seinen Lebzeiten war Alexander von Humboldt eine Legendengestalt: Er war Weltbürger, Deutscher und Preuße zugleich. Seine Silhouette schmückte Wohnräume zwischen Washington und Philadelphia; im Palast des Königs von Siam war sein Portrait das Pendant zur Queen Victoria; die Bostoner Society of National History ließ ihn von Moses Wight malen. In Mexiko hängt sein Bild im Colegio de Mineriá, sein Standbild grüßt dort am Eingang zur Nationalbibliothek.

In seinen späteren Jahren erwarben ausländische Besucher für drei Thaler von seinem Diener Seifert die berühmte Farblithographie nach dem verschollenen Aquarell von Hildebrandt, Humboldt im kosmopolitischen Frack vor dem Schreibtisch seines Arbeitszimmers zeigend: »Ein getreues Abbild meiner Arbeitsstube, als ich den zweithen Teil des Kosmos schrieb«, vermerkte er mit eigener Hand am Rand des Blattes; ein kostbares, von den Fremden erstaunt vermerktes Faksimile, dem Absatz des Druckes förderlich. Franz Krügers figurenreiches Bild »Huldigung« von 1844 zeigt ihn umgeben von der geistigen Prominenz Berlins.

Denkmäler von Saint Louis bis Lima wurden ihm errichtet. »Neben Goethe stehen könnte nur einer, Alexander von Humboldt« entschied der Sprachforscher Jakob Grimm, als 1862 vor dem Berliner Schauspielhaus Standbilder Goethes, Schillers, Lessings errichtet werden sollten. Amerikanische Reisende bestellten für ein transatlantisches Damenkränzchen seine Büste beim Berliner Bildhauer Rauch, seinem Freund.

Sein stark entwickelter Sinn für Publicity ließ es zu, daß aufstrebende Industriewerke - Humboldt-Deutz - die Werbekraft seines Namens nutzten; Alexander schickte als erster Guano nach Europa, die Indios verwendeten ihn seit Jahrhunderten auf ihren Feldern: Die Geburtsstunde des Chile-Salpeter-Exportes und der künstlichen Düngung der erschöpften Äcker Europas dämmerte herauf.

Pflanzen tragen seinen Namen; Speiselokale, Berge und Mineralien, Gletscher, Buchten, Meeresströmungen in Zentralasien, Grönland, Ecuador, Neu-Guinea, Nevada, Neukaledonien, Kalifornien und Bochum sind nach ihm benannt. Das Mare Humboldtianum im nördlichen Quadranten des damals noch Klopstock'schen »stillen Gefährten der Nacht« erinnert an seine astronomischen Interessen.

Ein Grenzstreit zwischen Brasilien und Venezuela sah ihn als Schiedsrichter. Er äußerte sich hierüber in rückerinnernder, heiterster Ironie: »Früher wollte man mich in Rio de Janeiro als gefährlichen Kundschafter verhaften ... der dazu ausgefertigte Befehl wird noch dort als Merkwürdigkeit gezeigt; jetzt macht man mich zum Schiedsrichter! Ich habe natürlich für Brasilien entschieden, denn ich wollte den großen Orden haben, die Republik Venezuela hat keinen!«[1]

Auf seiner Rußlandreise sahen sibirische Bauern in ihm einen allwissenden Magier, erwarteten von ihm Auskunft über den Verbleib gestohlener Gäule und die Namen der unbekannten Räuber. Graf Cancrin, Finanzminister des Zaren, ließ Humboldt bitten, er möge sich entscheiden, ob Platin wohl die rechte Währungsbasis für Rußland sei. Er war dagegen. Aus Nebraska richtete man an ihn die Frage, wo denn die Schwalben im Winter blieben ...

Der »Essai politique sur le royaume de la Nouvelle Espagne«, die bedeutendste volkswirtschaftlich-statistische Untersuchung, die in der ersten Hälfte des 19. Jahrhunderts über ein Land geschrieben worden ist, half zur Einführung mexikanischer Bergwerksaktien an der Londoner Börse. Die Stelle des Generaldirektors und Konsultanten einer dieser Gründungen für Europa - und dazu Freiaktien, an denen er 20000 Pfund hätte gewinnen können - lehnte er ab.

Die Gesellschaft von Fox, Hendersson und Brussey wählte den Punkt am Golf von San Miguel zum Durchstich des Panama-Kanals, den Humboldt 40 Jahre zuvor bezeichnet hatte. Minister Fould berichtete Napoleon III. nach Alexanders Ableben: »Sire, der Tod des Herrn Humboldt ist ein trauriges Ereignis für die gelehrte Welt! ... Nach Deutschland findet sein Verlust in Frankreich den schmerzlichsten Widerhall ... Unsere bewährtesten Gelehrten waren seine Mitarbeiter; er hat seine wichtigsten Werke in französischer Sprache geschrieben. Er gab für unser Land solche Sympathie ... zu erkennen, daß er fast unser Landsmann geworden ist.«[2] Und der französische Kaiser ordnete daraufhin die Aufstellung einer zwei Meter hohen Marmorstatue in der Galerie von Versailles an.

Nach seinem Tode prägte die Pariser Akademie der Wissenschaften eine Denkmünze, die ihn »als den größten Gelehrten seines Jahrhunderts, als den Gründer der allgemeinen Physik des Erdballs, als den neuen Aristoteles« feierte.

So weit reichte der Ruhm Humboldts!

Dieser Privatmann erwarb die Bewunderung seiner größten Zeitgenossen: Vermochte die bloße Ankündigung seines Besuches nicht Goethe, nach Schillers Tod mürrisch und mißmutig im überheizten Zimmer gegen Newtons Farblehre anarbeitend, in eine freudige, aufgeregte Stimmung zu versetzen? Hören wir ihn selbst, im Gespräch mit Eckermann: »Alexander von Humboldt ist diesen Morgen einige Stunden bei mir gewesen« sagte er mir sehr belebt entgegen ... »Was ist das für ein Mann! Ich kenne ihn so lange und doch bin ich von neuem über ihn in Erstaunen. Man kann sagen, er hat an Kenntnissen und lebendigem Wissen nicht seinesgleichen. Und eine Vielseitigkeit, wie sie mir gleichfalls noch nicht vorgekommen ist! Wohin man rührt, er ist überall zu Hause und überschüttet uns mit geistigen Schätzen. Er gleicht einem Brunnen mit vielen Röhren, wo man überall nur Gefäße unterzuhalten braucht und wo es uns immer erquicklich und unerschöpflich entgegenströmt.«[3]

Hat Goethe ihm nicht in den »Wahlverwandtschaften«, in Ottiliens Tagebuch, mit zartsinniger Zustimmung gehuldigt: »Nur der Naturforscher ist verehrungswert, der uns das Fremdeste, Seltenste, mit seiner Lokalität, mit aller Nachbarschaft, jedesmal in dem eigensten Element zu schildern und darzustellen weiß. Wie gerne möcht ich nur einmal Humboldten erzählen hören.«

Bezeugte nicht 1832 Charles Darwin - kein Schönredner - sechs Wochen nach seiner Ankunft in Brasilien: »Ich bewunderte früher Humboldt, jetzt bete ich ihn beinahe an.«[4]

Aber was für ein merkwürdiger Naturforscher war auch dieser Mann, der eine neue Epoche der Erfahrungs-Wissenschaften herauf führte. Für die Familie ein in ungewöhnlichen Bahnen sich entwickelnder, gedunsener Knabe, durchstreifte er die Umgebung der Tegeler Malche, sammelte Steine, trocknete Pflanzen. Erst die Soldatenlaufbahn bedenkend, dann zum Studium der Kameralistik bestimmt, einem Fache, das diejenigen zu ergreifen pflegten, die zu sonst nichts entschlossen erschienen, begann er seine Laufbahn sechs Jahre nach dem Tode Friedrichs des Großen als Assessor im preußischen Bergdepartement. Die Chemie hatte sich von der metaphysischen Phlogiston-Theorie, von einem Wärmestoff, der bei Verbrennung brennbarer Körper entweichen sollte, noch nicht befreit. Die experimentell entwickelte zahlenmäßige Erfassung chemischer Prozesse des französischen Chemikers Lavoisier wurde als »welsche Hypothese« abgetan.

Als Humboldt starb, 67 Jahre später, war er der geistige Führer seines Jahrhunderts, ein »Ehrenbürger der Erde«, »Mäzen der Wissenschaft«, »der wissenschaftliche Wunderdoktor Amerikas«, der nach dem Zeugnis Simon Bolivars »für Südamerika mehr geleistet hat als alle Konquistadoren zusammengenommen«. Metternich und Zar Alexander I. fühlten sich durch seine Anteilnahme geehrt. Auf sein hinabsinkendes Leben fiel noch die Morgenröte des neuen wissenschaftlichen und geschichtlichen Säkulums.

Nicht die metaphysische Spekulation, die Ideen einer »Naturphilosophie ohne Kenntnis und Erfahrung«, sondern die materialistische Naturforschung in Absicht auf ihre humanistische Zielrichtung wurde ihm »zu einem Hebel geistiger Befreiung des Volkes«.[5] Das Zeitalter der Technik brach an, Erfindungen, Maschinen, Fabriken begannen die Phantasie der Massen zu beschäftigen, die Gesellschaft, Natur und Daseinsformen verändernd. In Berlin steht Europas größte Dampflokomotivenfabrik. Der Besitzer, August Borsig, war Humboldts Freund. Eine Gasbeleuchtung erhellt die Straßen »Unter den Linden«, der Morseapparat wird entdeckt. Die schlesischen Weber in Langenbielau beginnen zu hungern. Darwin arbeitet an seiner Abstammungslehre.

Aber wie hart wurde Humboldten dieser Weg: Trotz eines aufgenötigten Bildungsganges, trotz aller Ablenkungen und Versuchungen, ihn für den preußischen Staatsdienst zu gewinnen, hielt er unverrückbar an seinem prägenden Jugendtraum, am Ziel seiner südamerikanischen Forschungsreise fest.

Und *wie* hat er diese Reise vorbereitet, wie sie durchgeführt! War er nicht wie ein Toller auf jeden ihm zugänglichen Berg gestiegen, hatte Höhenmesser und Spiegelsextanten mit sich geschleppt, die Luft in Gasflaschen zur analytischen Untersuchung eingefangen, seinen wenig leistungsfähigen Körper durch Fußmärsche, Bergwanderungen systematisch trainiert?

Er beschäftigte sich mit Technologie, Altertumswissenschaften, Physik, Chemie, Physiologie, Geognosie, Mathematik, Bergbauwissenschaft und Geologie. Übte sich im Gebrauch der geodätischen Instrumente, schrieb als 28jähriger an den Wiener Botaniker Josef van der Schot: »Ich erfülle meine Zwecke treulich, die ich mir vorgesetzt, aber da diese Zwecke keine anderen als die des Lernens, Studierens, Einübens mit meinen physikalischen und astronomischen Instrumenten, Präparierens zur westindischen Reise sind, so läßt sich selbst dem Freund wenig davon erzählen ... Ich lese und schreibe ununterbrochen fort.«[6]

Er sammelte im Gespräch Kenntnisse von den aus Westindien stammenden Brüdern Keutsch, traf in Göttingen den großen Anatomen Sömmerring, »der einer Negerleiche die Haut abzog, um am Rest die wesentliche Einheit des Menschengeschlechtes zu demonstrieren und daraus die Folgerung gleicher Rechte, insbesondere das der persönlichen Freiheit aller Rassen zu ziehen«.[7]

Hörte später für acht Wochen ein Privatissimum beim Anatomen v. Loder in Jena, präparierte sechs Stunden täglich im Umgang mit seinem Bruder Wilhelm, mit Goethe und Schiller auf dem anatomischen Theater, um sich auf jene Reise vorzubereiten. Studierte in London in der botanischen Bibliothek des Präsidenten der African Association, des Sir Joseph Banks, der Cook auf seiner Weltreise begleitet hatte, machte sich mit den modernsten englischen Meßinstrumenten vertraut.

Und war von einer krankhaften Unruhe, Sprunghaftigkeit, Selbstüberheblichkeit, ein Junggeselle, bei den Damen stets wohlgelitten: Frau Prof. Ilgen, bei der Humboldt in Jena wohnte, erinnerte sich an ihn als »den Naturforscher, den witzigen, stets mit Elektrisiermaschinen und galvanischen Säulen hantierenden Experimentator, als einen liebenswürdigen, hübschen Mann und unbezweifelt als den schönern der beiden Brüder.«[8]

Er unternahm - 1799 - einen barometrischen Meßzug durch Spanien, das Landesinnere erstmalig als Hochplateau erkennend; gewann durch seiltänzerisches Unterhandlungsgeschick Seine katholische Majestät, den König von Spanien, der ihm, dem Protestanten, entzückt, daß der Preuße spanisch sprach, seine südamerikanischen Kolonien zu unbeschränktem Reisen und Forschen öffnete.

Er hielt bei seinem Vorsatz aus, die westindische Reise zu wagen, als Napoleons Heere durch Europa dröhnten, die Häfen des Festlandes von den Engländern blockiert waren, er vor der Küste Neuspaniens zu kentern drohte und ein entsprungener Zambo seinen botanischen Reisegefährten Bonpland niederschlug. Mit vier Indios und einem Zoo von 25 Vögeln und anderen Tieren in einer kaum ein Meter breiten Piroge zusammengepfercht, von Affenfleisch, Ameisen, Maniok und Pisang lebend, fuhr er in 75 Tagen 2250 km den Orinoco bis zum Rio Negro hinauf und über den Casiquiare wieder herab; dabei unermüdlich notierend, sammelnd, messend, und setzte Mit- und Nachwelt durch die Exaktheit seiner numerischen Ergebnisse und den Umfang der Sammlungen in Erstaunen. 170 Moskitostiche zählte man dort auf einem wissenschaftliche Daten niederschreibenden Handrücken; und er dachte darüber nach, wie man der vergleichenden Botanik die Zahl, die Statistik dienstbar machen könnte. Ohne Schuhe, von Sandflöhen geplagt, abgerissen, im strömenden Regen überquerte er viermal die Hochebenen der Anden, erklomm - fast - als erster den Chimborazo, war damit für eine Generation der gefeierte Mann, der am höchsten gestiegen war.

Und landete dann nach fünf Jahren extremer Forschungsarbeit, der Einladung Carlos IV. zur Rückkehr nach Spanien - aus Furcht vor Gefängnis und Kerker - wohlweislich nicht folgend, in Bordeaux mit 35 Sammlungskisten und 60000 Pflanzen beladen, um 33500 preußische Thaler ärmer; von seiner Schwägerin Caroline, geb. v. Dacheröden, und tout Paris als Wissensfürst empfangen. Napoleon, im allgemeinen Empfangsgedränge, fertigte ihn ab: »Ich höre, Sie treiben Botanik? Das tut meine Frau auch.«[9]

Bereits morgens um 7 Uhr eilte Alexander durch die Mansardenbehausungen emporstrebender junger Forscher, sich unterrichtend, fördernd, anregend; denn lang schlafen galt im Hause Humboldt schon immer für ein »verjährtes Vorurtheil«.[10]

So geschäftig werden wir ihn stets sehen, bis in die Nachtstunden einer riesigen Korrespondenz verpflichtet. Denn alles schrieb er eigenhändig auf Octavbögen, dem egalitären Format des Weltbürgers, gleich angemessen für Fürsten und Stubengelehrte, mit seiner großzügigen, im Alter kaum leserlichen Schrift, das Papier auf den Knien haltend: ein Rheumatismus der Schulter plagte ihn - Erinnerung an den Orinoco, wie er sagte; aus Eitelkeit, der Öffentlichkeit eine Weitsichtigkeit zu verbergen, wie andere es wissen wollten.

Alles war ihm gleichbedeutend: Wenn er seinem Namensvetter, dem Landwehrmann in der Ersatz-Escadron des 8. Regimentes, Ludwig Humboldt, 10 Thaler übermittelt, oder der König ihm den Pariser Gesandtschaftsposten anbieten läßt. Wenn er dem Präsidenten der Londoner Royal Society, dem Herzog von Sussex, die Einrichtung weltweiter magnetischer Beobachtungsstationen vorschlägt, oder er seinen Freund, den Museumsdirektor Ignaz v. Olfers, ermahnt, der Galeriedienerswitwe Winkel (Markgrafenstr. 8) ja nicht das von ihm bezahlte Fuder Winterholz (20 Thaler) zu versagen. Wenn er einen seiner zahllosen Empfehlungsbriefe im Stile eines Fürsten schreibt: »Alle diejenigen, welche in den Vereinigten Staaten und in den übrigen Ländern Amerikas meinem Namen und meinen Amerika betreffenden Arbeiten eine wohlwollende Kenntnis gewidmet haben, sind gebeten, Herrn Dr. ... personne distinguée par ses talents et la noblesse de son caractère, mit Güte aufzunehmen ...«; [11] oder wenn er zum Kanzler der Friedensklasse des Ordens »pour le mérite« ernannt wird.

Er war kein Stubenhocker, seine Weltkenntnis war stupend. Der Sprache mächtig, voller Charme, war er ein Causeur hohen Grades, spanisch, englisch, französisch, deutsch, italienisch parlierend, eine Zierde aller Salons zwischen Paris und Petersburg. Und nicht nur Forscher und Naturwissenschaftler war dieser sonderbare Berliner. Erwirkt er nicht am späten Abend seines vielbewegten Lebens die Abschaffung der Sklaverei für Preußen? Hat er nicht die Ideale der Französischen Revolution zeit seines Lebens hochgehalten, ein liberaler Republikaner neben dem Königsthrone? Hat er nicht dem Reisebegleiter des Weltumseglers Cook, Georg Forster, der in den Revolutionswirren der 94iger Jahre unterging, stets ein ehrendes Andenken bewahrt? Den König Friedrich Wilhelm III. auf den Weg der konstitutionellen Monarchie zu lenken gesucht, sich an die Spitze des Trauerzuges für die im Vormärz 1848 Gefallenen gesetzt, der schwarz-rot-goldenen Fahne folgend?

Schien er nicht völlig gleichgültig gegen Angriffe und Verleumdungen? Hatte er nicht Schillers Verdikt gelassen seinem Freund Varnhagen mitgeteilt: »Ich sei ohne Spur von Einbildungskraft, ein beschränkter Verstandesmensch...«?[12] In sein Tagebuch trug er die vernichtenden Sätze unkommentiert, nur mit ein paar Ausrufungszeichen versehen, aus dem für ihn so bitteren Briefwechsel zwischen Christian Gottfried Körner und dem stets scharf aburteilenden Schiller ein: »Ich fürchte aber, trotz aller seiner Talente und seiner rastlosen Tätigkeit wird Humboldt in seiner Wissenschaft nie etwas Großes leisten. Eine zu kleine unruhige Eitelkeit beseelt noch sein ganzes Wirken... Er hat keine Einbildungskraft, ...imponiert sehr viel und gewinnt im Vergleich mit seinem Bruder meistens, weil er ein Maul hat und sich geltend machen kann.«[13]

Betrachten wir diesen folgenreichen Menschen genauer: Die Schlacht vor Jena war verloren, der preußische König flüchtig, Napoleon zog als Sieger durch das Brandenburger Tor. Humboldt aber saß im Gartenhause des Branntweinbrenners George und beobachtete die Abweichungen der Magnetnadel beim Durchgang eines Lichtmeteors.

Sehen wir ihn zu einer Zeit, als er bereits in einem Atem mit Albertus Magnus, mit Leibniz genannt, sich um einen blutarmen, tuberkulösen, unbekannten jungen Mathematiker - Eisenstein - bemühen. Hören wir ihn strahlend im Glanze seines Ruhmes im ersten Kapitel seines anmutigsten Werkes, den »Ansichten der Natur«, das ihm die Herzen der aufstrebenden Klasse eröffnete: »Wenn aber in der Steppe Tiger und Krokodile mit Pferden und Rindern kämpfen, so sehen wir an ihrem waldigen Ufer, in den Wildnissen der Guayana, ewig den Menschen gegen den Menschen gerüstet. Mit unnatürlicher Begier trinken hier einzelne Völkerstämme das ausgesogene Blut ihrer Feinde; andere würgen, scheinbar waffenlos und doch zum Mord vorbereitet, mit vergiftetem Daumennagel. Die schwächeren Horden, wenn sie das sandige Ufer betreten, vertilgen sorgsam mit den Händen die Spur ihrer schüchternen Tritte. So bereitet der Mensch auf der untersten Stufe tierische Roheit, so im Scheinglanz seiner höheren Bildung sich stets ein mühevolles Leben. So verfolgt der Wanderer über den weiten Erdkreis, über Meer und Land, wie der Geschichtsforscher durch alle Jahrhunderte, das einförmige, trostlose Bild des entzweiten Geschlechts.«[14]

Beginnen wir nun die Wurzel seines ein Leben lang durchgehaltenen heroischen Optimismus zu verstehen?

Für Goethe war Humboldt »der größte Naturforscher des Jahrhunderts«. Charles Darwin bezeichnete Alexander »als den größten wissenschaftlichen Reisenden«, der je gelebt hat. Aus Fridtjof Nansens, aus Sven Hedins Reisebeschreibungen schimmert noch ein Nachglanz Humboldtschen Geistes. So sehen seine Bewunderer Alexander von Humboldt. Ganz anders malt sich sein Bild in den Köpfen seiner Gegner!

Welche Wirkungen, so fragen sie, hat diese ungeheure Begabung hinterlassen! Wo sind die fernhin bleibenden Resultate seiner rastlosen Tätigkeit? Was ist herausgekommen bei dieser unbeugsamen Willensanspannung, bei all diesem Glanz des Ruhmes?

»Die eigentlichen Fortschritte, die unser wissenschaftliches Erkennen Humboldt direkt verdankt... sie lassen sich ohne Mühe zählen und messen«[15] antwortet Alfred Dove. Und schrieb nicht Schopenhauer, als man ihn aufforderte, Alexander eines seiner Bücher zu dedizieren: »Ich, meine Werke dem Compilator zu Füßen legen? Die Speichelleckerei der Gelehrten gegen ihn ist ekelhaft, zumal wenn sie seinen schönen Stil bewundern. Der hat etwas ganz spezifisch Langweiliges, in seiner breiten Wohlgesetztheit. Mit welcher irgend wichtigen allgemeinen Wahrheit Humboldt die Menschheit bereichert hat, habe ich noch zu lernen!«[16] Kam nicht selbst Goethe der Verdacht, der vielwissende Welteroberer sei vielleicht nur »der größte Redekünstler«?[17]

Und war es nicht so? Setzten nicht viele Gelehrte in die Zuverlässigkeit und Genauigkeit seiner Resultate berechtigte Zweifel? Hatte er sich wirklich dem Chimborazo-Gipfel bis auf eine Höhe von 18096 Fuß genähert? Wichen seine Angaben über das Verhältnis des Stickstoffs zum Sauerstoff auf dem Gipfel des Chimborazo nicht wesentlich von den aerostatischen Analysen Gay-Lussacs ab? War nicht die ganze Lage des Marañon falsch angegeben? Stand nicht auf seiner südamerikanischen Reise sein Barometer, wichtigstes Instrument der Höhenbestimmung, einen Grad zu hoch? Hatten die nachfolgenden Geographen nicht genug zu verbessern an den Bestimmungen von Orten, die Humboldt gar nicht selbst besucht, sondern nur nach den Erzählungen Unwissender in seine Karten eingetragen hatte? Lastet nicht auf den Resultaten der westindischen Reise der Verdacht, daß er viele Gedanken anderer, die Idee einer Geographie der Pflanzen z. B. von Haenke, dem zur gleichen Zeit in Südamerika Reisenden und Berichtenden, übernommen hat? Nannte Darwin - sein Bewunderer - seine Arbeiten nicht dennoch »wunderliches Zeug«?[18] Stellte sich nicht in einem Gespräch mit Robert Brown heraus, daß in der »Monographia Melastomacearum«, einem Resultat der südamerikanischen Forschungsreise, von Bonpland und Kunth bearbeitet, keine einzige echte Melastoma enthalten war, da diese Gattung im tropischen Amerika gar nicht bekannt ist?

Schätzte er nicht - trotz unendlichen wissenschaftlichen Sammeleifers - Robert Mayers Veröffentlichung des Gesetzes von der Erhaltung der Energie, eine Erkenntnis von Weltrang, als »nicht immer ganz christliche, aber immer sehr romantische Poesie« gänzlich falsch ein? Entwickelte sich die Geologie nicht vollends anders, als er es vorausgesagt?

Der Vorwurf bleibt unwidersprochen, daß er in den experimentellen Arbeiten seiner Frühzeit seine eigenen Erfahrungen zu wenig und spekulative Hypothesen zu schnell zu Worte kommen ließ. Trennte ihn nicht von der wahren Einsicht in naturwissenschaftliche Zusammenhänge der Mangel an physikalisch-mathematischem Verständnis? Ist dies unablässige Bemühen, die *Idee des Weltganzen* darzustellen, nicht die verderbliche Wurzel des deutschen, nachbiedermeierlichen Bildungsideals – Natur als ästhetischen Anthropomorphismus aufzufassen? War nicht seine schleppende, schwer verständliche Prosa Ursprung der vielberühmten Schachtelsprache deutscher Gelehrter bis in unsere Zeit?

Humboldts Gegner beklagen nicht nur das Fehlen tatsächlicher Ergebnisse, weisen nicht nur auf die offensichtlichen Mängel seiner Arbeiten hin, sondern auch auf die Schwächen seiner Person und seines Charakters. War er wirklich ein großer Naturforscher? Deutete die Leichtigkeit, mit der er sich in seinen späteren Jahren die Ansichten anderer angeeignet, nicht nur »auf eine große Frische des Geistes«, sondern »... auf eine große Oberflächlichkeit hin«?[19]

Grillparzer vermißte bei seinem Besuch die geistige Atmosphäre und trug in sein Tagebuch ein: »Man fühlt nicht die Gegenwart eines bedeutenden Mannes«[20]. Wurde nicht seine Bereitschaft, jeden, der sich ihm näherte, vorbehaltslos zu empfehlen, als Leichtfertigkeit im Urteil von halb Europa belächelt? War es überhaupt wahr, daß sein übergroßer Forscher- und Entdeckungsdrang ihn zur südamerikanischen Reise trieben? Hatte er nicht vielmehr - wie große und humboldtfreundliche Biographen andeuten - dieses planmäßig vorbereitete Unternehmen nur ausgeführt, um seinen brennenden Ehrgeiz , seine Eitelkeit und Ruhmsucht zu befriedigen?

Seine Feinde nannten ihn öffentlich »einen unergründlichen Vielwisser, der über alle möglichen Dinge, die er nicht genau kenne, spreche und sehr geschickt zusammenzuschreiben verstehe, was andere gedacht und erfunden«[21]. Ihnen war der »unwürdige, frasenhafte Homboldtcultus« zuwider, der diesem »hochgebildeten, vielvermögenden und vielbewirkenden Dilettanten«[22] gewidmet wurde. War dieses »Composé von Liebenswürdigkeit, Eitelkeit, weichem Sinne, Kälte und Wärme«[23] durch die Veröffentlichung seines Briefwechsels mit Varnhagen nicht in seinem wahren Charakter in den Urteilen über seine Mitmenschen unbarmherzig enthüllt? Seine Liberalität, die lebenslange Anstrengung, sich als Freund der Freiheit, als Mann des Volkes darzustellen, sein stets bewundertes Gedächtnis, seine unermüdliche Fürsorge, was davon ist wahr?

War er nicht »ein nach Fürstengunst haschender Mensch, der sich nur wohl fühlte, wenn ihn die Sonne des Hofes beschien«?[24] Es waren nicht nur halblaute Stimmen, die ihn »einen Höfling, einen selbstgefälligen Schwätzer«, eine »Plüschfigur« nannten, für einen »recht eitlen Sterblichen« hielten.

Varnhagen, vom 72jährigen Humboldt zu seinem Eckermann ausersehen, äußerte sich hierzu: »Humboldt hat viele Feinde unter den Gelehrten. Unaufhörlich wird versucht, ob man ihn schimpfen könne...«. Bismarck berichtete als Augenzeuge, wie der alte Humboldt, Kammerherr Friedrich Wilhelms IV., die vor sich hindösende Abendgesellschaften durch stundenlanges Vorlesen in seiner Weise zu unterhalten versuchte, während die jungen Adjutanten seitwärts kicherten: »niemand hörte ihm zu«. - Der Generaladjutant »Gerlach aber saß auf einem kleinen niedrigen Stuhle, über dessen Rand sein fetter Hinterer auf allen Seiten herabhing, und schlief, daß er schnarchte«. Und wie Alexander, als ein anderer das Wort an sich riß, außer sich war, mürrisch zu Tisch ging, »sich den Teller mit einem Haufen - so hoch - von Gänseleberpastete, fettem Aal, Hummerschwanz und anderen Unverdaulichkeiten«[25] auffüllte. Haym, der große Biograph seines Bruders Wilhelm, erlebte einen ärgerlichen Humboldt, der ihm die Rede abschnitt, nicht allzu freundlich war, sich »Einleitungen verbat und mit dem Fuß aufstapfte«[26], als ihm der Name eines von ihm geförderten Holsteiners nicht einfiel. Kroch er nicht in die entlegensten Winkel von Paris, in die Dachstuben des Quartier Latin, um einem unbekannten Gelehrten etwas von dessen Spezialwissen abzugewinnen, es in seinen Schriften oder Gesprächen benutzend? - »Ging nicht seine ganze Richtung dahin, im Gespräche Notizen zu sammeln, die er dann wieder bei anderer Gelegenheit mitteilt«?[27] Man sprach davon, sein berühmtes Gedächtnis beschränke sich darauf, daß er sich auf seine Besuche und Abendgesellschaften förmlich vorbereite und Gelehrte und Schriftsteller dann in Erstaunen versetzte, wenn er ganze Partien aus deren jüngsten Schriften wörtlich zitierte oder mit ihnen über den Inhalt eines eben von ihnen veröffentlichten Buches sprach.

So sahen andere seine schriftstellerischen Arbeiten, die über 1000 Veröffentlichungen: War nicht sein Stil gedehnt und überaus mittelmäßig, der häufige Reflex von der Sache auf die Empfindung störend, »war ein Haschen nach gewählten Ausdrücken«[28], krankte an umständlichem Periodenbau und überlangen Partizipialkonstruktionen? Wie urteilte Schiller über ihn: »Aber Herr Humboldt hat keine gute Gabe zum Schriftsteller«[29].

Schon die Zeitgenossen machten sich lustig über die Eitelkeit eines Naturforschers, der an seinen Verleger schrieb: »Ich behaupte dagegen mit Selbstliebe, daß dieser zweite Band (des KOSMOS) für Anmuth der Sprache und Fülle der Ideen das Beste ist, das ich je geschrieben habe. Lächeln Sie nicht über meine Ruhmsucht...«.[30] Und haben nicht durch alle Zeiten unerbittliche Federn zu zeigen versucht, daß er ein eitler Schwätzer und Abschreiber, ein Fürstendiener und Literat, ein Zyniker und Frauenverächter, naturwissenschaftlich ein Pfuscher und politisch ein unheilvoller Verräter der Sache des Volkes gewesen ist? Ein Materialist und Seelenmörder, wie ihm die Jesuiten ins noch offene Grab nachriefen? Es soll wahr sein, daß ein Haufen zerlumpten und betrunkenen Pöbels den Katafalk auf seinem mitternächtlichen Wege vom Berliner Dom zur Tegeler Grabstätte besudelte, den Sarg mit Pfiffen und Possen zur Stadt hinaus begleitend.

Steht Alexander nur für seine Gegner in einem Zwielicht des Undurchsichtigen und Scharlatanesken? Jenes Zwielicht - so behaupten seine Feinde - beruht auf dem Mangel an Charakter. Denn dieser Mensch hatte ja kein natürliches Verhältnis zu den Menschen, den Frauen, ja nicht einmal zur Natur, wie ihm sein Bruder bescheinigte: »Darum versteht er nicht die Menschen, obgleich er ganz leidlich selbst malt, nicht, so kühn und schrecklich das zu sagen ist, die Natur, in der er täglich Entdeckungen macht.«[31]

Nahm Alexander nicht von dem was außerhalb seines Wirkungskreises vor sich ging, keine Notiz, gab ihm das nicht einen Anschein von Härte und Herzlosigkeit? War er nicht ein hochkarätiger Egoist, sein Selbst genießend, sein Leben, sein Dasein zur Kunstform emporstilisierend? Man erzählte sich, er ließe zu sehr merken, wieviel ihm am Urteil der Welt liege, und schade sich dadurch sehr.

Humboldts Gegner zögern nicht auszusprechen, warum er mit der Welt in Scheidung lebte. Kritiker weisen auf die Undurchsichtigkeit seiner Vita sexualis hin, auf seine vom pädagogischen Eros getriebenen Freundschaften zu seinen Jugendfreunden, zu Wegener, zu Freiesleben, zitieren die glühenden Briefe an von Haeften, erstaunen über das seltsame, wirtschaftlich abhängige Verhältnis zu seinem Diener Seifert. Sollte aus so unergründlichen Tiefen ein solches Schicksal, eine solche Epoche setzende Lebensleistung erwachsen sein?

Ein mächtiger Chor von Lobrednern, eine orchestrale Fülle wissenschaftlicher Arbeiten, auch Diskantstimmen führen die Symphonie seines Ruhmes auf. Wahre Einsicht in menschliche Motive ist schwierig, die Struktur eines Charakters vielschichtig. Spricht uns dies an in einer Zeit des Niederganges, »wo alles um uns Scham erregt«?[32]

Worin also lag Humboldts Größe? Es war sein unverrückbarer Entschluß, ein Herr zu sein; unabhängig zu bleiben durch alle Anfechtungen seines langen Lebens hindurch. Nie erlag er der Anmutung bedeutender Staatsstellungen, nie den Lockungen der »galvanischen Reizmittel«[33], des Geldes. Nie ließ er sich zwingen, um des täglichen Brotes wegen ein Amt anzunehmen. Mit einem silbernen Löffel im Munde geboren verschwendete er das ererbte Vermögen für seine von einer universalen - philosophischen - Zielsetzung bestimmten südamerikanischen Forschungsreise: verwendete 20 Lebensjahre auf das abschließende, in 34 Folio-, Quart- und Octavbänden herausgebrachte Reisewerk, die Überfülle der geognostischen und physikalisch geographischen Tatsachen für einen Atemzug - ein Greis nun - zur Konfession des »KOSMOS« emporhebend.

Schon den Jüngling lernen wir als saturnische Natur kennen: die Vergeblichkeit menschlichen Tuns war ihm stets gegenwärtig. Inmitten der Unzulänglichkeiten des Alltags lebte er sein Dasein mit der Folgerichtigkeit wahrer Lebensweisheit. Die Zweideutigkeiten dieser Welt und die seines Lebens konnten ihm die Freiheit des Geistes nicht rauben. Arbeit und Leben verschmolzen zu einem Kunstwerk, das er - ein Künstler - aus Geist, Charme, Leistung und Unabhängigkeit entworfen hatte.

Seine Unerschütterlichkeit, ein »steinern Ausharren«, seine Fähigkeit Stürme in seinem Herzen zu verschließen, das Fehlen jener Eigenschaften, die man in Deutschland »Grundsätze« nennt, machen es schwer, die huldigenden, die verdammenden Stimmen in diesem Konzert zu ordnen und den Kontrapunkt einer solchen gewaltigen Existenz aufzufinden.

Er aber, Alexander von Humboldt, starb »mit dem Gewissens-Glauben, bis an meinen Tod keinen der mir Gleichgesinnten verlassen zu haben«.[34]

»Das Übel des Zeitalters und das Charakteristische seiner trägen Schwäche ist, daß man bei so großen Elementen der Welterneuerung sich in schlammartiger Ruhe wähnt.«[35]

ALEXANDER VON HUMBOLDT

ZWEITES KAPITEL

Herkunft und Geist der Epoche

Zwölf Meilen nördlich von Berlin, bei Tegel, einem ärmlichen Dorfe der Mark Brandenburg stromabwärts gegen Spandau gelegen, mit 70 Seelen, dessen ganzer Besitz zwölf windschiefe Katen, elf Kühe, vierzehn Schweine und ein angeblich lahmender Hund ausmachte, lebten - angeleitet von einem jener Hofmeister, die durch Tatkraft, Begabung und kluge Ökonomie ihrer geistigen Mittel zu einigem bürgerlichen Ansehen gelangten - in den letzten Regierungsjahren des Alten Fritz zwei junge Edelleute. Neben dem von den Eltern und ihnen bewohnten Schlößchen am Tegeler See hatten sie als beträchtliches Erbgut aus der ersten Ehe ihrer gestrengen Mutter, einer geborenen Colomb - aus burgundischem Hugenottenblut - ein Stadthaus im Französischen Viertel Berlins und das Gut Ringenwalde in der Neumark zu erwarten.

Dieser Landsitz an einem der Havelseen, eine grüne Oase im Sande der eiszeitlichen Endmoränen, mit den von dürftigen Kiefern Brandenburgs nur ungenügend vorm Winde geschützten 2000 Maulbeerbäumen, die zu halten ein Erlaß Friedrichs des Großen bestimmte; dieses mit einem Turm bewehrte »Schloß Langweil«, wie es Alexander nannte, dessen rückwärtige Fenster den Blick auf Stallungen, Misthaufen und Wirtschaftsgebäude freigaben, - auch ein Rebhügel war angelegt - war Schauplatz der ersten Lebensentwicklung Alexanders und des um zwei Jahre älteren Wilhelm Humboldt.

Die Familiengeschichte des Vaters, der neumärkischer Herkunft war, verliert sich im beginnenden 17. Jahrhundert. Als Mitglieder der Haustruppe und Leibgardisten treffen wir die Humboldts im kurfürstlich brandenburgischen Dienst, als Amtsschreiber und Bürgermeister. Im 18. Jahrhundert kommen zwei weitere Generationen, nunmehr geadelt, in der Armee der preußischen Könige empor. Der Vater unserer Brüder, Georg, war ein Mann »von einfachem Verstand und schönem Charakter«[36]. Er focht unter Friedrich II. als Dragoneroffizier die Schlesischen Feldzüge mit; am Ende des siebenjährigen Krieges mußte er als Major wegen einer Verletzung ausscheiden. Ein gewandter, lebhafter, die neue Denkweise der Aufklärung begrüßender Kavalier, wurde er Kammerherr der Gemahlin des Thronfolgers, eines Neffen Friedrichs des Großen, des späteren leichtlebigen Königs Friedrich Wilhelms II. Vom König und Hofe durch persönliche Anteilnahme ausgezeichnet, von Goethe und dem Weimarer Herzog Carl August in Tegel besucht, hatte er Aussichten auf einen Ministerposten, als er 59jährig starb. Er hinterließ der Familie eine einträgliche Beteiligung an der General-Lotterie-Pacht und der Tabakregie, die ihm sein vertrauter Umgang mit Prinz Ferdinand von Preußen verschafft hatte. Gelassen gab die Mutter - nach dem Tode ihres ersten Mannes, des Hauptmanns von Holwede, mit dem Witwenstande zweifach vertraut - jetzt 38 Jahre alt, der Erziehung ihrer beiden Söhne aus letzter Ehe eine unerwartete Richtung.

Ihr Großvater, bürgerlicher Herkunft, Calvinist, hatte, um zu überleben, nach Aufhebung des Edikts von Nantes 1685 aus Frankreich fliehen müssen und wie viele Refugiés im von Menschen entleerten Brandenburg des Großen Kurfürsten mit seiner nachwachsenden Familie eine gern gewährte Heimat gefunden. Es war die Zeit, in der von den 18 000 Bewohnern Berlins etwa jeder Dritte ein eingewanderter Hugenotte war, die sich - wie die Colombs, Humboldts mütterliche Vorfahren - bald als Ärzte, Beamte und Handelsleute hervortraten.

In gleichmäßiger Treue, rational kühl, für das Geschäft begabt, den Berliner Hof nach dem Ableben Friedrichs II. für liederlich haltend, was er war, lenkte die Mutter die Zukunft ihrer vaterlosen Söhne mit mehr Ernst als Herzlichkeit auf den Weg der bürgerlichen Tugenden, auf die Wissenschaften; eine seltsame, ungewöhnliche Richtung für Söhne eines preußischen Majors.

So wird stets ein Glanz von jenem strahlenden Licht, das Wilhelm und Alexander über Europa werfen, auf diese Frau zurückfallen, die mit bedächtiger Mütterlichkeit ihre Tegeler Schlafstube mit den ersten Zeichenversuchen des oft kränkelnden Kummersohnes Alexander ausschmückte. Nach dem Tode des Vaters also nahm die Ausbildung der verwaisten Brüder, - Alexander war 10, Wilhelm 12 Jahre alt - ihren Fortgang im großen Stil: der noch vom Vater bestellte Hofmeister Kunth, 20 Jahre alt, gewann das Vertrauen der Witwe; bald wurde er geschätzter Vermögensverwalter der Familie. Bildsam und gewandt war seine Begabung mehr auf das Geschäftsmäßige gerichtet, sein Unterricht blieb den Brüdern jedoch langweilig und unverständlich. Eine seltsame Mischung aus verdrießlicher Hofmeistertournure und pädagogischem Weitblick, wurde er der pedantische Mentor der Jünglingsjahre unserer Brüder, mit eigentümlichem Aufschwung die besten Köpfe Berlins zum Privatunterricht heranziehend: Keine Opfer waren der Mutter hier zu groß.

Es war die Zeit der allgemeinen Begeisterung für Erziehungsformen. Rousseau hatte den »Émile« geschrieben, jenes Naturevangelium der Erziehung; seine Ideen drangen rasch nach Deutschland. Die preußischen Landschulen wurden neu geordnet, zum Vorbild emporgehoben. Rochows »Kinderfreund«, Basedows »Philanthropie« waren - freudig aufgenommen - erste Versuche, dem Rousseauschen Gedanken zur praktischen Ausführung zu verhelfen. Joachim Heinrich Campe wurde ein begeisterter Anhänger der neuen Erziehungslehre, die der Vorstellung einer allgemeinen menschlichen Bildung zur Geltung verhalf, gegen die Begrenzung der Persönlichkeitsentfaltung durch kirchliche Rechtgläubigkeit und leeres Formenwesen der gelehrten Schulen. Dieser Campe, ein dem Vater Humboldt bekannter Feldprediger im Regimente des Prinzen von Preußen, der für den geographischen Unterricht didaktische Kartenspiele entwarf, »aus dessen ›Robinson‹ das fleißig geschneuzte Licht der Aufklärung noch in modernen Kinderköpfen strahlt«[37], wurde erster Hauslehrer Wilhelms. Alexander war damals knapp 2 Jahre alt. Unter Kunth nahm der Unterricht bald Universitätscharakter an: Moses Mendelssohn - Vater der Dorothea Veit-Schlegel - war die beherrschende geistige Figur der Berliner Aufklärung. Seine Schüler, Christian Wilhelm v. Dohm, ehemaliger Lehrer am Carolinum in Kassel, und Johann Engel, Professor am Joachimsthalschen Gymnasium, wurden einflußreiche Lehrer der heranwachsenden Brüder.

Von der Intensität dieser privaten Ausbildung bekommt man eine Idee, wenn man Wilhelms nachmalige Aufzeichnungen der politisch-statistischen Vorträge Dohms - Geheimrats im Auswärtigen Amt - in die Hand nimmt: 750 handgeschriebene Seiten in Quart - d.h. 22,5x29cm - waren von dem 18jährigen sorgfältig nachgeschrieben und ausgearbeitet. Man darf annehmen, daß dieses nationalökonomische Kolleg, voller Bezüge zur Geographie und zur Politik, besonders Alexander, der damals 16 Jahre alt war, ein Motiv wissenschaftlicher Arbeiten eröffnet hat. Nicht nur eine Art Theorie des Geldes, Handelsformen und die Prinzipien des Physiokratismus wurden vorgetragen, sondern der Versuch unternommen, die Abstammung der Völker aus ihren Sprachenverwandtschaften abzuleiten. Statistik und Politische Wissenschaften kamen mit Handel, Erzeugnissen, Verfassung, Meteorologie, Volksmenge und deren Verschiedenheit in Abhängigkeit vom Klima zur Darstellung. Erstaunt liest man in dem Vorlesungsfaszikel Wilhelms, wie Dohm im Jahre 1785/86 dieses Kompendium auf Veranlassung des Königlichen Ministers von Schulenburg privatissime für einen jungen Grafen von Arnim hielt, woran die Gebrüder Humboldt partizipierten; wie er - ein königlich preußischer Geheimrat - unbefangen: »...die reine Monarchie als die gefährlichste Herrschaftsform für die bürgerliche Freiheit« erklärte. Neben Dohm

Alexander v. Humboldt als Jüngling
Kohle auf Papier von Daniel Caffe (Schloß Charlottenburg Berlin-W.)

war besonders Engel von prägender Kraft. Ein geistvoller Schriftsteller und von eleganter Lebensart, ein »Philosoph für die Welt«, wies er die Welteinsicht der Jünglinge über die Antike und das System der Logik, das der ältere Wilhelm dem jüngeren Alexander im Unterricht repetieren mußte, in die Richtung der Berliner Aufklärung. Jener besonderen Spielart friderizianischer Lebensphilosophie, die neben platter Hinwendung zur allgemeinen Nützlichkeit darin gipfelte »gut zu leben, gesund zu sein, Freunde zu besitzen und ein ruhiges Herz zu haben«.[38] Friedrich der Große, Kenner der Herzen, lebenslanger geistiger Freund Voltaires, dürfte gewußt haben, daß sich mit solchen Gesinnungen der Grabgesang der preußischen Staatszucht einläutete; vielleicht war es ihm gleichgültig.

Noch aber regierte der Grundsatz der verdammten Pflicht und Schuldigkeit das Zeitalter, gemildert durch das Jahrzehnt eines schlaffen Friedens. Preußen, in behaglichem Zerfall, hörte nicht die eisernen Tritte Napoleons, der sich anschickte, Europa ein neues Antlitz zu geben. Man war es seinem Stande und dem König schuldig, persönliche Studien, wie sie in Tegel gepflegt wurden, und die Entfaltung der eigenen Persönlichkeit hintan zu setzen. Die Beschäftigung mit den Wissenschaften, mit der Literatur, war für Beamte unerwünscht. Der Minister Graf Hagen wies einen gedruckten Geburtstagsglückwunsch zurück: »Sie wissen, ich lese nichts Gedrucktes; geben Sie mir das schriftlich!«[39]

Die Aufrechterhaltung des Zunftzwanges hemmte die Produktivkraft des Volkes, man war vielleicht glücklich, aber man hatte keine Chance; die Erbuntertänigkeit der Bauern lähmte jede fortschrittliche Entwicklung. War nicht der Preuße Klopstock nach Kopenhagen gegangen? Nannte nicht Lessing dieses mit libyschem Sand bedeckte Brandenburg »das sklavisch'ste Land Europas«? Herder, Preuße wie andere, ging über Riga nach Bückeburg und kam durch Vermittlung Goethes nach Weimar, und Wieland schrieb vom dortigen Musenhofe Amalias, Gott möge ihn bewahren, unter dem Stock Friedrichs, dieses »Schinders der Völker« zu leben; Winckelmann verließ Rom nicht, allen Anerbietungen Friedrichs zum Trotze. Einzig Immanuel Kant blieb in Königsberg: die preußische Hauptstadt besaß noch keine Universität. Alle spürten, eine Epoche war am Ende. Unter der dünnen Decke des aufgeklärten Absolutismus, schwebend zwischen äußerem Zwang und innerer Freiheit, zwischen Rosenkreuzertum und Rationalismus kam die Französische Revolution, das neue materialistische Jahrhundert, kam die Dampfmaschine, die Technik empor.

Am Ende des heraufziehenden Säkulums wird ein neues Ethos stehen, das nicht mehr vom Rang des Personalen bestimmt ist, sondern seine Wertskala aus der arbeitsteiligen Technik bezieht: das Leistungsethos. Nicht mehr die Ausbildung der Person, die höchste Entfaltung des Individuums wird der Maßstab sein an dem die neue Epoche den Menschen mißt, sondern die Beschränkung der Kräfte auf ein einzelnes Ziel ermöglicht bei riesigem Umfang des rasch anwachsenden faktischen Wissens den Erfolg.

Das Bildungsideal der Zeit, »der fortschrittliche Mensch« wird eben nicht, wie Schiller es hoffte, »auf erhabenen Schwingen die Kunst mit sich empor«[40] tragen. Den Dilettantismus, diese Durchgangsphase zwischen individueller Selbstdarstellung und arbeitsteiligem Vollzug des auf ein enges Ziel begrenzten technischen Prozesses, werden wir vom Leistungsethos abgewertet sehen: Schmerzlich sollte Alexander von Humboldt, der letzte riesige Dilettant, es am Ausgang seines 90jährigen Lebens erfahren.

Aber noch sind die besten Köpfe - aus Liebhaberei - damit beschäftigt, die Naturwissenschaft aus dumpfer, durch die Renaissance aufgehellter Vorstellungswelt zu empirischem Denken emporzuheben. Novalis sieht die »Physik als Negativ der Dichtung«. Achim v. Armin, 18jährig, veröffentlicht seinen »Versuch einer Theorie der elektrischen Erscheinungen«. J. W. Ritter, bahnbrechender, experimentierender Naturwissenschaftler dieser Zeit, Entdecker der ultravioletten Strahlung, gibt einem Aufsatz den Titel »Physik als Kunst«; Wilhelm v. Schlegel veröffentlicht naturwissenschaftliche Arbeiten. Später dann hält Büchner, 24jährig, von Haus aus Arzt, in Zürich seine Probevorlesung »Über Schädelnerven«, in Thematik und Wortwahl Heym und Gottfried Benn vorgreifend.

In der eleganten Welt gilt es als chic, sich mit Naturbeschreibung und Geologie zu beschäftigen. Graf Buffon hatte der Naturkunde Eingang in die Boudoirs verschafft. Die Postkutschen schleppten ganze Wagenladungen mit Steinsammlungen über die kotigen Straßen und Grenzen der Duodezfürstentümer; Goethe empfing seine Gäste im mineralogischen Kabinett der Universität Jena; selbst Charlotte v. Stein hatte in Weimar über die »gehässigen Knochen« und das »öde Steinreich« zu klagen. Der Herzliebsten konnte man getrost Albrecht von Hallers Lehrgedicht über »Die Alpen« auf den Teetisch legen und »Dr. Katzenbergers Badereise« gab Jean Paul Gelegenheit, das Füllhorn seines medizinischen und physikalischen Wissens vor ihr poetisch auszubreiten.

Es ist die Zeit, in der die Gesteinskunde eine Modewissenschaft wurde. Jeder halbwegs Gebildete glaubte sein Scherflein zum Lehrgebäude des Erdaufbaues beitragen zu müssen. Der Staatsmann Freiherr vom Stein wie der romantische Mystiker Franz v. Baader, auch Theodor Körner und Novalis nannten Abraham Gottlob Werner in der Bergakademie Freiberg im Erzgebirge ihren gemeinsamen Lehrer. Im fünften Kapitel des »Heinrich von Ofterdingen« setzt Novalis dem Werner als altem Lausitzer »mit tiefen Einsichten begabt und doch kindlich und demütig« ein ewiges Denkmal.

In der Tat hat dieser Begründer der »Eisenhüttenkunde und Geognosie für die Mineralogie vollbracht, was Linné für die Botanik tat«, und er genoß in seinem Fache höchstes europäisches Ansehen. Noch hatte für diesen genauen Kenner des Bergbaues die Schöpfungsgeschichte strenge Verbindlichkeit: Nur der Neptunismus, das Entstehen allen Lebens, die Bildung der Erdkruste aus der Feuchte entsprach dem Bibelwort. Es schien Gotteslästerung, die Bilder der Genesis nur symbolisch zu begreifen: Hier liegt die Wurzel der unserer Zeit so schwer verständlichen Aufregung über den ideologisch anmutenden Vulkanismusstreit.

Hören wir Goethe, lebenslänglicher Anhänger des Neptunismus wie Abraham Gottlob Werner, unverdrossener Gegner der »vermaledeiten Polterkammer der neuen Weltenschöpfung« im 4. Akte des Faust II. zu diesem Thema: Mephisto sagt unter dem Wahlspruch: »Tumult, Gewalt und Unsinn«:

»Als Gott der Herr - ich weiß auch wohl, warum -
uns aus der Luft in tiefste Tiefen bannte,
da, wo zentralisch glühend, um und um
ein ewig Feuer flammend sich durchbrannte,
wir fanden uns bei allzu großer Hellung
in sehr gedrängter, unbequemer Stellung.
Die Teufel fingen sämtlich an zu husten,
von oben und von unten auszupusten;
die Hölle schwoll von Schwefelstunk und - Säure,
das gab ein Gas! das ging ins Ungeheure,
so daß gar bald der Länder flache Kruste,
so dicht sie war, zerkrachend bersten mußte.
Nun haben wir's an einem andern Zipfel,
was ehemals Grund war, ist nun Gipfel.
Sie gründen auch hierauf die rechten Lehren,
das Unterste ins Oberste zu kehren.«

So wurde die Schöpfungsgeschichte bald als Mythos abgetan; die Aufklärung säkularisierte das Denken; ein reales Weltbild aber war nicht zur Hand. Noch beherrschte im Deutschland des ausgehenden 18. Jahrhunderts das ästhetische Bildungsideal die Vorstellung von der Zukunft des Menschen und der Welt. Ausdrücklich wird die Kunst über die Wissenschaft gestellt. Man erwartet von dieser Rangordnung eine »Wissenschaft, der Schönheit zugereift, ... zum Kunstwerk geadelt«.[40a] Die freie, oft schon experimentelle Untersuchung zielt auf reine, absichtslose Erkenntnis, technische Zwecke liegen außerhalb des Wünschbaren.

Umgeben von diesem Tummelplatz für philosophische Versuche, die Welt spekulativ zu erkennen, vom Zeitgeist gedrängt, die bereits bekannten Tatsachen und Gesetzmäßigkeiten der Natur zu einem materialistisch erklärbaren, wissenschaftlichen Weltbild zu ordnen, mausert sich Alexander, der 16jährige, seinem Bruder Wilhelm gegenüber lange scheinbar Zurückgesetzte, zu einem »petit esprit malin«[41]. Er war zeichnerisch begabt, er radierte, stach unter Chodowiecki's Leitung - ein anderer erlauchter Name in seinem Bildungsgange - in Kupfer. Durch Lebhaftigkeit, ein angenehmes Äußeres und Kontaktfreudigkeit ausgezeichnet, erinnerte er sehr an seinen Vater. Er »trägt zwei stählerne Uhrketten, tanzt, macht Konversation im Cabinet der Mutter«.[42]

Der unvergleichliche Hofmeister Kunth, längst zum Vertrauten der Familie avanciert, führt die heranwachsenden Brüder den anspruchvollsten Kreisen, den elitären Zirkeln der Hauptstadt zu. Alle literarischen Hilfsmittel standen zu ihrer Verfügung, die gescheitesten Männer waren ihre Lehrer. Charme und Anmut der geistvollen Frauen Berlins spiegelten sich in Alexanders jugendlicher Seele, alle Quellen des Wissens waren ihm geöffnet, nichts drückte ihn nieder.

Und doch blieb ein Rest. Bei aller »aufwachenden Galanterie gegen Damen«[43] entsprach Alexander niemals dem Typ des völlig normalen Mannes. Zärtliche Verhältnisse langweilten ihn, obschon er es wohl verstand, der Damenwelt Komplimente zu machen. Amors Pfeil streifte ihn nur; im Grunde ließen Frauen ihn gleichgültig. Ja, der Hofmeister machte sich derartige Sorgen über die Kaltherzigkeit seines Zöglings, daß er die Brüder in den Salon der im Fleische blühenden Henriette Herz einführte. Sie sollte in Alexander die jugendlichen Leidenschaften erwecken, die man von einem preußischen Junker erwarten durfte. Aber Henriette war ein Mißerfolg. Zwar brachte ihr der unmusikalische Alexander die Schritte des »Menuet à la Reine« bei; die chemisch-physikalischen Experimentalvorträge ihres Mannes jedoch, des Arztes Markus Herz, Responsent Kants aus Anlaß der Übernahme seiner Königsberger Professur, zogen ihn mehr an als die unbestrittenen Reize der ersten Schönheit Berlins. Bald - ein Leitmotiv klingt an - war Markus sein väterlicher Freund. Der schönen Henriette aber schrieb er in hebräisch-deutschen Lettern, man »unterhalte sich besser in Gesellschaft jüdischer Frauen als auf dem Schlosse der Ahnen«.[44]

Alexander v. Humboldt im 27. Lebensjahr (1796)
Kupferstich von A. Krausse (Privatsammlung)

Wilhelm dagegen schmolz vor den dunklen Augen der reizvollen Tochter sephardischen Stammes und raspelte Süßholz von Schloß Tegel zur Neuen Friedrichstraße 22. Hier, in diesem Hause, trafen die Humboldts Joseph und Nathan Mendelssohn, lernten Dorothea Veit, Israel Stieglitz und Rahel Levin, die später verheiratete Varnhagen kennen, damals »nicht ganz unbedenkliche Bekanntschaften für junge Adlige«.[45] David Friedländer, reichster Bürger Berlins, mit dem schon die Eltern der Gebrüder verkehrt hatten, später ein uneigennütziger, großmütiger Freund und Bankier Alexanders, war häufiger Gast in Henriettens Räumen. Der junge Schadow, von Brinkmann als schwedischer Attaché, Schleiermacher, die Grafen Dohna-Schlobitten genossen den spielerischen Intellekt, die hohe Kultur, die schwebende Geistigkeit dieser spezifischen Berliner Aufklärung jüdischer Provenienz. Unsere brandenburgischen Edelleute gewannen in dieser Umgebung jene weltbürgerliche Haltung, jene Grazie des Umganges, die sie vor anderen auszeichnete, und dazu die Grundelemente ihrer humanen Bildung.

Es ist die hohe Zeit der Salons. Das Bürgertum drängt nach Anerkennung, das kunstvolle Salongespräch ist Ouvertüre zur Emanzipation der Frau, der Geist der Aufklärung weht durch die sparsam möblierten Zimmer der Herz, Rahel, Bettina. Die Frau beginnt Anteil zu nehmen an den geistigen Strömungen der Zeit, am Aufstieg des von ferne geahnten Industriezeitalters. Berlin ist jung wie die Krone der preußischen Könige. An seiner Peripherie gleicht es einem großen Bauplatz, aus dem karge Backsteinhäuser emporwachsen: 110000 Einwohner, 30000 Mann Garnison, 5000 Refugiés und 3372 Juden zählt es nach der Beschreibung Friedrich Nicolais drei Jahre vor der Französischen Revolution.

Der König hielt meist in Potsdam Hof. Wie es dort zuging, schildert uns der zuverlässige Schadow, Schöpfer des Siegeswagens auf dem Brandenburger Tor: »Zur Zeit Friedrich Wilhelms II. herrschte die größte Liederlichkeit, alles besoff sich in Champagner, fraß die größten Leckereien, frönte allen Lüsten. Ganz Potsdam war wie ein Bordell; alle Familien dort suchten nur mit dem Könige, mit dem Hof zu tun zu haben, Frauen und Töchter bot man um die Wette an, die größten Adligen waren die eifrigsten. Die Leute, die das wüste Leben mitgemacht haben, sind alle früh gestorben, zum Theil elendiglich, der König an der Spitze«.[46]

In diesen Kreis also tritt Alexander ein. Keine Sorge, keine Entbehrung hemmte seinen Bildungsgang. Er war fröhlich, liebte Gesellschaft, lernte frühreif wissenschaftlich denken und arbeiten, er war durch sein lebhaftes Temperament, sein angenehmes Auftreten überall willkommen. Am Beginn seiner Bahn, durchaus nicht langsamer wirkend als der zwei Jahre ältere Bruder Wilhelm, durch den frühen Tod seines Vaters wenig bedrückt, wird er trotz der elf Taufpaten - alles Prinzen, Minister, Generallieutenants, an der Spitze der zukünftige König selbst die glänzenden Erwartungen - eine Offizierslaufbahn - die sich an solche Auszeichnungen knüpfen, nicht erfüllen. Er ergibt sich »standeswidrigen« Neigungen zu Studien, die ihn von der ihm vorgeschriebenen Kameralistik immer weiter weg zur Naturkunde führen, jenem Fache, das in hellen Köpfen auch politische Lichter aufzustecken vermag. Der Sturm auf die Bastille traf ihn in folgenreicher Freundschaft mit dem in Berlin berühmten 23jährigen Botaniker Willdenow, dessen Herbarium er durcharbeitete. Sogleich konzipierte er ein seine Möglichkeiten und Kenntnisse weit übersteigendes Riesenwerk »die gesamten Kräfte der Pflanzen«: Wir spüren den Keim zukünftiger »Ideen zu einer Geographie der Pflanzen«. Wissenschaft und Freiheit begannen für ihn sinnverwandt zu werden, die kommenden Ereignisse schienen seine undeutlichen Ahnungen zu bestätigen.

Die Französische Revolution war nicht nur ein soziales Ereignis, sondern auch ein naturwissenschaftliches. Vom deutschen Bürgertum bewundert, wurde sie »zu einem Hebel geistiger Befreiung des Volkes«[47], führte zu einer Welteinsicht, welche die Technik begünstigte, jenes einzige Hilfsmittel, das den allgemeinen Wohlstand zu heben vermochte: Der Zusammenhang zwischen dem Voranschreiten naturwissenschaftlicher Erkenntnis und revolutionärer Gesinnung schien offensichtlich. Die Industrie in Deutschland war rückständig, England und Frankreich waren vorausgeeilt. Ein Strumpfbordierer in Apolda trug als Wochenlohn 18 Groschen nach Hause und stillte den Hunger seiner Familie mit den erst durch Friedrich den Großen als Volksnahrungsmittel propagierten Kartoffeln. Die englischen Dampfmaschinen und mechanischen Webstühle bedrohten das durch die Kriege verwüstete und ausgeplünderte Schlesien, in dem sich durch Baumwollspinnerei und Weberei eine zaghafte Vermehrung des Wohlstandes segensreich für die Bevölkerung abgezeichnet hatte.

Die Agrarwirtschaft erschwerte jeden Austausch von Gedanken, Wissen und Menschen. Das Elend des Vaterlandes drückte das jugendliche sich emporschwingende Gefühl. Der Weg zu sich selbst und damit der überhöhte enthusiasmierte Freundschaftskult entsprachen dem Ungenügen der Zeit.

Aus dieser Trübsal erhob sich die glänzendste Epoche deutschen Geistes, aus dieser Armut also wuchs der deutsche Idealismus, wuchs Goethe, wuchsen die bedeutenden Brüderpaare und Genies empor.

Wir finden den 19jährigen Alexander, aus seinem ersten Studiensemester als Kameralist von Frankfurt »an der frostigen Oder« zurückgekehrt, im Berliner Tiergarten, Moose, Flechten und Schwämme sammelnd und nach der anleitenden Schrift seines Lehrers und Freundes Willdenow, die »Florae Berolinensis prodomus« botanisierend. Zugleich entwickelte sich der Arbeitsentwurf eines Programmes über »die Gültigkeit eines Gesetzes des Streichens und des Fallens«; erste Umrisse zu symbolischen Schriftzeichen für die Darstellung geologischer Profile, der Pasigraphie werden deutlich.

Er sah vor dem Brandenburger Tore die Montgolfiere Blanchards aufsteigen, »26 Fuß breit«, wofür ihm zwei Thaler Eintrittsgeld nicht zuviel waren. Der Hof, ganz Berlin war zugegen; die Königin und die Prinzessinnen trugen Hüte à la Blanchard in Form eines Luftballons. Wie selbstverständlich speiste Alexander mit Blanchard bei Markus Herz. Mit 12000 Thalern Einnahme, einer Brillant-Tabatière als königlichem Douceur und 400 Friedrichsdors extra ging der Luftschiffer nach Paris zurück.

Dieses Jahr in Berlin, von Ostern 88 bis Ostern 89, unterrichtete Alexander in Privatkollegs über Technologie, Mathematik bis zum Griechischen hin. Exkursionen zu den Rüdersdorfer Kalkbergwerken, zu Messingwerken, Eisenspaltereien, Kupferhammern folgten. Es fehlte nicht an praktischen Übungen im väterlichen Tegeler Waldrevier, wo in der Baumschule des Forstmannes von Burgsdorf 500 nordamerikanische Baumarten heranwuchsen. So umfassend angeleitet im Freihand-, Linear- und Maschinenzeichnen, bereitete er sich im Salon der Henriette, in der Studierstube und der freien Natur auf seinen ersten von Kunth unbeaufsichtigten Schritt in die Welt, auf seine Reise nach Göttingen vor. Ein technisches Privatkollegium beim Propst Zöllner findet besondere Erwähnung. Vielleicht wegen der 100 Dukaten, die dafür bezahlt werden mußten. Dafür bekommt er in Fülle mechanische, hydraulische, botanische, physikalische, chemische, medizinische, mineralogische etc. etc. Kenntnisse vermittelt, so daß man schon sagte: »Was weiß denn dieser Zöllner nicht?« Welch beruhigtes und großmütiges Zeitalter, das einem Propst und Konsistorialrat nicht nur Muße zum Erwerb so umfassender Kenntnisse, sondern in schöner Selbstverständlichkeit auch Gelegenheit gab, diese für ein erkleckliches Sümmchen weiterzugeben. Von Alexanders Absichten und Plänen aber, Zukünftiges präludierend, hören wir aus einem innigen Brief an den Freund Wegener aus Frankfurt/Oder, einem gleichaltrigen Theologen, dem er sich eröffnet: »Keine starke Leidenschaft wird mich hinreißen. Ernsthafte Geschäfte und am meisten das Studium der Natur werden mich vor der Sinnlichkeit zurückhalten«.[48] Wir lesen den Brief eines Neunzehnjährigen - und wir stutzen: Sollte hier, in späteren Miszellaneen zögernd zu bedenken, eine jener Wurzeln der Anatomie seines Ruhmes uns deutlich werden?

Göttingen war damals die Hochburg naturwissenschaftlicher Forschung. So finden wir denn Humboldt dort auf seiner Bildungsreise. Sein Genie der Freundschaft, wohl auch sein Stand und der wohlgefüllte Geldbeutel der Mutter verschafften ihm mühelos die Zuneigung der herausragenden Professoren. Zum Altphilologen Heyne fühlte er sich besonders hingezogen. Der junge Kameralist, entschlossen seinem »Vaterlande im Fabrikfach zu dienen« schließt sich sonntags in der Universitäts-Bibliothek ein. Er treibt Quellenstudien »Über die Webereien« und »Die schwarzen basaltischen Gesteine der Alten«, Arbeiten, zu denen ihn Heyne mit einem Kolleg über technologische Ansichten der Antike angeregt hatte. An Wegener schreibt er in einem beschwingten, leichthin eilenden Briefe im August 1789 aus Göttingen: »Wenn Du bald eine kleine philologische Schrift in Göttingen herauskommen siehst, wo auf dem Titel steht mit Zusätzen und herausgegeben von Heyne - so denke sie sei von mir. Es ist ein Versuch über den Weberstuhl der Lateiner und Griechen. Das opus ist gar wunder gelehrt - so daß es mich selbst anekelt. Ich habe die Entdeckung gemacht, daß der Weberstuhl der Alten gerade der Hautelissestuhl sei, den die Sarazenen nach Frankreich gebracht haben. Das läßt sich aus Kupfern aus dem Herkulanum, aus dem Onomastikon des Pollux, aus dem Isidor, ... aus dem Homer erweisen.« »Der Beweis ist sehr lang. Heyne hat viel Freude darüber. Was scapus, pecten, radius, insubulum etc. gewesen sei, wird nun alles leicht ...«.[49] Leider ging diese Arbeit verloren.

Unermüdbar durchstreifte er als Student der Georgia Augusta die Sammlungen und Empfangszimmer. Besuchte fleißig die Vorlesungen des Naturforschers Blumenbach, der naturwissenschaftlicher Polyhistor und Förderer einer explorativen Geographie in einer Person war, zugleich Begründer der vergleichenden Anatomie der Wirbeltiere. Er brütete über Rechenproblemen und war auf dem Wege, die Erfindung der Additions-Logarithmen vorwegzunehmen. Eilte zu Lichtenbergs naturwissenschaftlichen Demonstrationen, der ja nicht nur ein geistvoller Aphoristiker, sondern Professor der Physik war, und ließ sich in die Technologie der physikalischen Geräte einführen. In rascher Freundschaft zugreifend, sitzt er mit dem jungen holländischen Mediziner van Geuns in der Kutsche. Durchreist in Windeseile halb Deutschland von Göttingen bis zum Rhein, naturwissenschaftliche Notizen über die Basalte von Unkel und Linz in der Tasche, zieht Erkundigungen ein, sammelt Pflanzen, schleppt Felsbrocken mit sich, dabei unermüdlich Besuche, Konversation machend: Man fragt sich, wann sie geschlafen haben.

Empfohlen durch den ihnen seit erst wenigen Wochen bekannten Göttinger Lehrer und Freund Heyne kehren sie in Mainz für acht Tage bei dessen Schwiegersohn Georg Forster ein. Forster gibt in einem Brief, geschrieben an seine Frau, die notwendige Auskunft über Alexanders Schlafgewohnheiten: »Im Wagen schläft niemand so gerne, so leicht und so viel als er.« Und hier in Mainz erlebt Alexander sein Damaskus. Der junge Adlige begegnete hier einem Menschen, der mit 17 Jahren die zweite Weltumseglung Cooks in westöstlicher Richtung, seinen Vater als naturwissenschaftlichen Gehilfen begleitend, hatte mitmachen dürfen. Einem Reiseschriftsteller dazu, der mit 23 Jahren den berühmten Bericht dieser abenteuerlichen Expedition veröffentlicht hatte, um mit dem Erlös der Aufsehen erregenden »Reise um die Welt in den Jahren 1772 bis 1775« seinen von den Gläubigern in den Schuldturm gesperrten, leichtsinnigen, ziellosen und hochtalentierten Vater auszulösen.

Goethe, Schiller, Herder, Wieland hatten dem jungen Reiseerfahrenen und Begleiter Cooks ihre Reverenz erwiesen. Es war schwer, sich ihm im persönlichen Umgange zu entziehen. Kaum konnte jemand der anregenden Kraft seines Gespräches widerstehen, ohne durch das Feuer seiner unbedingten Folgerichtigkeit, seinen Mut zur Einheit von Gedanken und Tat zur Selbstprüfung aufgefordert zu sein. Hatte Georg Forster nicht Anthropologie und Medizin, vergleichende Völker- und Länderkunde, Philosophie und Staatstheorie, Zoologie, Botanik und Ästhetik nur »in Anwendung auf den Menschen« betrachtet? Tritt er nicht, voller Sympathie für die Revolution, ein glühender Aufklärer und Kämpfer gegen die Privilegien des Feudalismus, vier Jahre später, nach der Besetzung von Mainz durch die französischen Truppen, dem Jakobinerklub bei, um für das Gebiet von Landau bis Bingen die erste deutsche Republik ausrufen zu lassen? Aus Forsters »Reise um die Welt« lernt Humboldt, wie Theorie und Praxis, Reisevorbereitung - und Durchführung in ununterbrochener Reflexion auf humane Bezüge sich durch wechselseitige Ergänzung zu höchster literarischer Wirkung steigern können. Als Greis noch schreibt er im KOSMOS: »Wäre es mir erlaubt, eigene Erinnerungen anzurufen, mich selbst zu befragen, was einer unvertilgbaren Sehnsucht nach der Tropengegend den ersten Anstoß gab, so müßte ich nennen Georg Forsters Schilderungen der Südseeinseln, und einen kolossalen Drachenbaum in einem alten Turm des botanischen Gartens in Berlin«. Mehr noch, er begreift, daß es ein Vorurteil der Aufklärung zu sein schien, die Vernunft müsse sich, ohne äußeres Zutun, selbsttätig verwirklichen. Die gesellschaftlichen Hindernisse sind es, so lehrte ihn Forster, die sich der menschlichen Vervollkommnung in den Weg stellen. Die Erkenntnis wurde deutlich, daß die politische Freiheit eine Vorbedingung für die geistige Vervollkommnung des Menschengeschlechtes sei. Es war dies eine jener das Leben ändernden Einsichten, die ihn weder beim Sezieren einer Negerleiche, noch in den Salons der Pariser Restauration, noch bei intimen Diners mit dem Zaren und auch nicht als hofnärrischen Kammerherrn preußischer Könige verließ. Eine Einsicht, daß die Zeit kommen muß: »wo man den Wert der Menschen weder nach ihrer Macht noch nach ihrem Reichtum, sondern allein nach ihrer Tugend und Weisheit schätzen wird«.

Leicht gelang es dem Herzengewinner, die Freundschaft Forsters zu erringen. Eine gemeinsame Reise für das nächste Jahr wurde verabredet, und fort rasselte die Kutsche über Düsseldorf, Münster nach Göttingen zurück: ein junger Mann hatte Ziel und Richtung gefunden: Forster blieb ihm Leitbild bis an das Ende seines Lebens. Durch Forsters Einfluß nachdenklich geworden reflektierte er - zum ersten Male - über die Existenz der arbeitenden Klasse.

Kaum drei Monate, nachdem er sich von ihm verabschiedet hatte, lag der Ertrag jener Reise bereits als Manuskript vor: »Mineralogische Beobachtungen über einige Basalte am Rhein«, mit ironischen Seitenhieben auf den Abt Giraud-Soulavie, der die Bewohner basaltischer Gegenden als schwer zu regieren und aufrührerisch beschrieben hatte. Der Geschwindschritt, mit dem wir Humboldt in seinem rasch sich bewegenden Leben folgen müssen, wird uns auch künftig den Atem nehmen.

In die Wirren der Französischen Revolution verstrickt, starb Forster - 40jährig - in Paris. Für Alexander blieb er, nach der gemeinsamen, für seine Naturauffassung so bedeutsamen Reise zum Niederrhein nach Holland, England und Frankreich, bis ins hohe Alter »berühmter Lehrer und Freund, dessen Namen ich nie ohne das innigste Dankgefühl ausspreche«.

Humboldts innerster Kern, das Leitmotiv seines Denkens und Schreibens entfalteten sich an der hochsinnigen Reinheit des Mainzer Revolutionärs. Zeit seines Lebens wird er - wie dieser - die Naturwissenschaft als künstlerische und sittliche Ergänzung des höheren menschlichen Daseins auffassen. Hier liegt der Ursprung seiner Reisepläne, die Quelle seines heroischen Idealismus, seines stets freispielenden, ironischen Optimismus, später die tieferen Lebenseinsichten des uralten Mannes, der sich der Höflichkeit bis zur Lächerlichkeit bedient, um seine Verachtung nicht zeigen zu müssen.

Im Gespräch mit Forster entwickelte er sich zum »trikoloren Lappen«[50] - wie ihn die Berliner Potsdamer Hofkamarilla später einschätzte - mit der Fahne der Revolution im Herzen am Tische des Königs sitzend. Seine Hand, die in Paris revolutionsbegeistert Sand für den Bau des Freiheitstempels herangekarrt hatte, schüttelte die Hände von Fürsten und Grafen, von Metternich und Zar Alexander, selbst Seine katholische Majestät von Spanien reichte sie ihm: Alexander von Humboldts Größe besteht im Fehlen jeglicher Voreingenommenheiten.

Er hatte nun seine Aufgabe erkannt. Sein Studium der Kameralia, zur Beruhigung des mütterlichen Gewissens, sprunghaft, oft unterbrochen, in Frankfurt/Oder, in Göttingen fortgeführt, weitete sich im großen Stil aus auf Technologie, Botanik, Zoologie, Mathematik, Physik und Anatomie. Der Zeitgeist arbeitete in Richtung einer »vernünftigen« Erforschung der Erde. Reiseberichte faszinierten Fürstenzimmer und Studierstuben. Kant war ein begeisterter Leser von Reise- und geographischen Schilderungen. Alexanders Göttinger Lehrer Blumenbach versah die mit abenteuerlich scheinenden Ausschmückungen versehenen Forschungsberichte des englischen Reisenden James Bruce, der bis zu den Quellen des Blauen Nils gelangt war, mit gelehrten Verweisen. Der junge Humboldt kannte diese in den Einzelheiten phantastisch aufgestutzten Schilderungen. Carsten Niebuhrs eher trockene Abhandlungen über Arabien wurden ihm im Hause des Göttinger Orientalisten Michaelis vertraut. Die systematische Erforschung Rußlands, eine der bestorganisierten Landreiseunternehmungen der Zeit, wurde abgeschlossen. Die russische Akademie der Wissenschaften hatte - um 1768-1774 - Gmelin, Pallas, Güldenstedt u. a., vorwiegend Berliner Ärzte und Naturkundige, mit dieser bis dahin bedeutsamsten Erforschung eines so großen, zusammenhängenden Teils der Erdoberfläche beauftragt. Der französische Liebesroman »Paul et Virginie« von Bernardin de Saint-Pierre, in tropischen Landschaften angesiedelt, voller Naturschilderungen im Stile Rousseaus, war Alexanders wiederholte und prägende Lektüre.

Die Astronomie des ausgehenden 18. Jahrhunderts war im Denkansatz kühn und den numerischen Ergebnissen der Erforschung der Erde vorausgeeilt. Reiseberichte gab es eigentlich, sehen wir von Marco Polo ab, nur von Seefahrern; die geographische Beschreibung der Landmasse blieb unsystematisch. Immerhin, der Spiegelsextant und zuverlässige Chronometer, unerläßlich für genaue Orts- und Lagebestimmungen, waren vorhanden - wenn auch erst kurz vor Humboldts Geburt erfunden. Linnés System der Pflanzenbenennung war damals gut 30 Jahre alt.

Dies war die Lage der Geographie, der Naturwissenschaft, als Humboldt von Göttingen nach Hamburg übersiedelte, wo er sich für 8 Monte auf der internationalen Handelsakademie Johann

Georg Büschs im Umgang mit Engländern, Dänen, Schweden in der Theorie des Geldumlaufes, über Buchhaltung und Comptoirgeschäfte unterrichtete. Man fand ihn auf Patriziergesellschaften, Aalsuppe essend, in den Privatbibliotheken, auch Klopstock besuchte er und bei Matthias Claudius nahm er Dänisch-Unterricht: Fast erwarten wir es, ihn bereits fünf Tage nach seiner Ankunft auf der stürmischen Elbe zu finden, um u. a. die Höhe der Wellen zu messen.

In Hamburg eingerichtet, bereitet er sich, in wohlerwogenen Briefen an den Staatsminister von Heinitz und den Geologen Werner an der Bergakademie in Freiberg diplomatisch vorfühlend, auf eine Stellung beim preußischen Departement für Berg- und Hüttenwesen vor. Er schreibt an v. Heinitz, den Chef des preußischen Bergwesens: »Ich wage es, Ihnen den Entwurf meines künftigen öffentlichen Lebens hierdurch ehrerbietigst vorzulegen.«[51] Seine Spezialausbildung für das Bergfach war zu diesem Zeitpunkt - abgesehen von privaten Studien - gleich Null. Alles Vertrauen setzte er in den Weltruf genießenden Abraham Gottlob Werner, der, »wie Winckelmann für die antiken Kunstschätze, für die weit älteren Steindenkmäler des Erdschoßes Verständnis und Begeisterung« zu wecken verstand.

Am 14. Juni 1791, am späten Nachmittag, kommt Humboldt mit der Kutsche in Freiberg an. Er eilt, empfohlen durch seinen Hamburger Brief und das dedizierte Exemplar »Mineralogische Beobachtungen über einige Basalte am Rhein...« - noch in Reisekleidung - zu dem berühmten Geognosten, bittet diesen, ihm einen erfahrenen Studiengenossen zur Weiterbildung zu empfehlen, wird nicht gerade freundlich zum Sohn des Professors für Markscheidekunst, zu Carl Freiesleben geleitet, sucht sich festes Quartier, schreibt einige Briefe, nimmt bei fortschreitender Dämmerung des junilangen Anreiseabends den Reiz des Ortes in sich auf, läßt sich von seinem neuen Mentor im Bergwesen rasch die Nomenklatur der Knappenkleidung und des Gezähes aufsagen: Am nächsten Morgen um 6.00 Uhr fährt er bereits auf dem »Kurprinzen« an; acht

Wochen später finden wir ihn mit dem eben gewonnenen Freund im böhmischen Mittelgebirge als mineralogischen Wanderer.

Rastlos arbeitend hört der fast krankhaft unruhige Alexander täglich fünf bis sechs Kollegs, fährt täglich frühmorgens ein wie jeder andere Bergmann, nimmt das bergmännische Wissen seiner Zeit in sich auf, im Gespräche mehr lernend als aus den Büchern, trainiert seine nur mäßigen Körperkräfte durch ausgedehnte Wanderungen und geographische Streifzüge. Stets finden wir ihn mit einem Forschungsvorhaben beschäftigt, beim Lernen sogleich neue Erkenntnisse produzierend. Mit Lavoisiers »Traité élémentaire de Chimie« in der Tasche, einem Buch, das er dreimal gelesen und wegen der zahlenmäßigen Darlegung chemischer Umsetzungen und ihrer Gewichtsverhältnisse »immer schöner und philosophischer«[52] gefunden hatte, kriecht er, behindert durch seine Botanisiertrommel, durch Stollen und Gänge des Freiberger Reviers. Sogleich beginnt er die Materialien für seine zweite umfangreiche und gehaltvolle Buchveröffentlichung zu sammeln und bringt nach und nach 258 unterirdisch wachsende kryptogamische Pflanzen zusammen. Im Herbst des ersten Studienhalbjahres schon werden einige Ergebnisse dieser Untersuchungen im Pariser »Journal de Physique« und in Crell's »Chemische Annalen« veröffentlicht. Kaum zwölf Monate später erscheinen die »Florae Fribergensis« in Berlin, der Atlas der lichtlosen Grubenpflanzen, ausgestattet mit prächtigen Kupferstichen. In der Berliner Akademie wurde zweimal über dieses Werk berichtet: Eine ostindische Lorbeerart wurde daraufhin als »Laurifolia Humboldtia« bezeichnet, der Kurfürst von Sachsen sandte Humboldt eine goldene Medaille. Erst später erkannte man, daß die von ihm beschriebenen Flechten und Pilze keine selbständigen Pflanzenarten, sondern nur Kümmerformen von außen in die Bergwerke eingedrungener Pilze waren. Aber - die dreifach gegliederten empiristischen Ordnungsprinzipien der »Physikalischen Geographie« Kants in den »Florae Fribergensis Specismen« waren die Base der spezifisch Humboldtschen, nunmehr voll säkularisierten Geographie mit ihrem »dreifach raumwissenschaftlichen Forschungsprogramm«.[53]

Der ehemals seine kindlichen Kräfte in scheinbar nutzlosen Beschäftigungen verlierende, Kunth und der Mutter Sorge bereitende, das Tegeler Seeufer nach Steinen durchsuchende, oft kränkelnde Knabe hatte den Fuß auf die erste Sprosse der Leiter des Ruhmes gestellt. In ähnlichem Zusammenhang schreibt er an Freiesleben: »Meine Literaria haben viel Effekt gethan. Der Minister hat mich mit den augezeichnetsten Lobsprüchen belegt. Ich sehe das Ding wie den Ausgang eines Schachspiels, i. e. ziemlich gleichgültig an. Durch den vielen unverdienten Weihrauch leiden endlich die Geruchswerkzeuge«.[54]

Seine Anziehungskraft und Ausstrahlung muß beträchtlich, seine Eminenz den Studiengenossen gegenüber offensichtlich gewesen sein. Trat er in ein Zimmer, lebendig aufrecht, lächelnd, richteten sich aller Augen auf ihn; die Chariten waren mit unter seinen illustren Paten. Noch als Student, acht Monate nachdem er die erste Schicht verfahren hatte, wurde er zum Assessor im preußischen Bergdepartment ernannt.

Eine Woche darauf hielt er das Patent »cum voto«, mit Stimmrecht, in der Hand, er war ganze 22 Jahre alt: »Gestern habe ich mein Patent als Bergassessor erhalten. Ich habe mich ordentlich geschämt, daß ich eine Freude über diese Elendigkeit hatte... Ich habe übriges mit keinem Schritt diese Anstellung gesucht. Es ist sehr unbillig (denn meine litterarischen Verdienste geben doch weder Erz noch Aufschlagwasser, die letzten noch allenfalls), mich gleich zum Assessor zu machen, da es so eine Schar uralter Eleven, Cadets usw. giebt...«.[55]

Überblicken wir diese ablaufende Epoche und ihre Resultate in Humboldts Leben, wird uns deutlich, wie sehr ihm wissenschaftlicher Fortschritt und nationale oder religiöse Skrupel ineinander verschürzt erschienen sein müssen: Galt schon das Bekenntnis zur zahlenmäßigen Zergliederung chemischer Prozesse, z. B. des Verbrennungsvorganges, der Oxydation nach dem Vorbilde Lavoisiers entgegen der »deutschen« Phlogiston-Theorie als Sünde gegen das Vaterland, so nahm der Vulkanismusstreit noch bedrohlichere, da religiöse Bezüge in sich auf: Die Grundfesten des christlichen Schöpfungsglaubens gerieten mit dem Abbau des Neptunismus ins Wanken. Die Säkularisierung des Denkens, notwendiger Schritt der Aufklärung, lockerte die metaphysische Einbindung des Menschen in seinen bisher unerschütterten Glauben. Alexander von Humboldt folgte dieser vom Zeitgeist bestimmten Richtung: »In der Wissenschaft darf man nicht glauben!«

Anders als seinem Bruder wird ihm die »Nation« fragwürdig; seine metaphysischen Bindungen - sofern er je welche besessen hatte - folgen auf diesem Wege: »Moralische Erscheinungen wirken unaufhaltsam auf mich ein, Lebhaftigkeit der Phantasie verwirrt mich, - . . .«.[56]

So finden wir Alexander bei seinem glanzvollen Abgang von der Bergakademie nachdenklich, zaudernd, voller Gespensterfurcht und Unsicherheit. Seine aufgeräumte Freiberger Studierstube mit der zusammengepackten Grubenausrüstung war ihm »ein offenes Grab«. Das Zögern im Sein, die Melancholeia, die jeder große Geist kennt, stand grau vor seiner so strahlend begonnenen Zukunft. So sieht ihn seine Umwelt: Ein fast masochistisches Arbeitspensum, eine allen auffallende Unruhe, eine nahezu manische Lernbegierde und eine körperlich alles Maß übersteigende Aktivität. So sehen ihn seine vertrauten Freunde: Die Fahrigkeit der Bewegungen, die bleiche Gesichtsfarbe, das schmaler gewordene, stets glatt rasierte Gesicht, die durch Selbstironie gemilderte, zynisch anmutende Autoreneitelkeit... Sieht nicht - am Abschluß seines Studentendaseins, mit dem Blick auf eine ungeliebte, ihm angediente Stelle als Staatsbeamter - sieht nicht, nach so vielen Aufschwüngen und obrigkeitlichem Wohlwollen alles nach einer Katastrophe aus? Caroline von Dacheröden, Wilhelms Braut, empfängt einen Brief von Alexander »der mir bang vor seinem Verstand macht. Ich fürchte... es schnappt wo über«.[57] Wilhelm ahnt es und fühlt, daß sein Bruder »so nicht glücklich sein, wenigstens nicht bleiben kann«.[58]

Alexander, nun Bergassessor, wagte von Berlin aus - wohin er zurückgekehrt war - den Sprung ins Dunkle, ohne Sicherheit des

Gelingens, letztlich ohne Hoffnung und - allein. Denn diesem sich eben entfaltenden Leben begann nicht nur der häusliche Kreis, sondern die Öffentlichkeit ihre Aufmerksamkeit zuzuwenden. Wozu das, mochte Alexander an diesem Punkte gedacht haben; und am blauen Himmel seines scheinbar strahlenden Selbstgefühls zeigte sich jener schwermütige Rest, der große Charaktere allein erträglich macht: Vor zukünftigen Bedrängnissen, bei hohen Belastungen finden wir Alexander nie nervös, sondern - traurig.

Vor dem Tode erschrickst Du, Du wünschst unsterblich zu leben?
Leb' im Ganzen! Wenn Du lange dahin bist, es bleibt.

Horen 9. Stück
SCHILLER 1795

DRITTES KAPITEL

Entwurf eines Lebensplanes

»Die Zukunft umschwebte mich wie die einbrechende Nacht«,[59] so empfand Alexander seine Lage nach den ersten Tagen dienstlicher Tätigkeit in Berlin, von einer Blitzinspektion mit den führenden Bergbeamten Preußens, mit Freiherrn vom Stein und Graf Reden, von den Freiberger Gruben zurückgekehrt: zwei Tage und eine Nacht saß der 22jährige frisch gebackene Assessor mit den beiden Zelebritäten in der engen von Freiberg nach Potsdam rumpelnden Kutsche. Die Herren gerieten im Gespräch hitzig aneinander, zerstritten sich, ein Pistolenduell wurde eben abgewendet; Humboldt litt. Von Reden mit Voreingenommenheit behandelt, von Steins cholerischem, in seiner Großartigkeit schwer erkennbarem Charakter abgestoßen, weinte er heimlich »mehrere Stunden hintereinander« - und empfand diese seltsame Reise: »... im Ganzen doch ein großer Genuß«.[60]

Er ahnt, daß eine Beamtenlaufbahn im preußischen Staatsdienst bedenklich zu werden verspricht. Die subalternen Behörden ertranken in Papiertätigkeit, vergessen war das vite, vite des viel gerühmten Verwaltungsapparates Friedrich Wilhelm I. Nur schwer gelang es Freiherrn v. Heinitz, dem tüchtigen Minister, den bürokratischen Schlendrian von den ihm unterstehenden Bergdepartements fernzuhalten. Man konnte, wie der Oberbergrat Tornesi in Ansbach-Bayreuth, zugleich Vorstand des dortigen Bergdepartements, Besitzer des lokalen Wirtshauses und Direktor der Irrenanstalt sein. Dazu hemmte der den Potsdamer Hof beherrschende Okkultismus alle erleuchtete Administration. Es war kaum möglich zu einem Staatsamte zu kommen, ohne zuvor Rosenkreuzer, Geisterseher, Heuchler, Schleicher oder Intrigant gewesen zu sein, wie der spätere Oberpräsident von Vincke bedrückt äußerte.

Alexanders Haltung hierzu war eindeutig. Ganz gegen seine sonstige verbindliche, diplomatische Handhabung waren seine Urteile über Sachen und Personen in diesem Zusammenhange rücksichtslos und direkt. Alle Anerkennungen wiegelte er ab, ehrenvolle Anträge ließ er höflichst auf sich beruhen. Die Ablehnung jedes - auch höheren - Schreibtischpostens verschaffte ihm eine unvergleichliche Ausnahmestellung. Sie ließ erkennen, daß er sein bergmännisch-praktisches Arbeitsfeld nur als Durchgangs- und Einübungsstadium für einen zukünftigen - seine wissenschaftlichen Neigungen in größerem Rahmen beanspruchenden - Lebensplan verstand. Dies war das Tor, durch das er gehen mußte, um den Wünschen der Mutter - von der er finanziell abhängig war - und der Familientradition zu genügen, dies war der Ausweg in Richtung auf zukünftige Lebensentwürfe.

Die ersten aufgetragenen Unternehmungen, wie die Untersuchung eines Fayence-Ofens in Rheinsberg, wovon sein 31 Seiten langer Rapport im Märkischen Museum aufbewahrt ist; die Befassung mit der Porzellan-Erde der Königlichen Porzellan-Manufactur waren von ihm leis-ironisierte - »das sind bergmännische Beschäftigungen« - Präludien einer größeren Aufgabe: Minister von Heinitz wünschte eine Untersuchung des darniederliegenden Bergbaues in den von Preußen neu erworbenen Fürstentümern Ansbach-Bayreuth. Mit schier unerschöpflicher Leistungsfähigkeit, einer guten Mitgift des Humboldtschen Lebensschicksals, von seiner ihm immer deutlicher werdenden nächstliegenden Aufgabe gefordert: »denn mit praktischem Bergbau will ich (!-) zu thun haben«, packt er die Aufgabe an, befährt die Gruben, läuft in glühender Hitze die Bergwerkshütten und Hammerwerke ab, die

Taschen voller Notizen. Heinitz ist über die pünktliche und erschöpfende mündliche Zwischeninformation entzückt. Acht Wochen nach Auftragserteilung liegt ihm das 150 Bogen starke, weit über die geforderte Aufgabe hinausgehende Protokoll vor: Das Minsterium bescheinigt Alexander unermüdliche Tätigkeit, weise Einsicht der Mittel, Anwendung bewährter haushälterischer Kenntnisse, mit einem Wort, der Bericht ist eine Sensation. Heinitz verfügt, daß er »unter sämmtlichen Membris des Departements zur genauen Kenntnisnahme circulieren solle.«

Die Folgen lassen nicht auf sich warten: Hardenberg, Minister von Ansbach-Bayreuth, wird auf ihn aufmerksam: Sechs Monate nach Dienstbeginn wird Alexander Oberbergmeister beider fränkischen Herzogtümer: »Ich taumele vor Freuden«, schreibt der 23jährige an Freiesleben. »Vor einem Jahr fragte ich Sie, was ein Gesicht wäre, und jetzt bin ich Oberbergmeister.«[61] Noch eine - ihm erwünschte - halurgische Reise zu den österreichischen und schlesischen Salzbergwerken, beschlossen mit einem 20 Bogen langen Bericht und 21 eigenhändigen Zeichnungen auf Royalpapier; noch einmal vier Monate tagsüber in den Gruben und Siedehäusern, mehr diskursiv und aus praktischem Tun als aus der Lektüre Belehrung ziehend; nachts in ratternden Kutschen, auf Schlitten, selten länger als zwei Tage an einem Ort. Alexander friert nicht, die gelegentlichen »Üblichkeiten« nehmen ab, er bewahrt seine blendende Verfassung, wird im Vorübergehen Mitglied der berühmten Leopoldina, der Akademie der Naturforscher in Halle, interessiert sich in Wien für Galvanis Froschschenkelexperimente, und schreibt wie im Fluge eine Studie über den »Wachsgehalt der Schwämme«: Für Hardenberg, den späteren preußischen Staatskanzler, verfaßte er eine Denkschrift über die Münzreform, ein Versuch, die heillosen Münzzustände innerhalb des zersplitterten fränkischen Territoriums zu reformieren. Biermann, dem die Humboldtforschung so vieles verdankt, hat u. a. auch hierüber berichtet.

In Steben finden wir den Oberbergmeister nach diesen Zwischenakten wieder. Vier Uhr schlägt es vom Turm der Pfarrkirche St.

Walburga. Humboldt hat seine mit Karten, Gesteinsproben, Herbarien und physikalischen Apparaten angefüllte Stube längst verlassen. Die Grubenlampe in der Hand, im bergmännischen Arbeitszeug, eilt er ins Nailaer Revier, fährt bis 10 Uhr an »und alles geht ziemlich schnell vorwärts«. Reitet »in großer Hitze ganz allein in fünf Tagen 32 Meilen, ... eine neue Erzstraße zu besichtigen«. Muß nach Saalfeld, wo die Konkurrenz Gezähe und Grubenstempel entwendet hatte. Befährt von 4 Uhr morgens bis abends 6 Uhr den Pelikan, Frisch-Glück, Unverhoffte Freude, den Eisernen Johannes, den Dunkeln: »den einen Fuß habe ich mir wirklich arg durchgelaufen, aber er wird schon heilen«.[62] Läuft am gleichen Tage die acht Kilometer bis Kamsdorf und Gräfenthal, befährt die großen und die kleinen Gänge und geht noch am gleichen Abend nach Saalfeld zurück. Und schreibt sofort für »eine hochlöbliche Bergkommission« einen ausführlichen Bericht über die Befahrung. In den Nachtstunden beschäftigt ihn seine sich mehr und mehr ausdehnende Korrespondenz: mit einem Brief an seinen »lieben Herzens-Freiesleben erheitert er sich »die letzten Augenblicke der Nacht«, berichtet ihm über diesen Tag: »Unnennbare Freude habe ich gehabt und mich getummelt!« Seine »gewöhnliche Abendlektüre«, der anno 1700 erschienene ›Bergbauspiegel‹ Balthasar Rösslers und das Studium von drei Koffern Bergwerksakten aus dem 16. Jahrhundert - »Beim schlackigen Herbstwetter ... eine herrliche Lektüre ...« - beschließt den Abend.

»Das ist mir aber doch zu toll« meinte Freiesleben hierzu: »Wir schonten uns doch auch nicht und brachten vier Tage darüber zu.«[63] Es ist dies der Humboldtsche Geschwindschritt, ein starker Bewegungs- und Betätigungsdrang. Wir kennen ihn bereits, er wird ihn sein Leben lang begleiten. Immer beschäftigen ihn tausend Dinge zugleich: Briefe nach Salzburg waren zu schreiben, um an der österreichischen Goldförderung die Rentabilität der fränkischen Gruben zu messen. Fast alles war im Fränkischen Revier vom Anbeginn zu tun: Die Hütten- und Eisenhämmer der ihm unterstellten Direktion der Bergämter Naila, Hohensiedel und Goldkronach befanden sich in einem trostlosen Zustand. Wir finden Humboldt in seinem Element. Das Gerüst einer Verwaltungsorganisation entsteht, das Oberbergamt wird eröffnet, ein Voranschlag der Bergbau-Hülfskasse wird fertiggestellt. Die Fürstinzeche, Siebalszeche, bei seiner Ankunft stillgelegte Gruben, werden vorgerichtet, die Zimmerung und die Förderung der gebrochenen Erze verbessert. Rasch nimmt der Ertrag zu: »In Goldkronach bin ich glücklicher, als ich je wagen durfte zu glauben«. Den Voranschlag einer von Hardenberg eingesetzten Bergwerkskommission - »Berliner Bergleute!« ... »ein Centner Golderz sei kaum 3 Kreuzer werth« - überholt er und bringt ihn in praxi auf 24 Kreuzer. Seine Fähigkeit, im Milieu aufzugehen, ein Leben in den Dingen führen zu können, fern ab von jeder Papiertätigkeit, »als Geschworener« mehr vor Ort, als in seinem Oberbergamt sitzend anzutreffen, führt zu dem allgemeinen Urteil: »Dieser Alexander... hat in Bayreuth solche Anstalten mit äußerst geringen Kosten getroffen und mit so schrecklicher Redlichkeit und Verstand, daß die Bergwerke jetzt in einem Jahr soviel als sonst in vierzehn bringen«.[64]

Seine herausragende Stellung, die Resultate seiner Arbeit und seine Unabhängigkeit lassen ihn offen aussprechen, wie wenig wirkungsvoll bislang verwaltet wurde. Wie unsinnig es sei, bei zurückgehendem Ertrag der Gruben die Zahl der Aufseher zu vermehren, die Betriebskosten damit unnütz zu erhöhen und die Administration aufzublähen, »so daß die ganze Maschine unter der Friction der vervielfachten Theile erliegt«. Solche Bemerkungen sind nicht der Königsweg zum Herzen der Beamten eines hochlöblichen Ober-Bergdepartements. Man ließ es Alexander gelegentlich spüren.

Halten wir einen Augenblick inne und bedenken, daß der Begriff der Lebensfreundlichkeit, der Sinn für soziale Wirklichkeit, die Einsicht, daß Verbesserungen der Arbeitstechnik die einzige Hoffnung der »arbeitsamen Klasse«[65] - nämlich der armen Berggänger hoch oben im Fichtelgebirge - seien, nicht ein fortschrittlicher Romancier ausspricht, sondern ein Vertreter der angewandten Wissenschaft, ein Naturforscher, Alexander von Humboldt: Der

Weg zur Anhebung der Produktivität, zur Stillung des Hungers geht für ihn in eine Richtung: »Man vermehre die Receptivität des gemeinen Bergvolkes ... bringe ihm richtige Ideen über die Gegenstände bei, so wird die Tutel (die Bevormundung) endlich aufhören.« Das »gemeine Bergvolk«, mit »deutlichen und vernünftigen Begriffen« ausgerüstet, wird dann den Schrecken vor den Berggeistern beiseite tun, den Aberglauben ablegen und nicht »wie in der Dürenweid« zu schürfen beginnen »wo der ›Goldene Hirsch‹ - ein vierfüßiger Berggeist - weidete«. Schön- und Rechtschreiben, bergmännisches Rechnen würde die Bergjungen des Nailaer Reviers mehr »zum Selbsthandeln« reizen und die allgemeine Wohlfahrt heben. Kann man sich ausmalen, wie diese Berichte in den Berliner Amtsstuben aufgenommen wurden?

Flüssige Energie, praktisches Zugreifen ohne umständliches Bedenken waren ihm jederzeit verfügbar. So zog er die wirksamen Konsequenzen: An einem schon dunkelnden Sonnabend, einem Novembernachmittag des Jahres 1793, wurde ohne vorherige Anfrage, ohne Wissen der vorgesetzten Behörde die erste Arbeiter-Berufsschule Deutschlands, eine Art »Volkshochschule« gegründet, die auch Knechten und Lehrhäuern, Männern und Knaben von 12 bis 30 Jahren offenstand. Diese »königliche freie Bergschule« zu Steben war ein Ereignis. Bis 11 Uhr nachts wurde unterrichtet. Vorlagen fürs Schönschreiben waren zu entwerfen oder aus Bayreuth zu verschaffen; Beispiele für bergmännisches Rechnen mußten vorbereitet werden. Alexander ließ Mineralien aus Sachsen kommen, oder sie wurden von ihm gesammelt, um die allgemeine Kenntnis der Gebirgslehre zu bessern. Die Vaterländischen Berggesetze und die Gewerkenverfassung goß er in leicht verständliche Formen. Ein Lehrbuch für »gemeine Berggänger« wurde umgearbeitet, d. h. mit Humboldtschem Anspruch ein neues Buch daraus gemacht. Die Schulbänke, nach dem Göttinger Modell der Universitätsauditorien entworfen, mußten dem Tischler angegeben werden. Ein anstelliger junger Steiger - Georg Heinrich Spörl - der die fränkische Mundart beherrschte, wurde von ihm eingewiesen und mit 40 Florentin und zwei Klafter Brennholz besoldet. Alexander zahlte alles aus eigener Tasche. Er folgt hier seinem Tegeler Lehrer Zöllner, der seinerzeit in Berlin »ganz im Stillen, ohne Belohnung, ohne andere als eigene Veranlassung... ein Predigerseminarium angelegt. Das ist ein Mann«, wie er an seinen Studienfreund Wegener schreibt.

Nach Ablauf des Winterkurses, erst im Frühjahr des folgenden Jahres, nach gebührender und erfolgreicher Erprobung dieses pädagogischen Abenteuers schickte er seinem Minister das Promemoria, die Errichtung einer königlichen freien Bergschule zu Steben betreffend nach Berlin. Von Heinitz, ein einsichtsvoller Mann im Sumpf des niedergehenden Preußen, war begeistert; alles wurde genehmigt. Die - so Alexander - »nichtproduzierende, sterile Menschenklasse, zu der alle Beamten gehören«, die Ministerialbehörden, »wo man gleichsam Bilder zu sammeln scheint«, mochten sich bei diesem drängenden »aber nur bald, bald!« an die Zeiten des stockfuchtelnden Soldatenkönigs erinnert fühlen. Alexanders Abneigung gegen eine Staatskarriere konnte nicht kälter ausgesprochen werden als in diesen seinen Urteilen.

Aus den Briefen an seinen »lieben Jungen«, an Freiesleben, spricht heiterste Stimmung, trotz großer Belastung, auch etwas Ruhmredigkeit, aber von der treuherzigen Sorte. Dem Minister gegenüber, der ihn mit erlesenstem Entgegenkommen behandelt, ist er von geschmeidigem Selbstgefühl. Im Ton respektvoll, loyal sind seine Briefe und Eingaben an v. Heinitz ohne eine Spur von oberbergrätlicher Submission: man verkehrt von gleich zu gleich, von Herr zu Herr. Wir hören von einem »drei Wochen anhaltenden täglichem Fieber«. Er läßt sich dadurch nicht stören. Alles soll er besorgen »Bergbau, Bank, Manufactur, Politik...«. Er ist mit »Versuchen über den Nerven- und Muskelreiz...« beschäftigt, arbeitet an etwas »Großem, Geognostischem... an einem Buche, für das ich noch keinen Titel weiß«. Ihm selbst erscheinen diese zusammengestrudelten, flüchtigen Arbeiten auf »schnellen Reisen« durch seine Reviere »rhapsodisch«. Er ist »noch immer so toll, mehr als drei

Bücher zugleich zu schreiben.«[66] Den Versuchungen des lebenserfahrenen v. Heinitz, ihn durch »die Lebensprosa des Metallreizes«, - d.i. Vervierfachung seines Jahressalärs und Ernennung zum Bergrat, - mit 1500 Thalern Gehalt an Berlin zu binden, erliegt Alexander nicht: »Meine alten Pläne bleiben dieselben, ich nehme in zwei Jahren den Abschied, und gehe nach Rußland, Sibirien oder sonstwohin.«

Seine Stebener Amtstätigkeit unterbricht er im Auftrage des ihn mehr und mehr fordernden Ministers: Noch einmal wird er mit der Salzgewinnung, mit Sol- und Salpetersiederei befaßt. Hardenberg läßt sich von dem auf diplomatischem Parkett bislang Unerprobten zu vorbereitenden Verhandlungen zum Baseler Frieden mit der französischen Revolutionsarmee begleiten, eine extreme Auszeichnung. Offenbar hat Alexander sich damals bewährt. Wiederum ließ v. Heinitz Sirenenklänge aus Berlin erklingen, schmeichelte seiner jugendlichen Eitelkeit: die Oberaufsicht über die schlesischen Hütten- und Bergbetriebe, die entwickeltsten Anlagen dieser Art in Europa wird ihm angeboten, die Feststellung einer angemessenen Besoldung als Nebensache abgetan: Es wird dem im Auftrage von Heinitz an Alexander schreibenden Leiter der Berliner Porzellanmanufactur, Rosenstiel, bedenklich erschienen sein, diese Formulierung zu wählen; sie duftet zu deutlich nach Handsalbe. Alexander muß sich entscheiden. Er tut es, schützt eine körperliche Indisposition vor und spricht sich gegen seine Vorgesetzten deutlich aus: »Ich stehe im Begriffe, meine hiesige Lage gänzlich zu verändern und fast alle öffentlichen Verhältnisse aufzugeben«.[67] Unabänderlich also bleiben seine Reisepläne. Dies alles jedoch hielt ihn nicht von der genauen Versorgung seines Nailaer Reviers ab. Wissenschaftlich zu arbeiten, fand er wo nicht Muße so doch Gelegenheit, wenn auch eingezwängt zwischen dienstlichen Notwendigkeiten, diplomatischem Verkehr und zu erfüllenden Sonder-Commissionen. Immer ist sein Vitalgefühl gehoben. Jeder Besuch eines Gelehrten, jede Lektüre, jeder seltsame mineralogische oder botanische Fund löst einen breiten assoziativen Zustrom aus, der in eher zu flüssigen als tiefen Studien verarbeitet wird. Alles was in seinen Gesichtskreis tritt, faßt er mit rascher Witterung auf, kein Detail entgeht seiner hellwachen Aufmerksamkeit. So kann er bei deutlicher Beschleunigung seines psychischen Tempos Vielerlei gleichzeitig umfassen: Ob er die »Verwandlung der Morcheln in Talg durch Behandlung mit Salpetersäure« oder die grandiose Konzeption einer »Geographie der Pflanzen auf der Erdkugel«; ob er ein neu erfundenes Barometer erprobt - »mit dem hier schon sehr glückliche Messungen gemacht sind« - oder an einem großen geognostischen Werke, das unter dem Titel »Über die Konstruktion des Erdkörpers ...« erscheinen soll, arbeitet - alles geht ihm geschwind von der Hand, wobei ihm auch manches Selbstlob unterläuft: »ich halte sie für die feinsten chemischen Versuche, die ich gemacht«, berichtet er Freiesleben über seine Experimente zur chemischen Physiologie der Pflanzen und ihrer Respiration.

Wir können es uns hier ersparen, die chemischen Analysen der Grubenwetter, die Erfindung eines Respirationsapparates für irrespirable Gase oder die Konstruktion neuer, ungefährlicher Grubenlampen umständlich aufzuführen. Für die damalige Zeit außergewöhnlich ist der auf die praktische Tätigkeit der Bergleute, auf die »Erhaltung einer arbeitsamen Menschenklasse« gerichtete soziale Zug. Auffallend gleichfalls seine Unerschrockenheit, mit der er an sich selbst, im »verschlagenen« Ort eines Bernecker Alaunwerkes die Wirksamkeit der von ihm entwickelten Ringlampe erprobte: Die Wetter waren so matt, so mit »Stickluft und Kohlensäure überladen«, daß er ohnmächtig wurde. Glücklicherweise zogen ihn der Steiger und Herr Killinger, ein junger Bergmeister, sein Amanuensis, wieder an den Füßen hervor. Er »hatte aber die Freude, beim Erwachen aus der Ohnmacht seine Lampe noch brennen zu sehen«.[67a] Begünstigt wird diese ausufernde Vielseitigkeit, die in dem, was sie erreichen will, keine Einrede duldet, durch eine hier gar nicht erwartete energische Zielfestigkeit - wohl ein Erbteil der Mutter. Wodurch in seinen Lebensentwurf, aber auch in das Fertigmachen seiner Arbeiten, in die Unumstößlichkeit seiner einmal festgesetzten Ziele der härtere Kern kommt, den wir in seinem sonst eher auf Leben und Lebenlassen organisierten Temperament, in seiner fast an Gedankenflucht und Oberflächlichkeit erinnernde Nachgiebigkeit nicht ohne weiteres erwarten würden. Auch diese konstitutionelle Gabe gehört zu den schicksalhaften Begünstigungen seiner Existenz. Sie ermöglichte die Lebensresultate, vor denen Mit- und Nachwelt staunend verharrt. Dieser feste Kern, ein eher unschuldiger Egoismus, kommt aus der glücklichen Amalgamierung der Charaktere der beiden so entgegengesetzten Elternteile. Hier ist die Wurzel seiner Sucht zu glänzen zu suchen, jener ihm vom scharfäugigen Schiller bescheinigten »unruhigen Eitelkeit«.[68] Nicht allein der brennende Durst nach hochgesteckter, allgemeiner Menschheitbeglückung war sein Ziel. Eher sollte der Umfang seines Wissens, die Fülle seines Einflusses, sein mit vorrückendem Alter immer deutlicher hervortretendes Mäzenatentum, letztlich der Ruhm als Frucht am Baume seines Lebens Einfluß, ja Macht über die Menschen, die Wissenschaft und sein Jahrhundert sichern helfen. Sein tiefes Verständnis und Geltenlassen fremder Eigenarten halfen ihm zur ethischen Überhöhung seines existentiellen Seins, machten ihn fähig, Schillers schmerzliches Verdikt als »augenblickliche Wallungen« abzutun und es ihm - und später seiner Witwe - nicht zu entgelten.

Wohin aber eine hypertherme Dauerverfassung, ein Zuviel an Gedankenstrom, den er kaum noch zielstrebig zu leiten vermochte, führt, zeigt das zweibändige monströse Schmerzenskind »Versuche über die gereizte Muskel- und Nervenfaser, nebst Vermuthungen über den chemischen Prozeß des Lebens in der Thier- und Pflanzenwelt«: In Konzeption und Ausführung bezeichnet es den endgültigen Übergang vom mit Pflichten beladenen Oberbergrat zum freien, sich in eigener Entscheidung auf seine Forschungsreise präparierenden Privatmann. An diesem in Posen und Berlin erschienenen, je 495 und 468 Seiten starken Opus mit acht Tafeln und 89 Figuren, mit Literaturverzeichnis und Nachträgen, ausgelöst durch Galvanis in Salons und Gelehrtenstuben diskutierten Berichten über tierische Elektrizität, arbeitete er seit seiner Freiberger Studentenzeit. In Steben schleppte er den galvanischen Apparat, einige Metallteile, Objektträger, Pinzetten und Skalpelle in den Satteltaschen seines Pferdes auf seinen Exkursionen mit sich herum. Frösche, seine bevorzugten Versuchstiere, gab es damals überall. Er untersuchte die galvanischen Reaktionen der ungeschwänzten Lurche, wo immer er war. Betonte - ein ihn bezeichnender Hinweis - daß er durch »Abschneiden des Kopfes und Durchbohren des Rückenmarks« die Tiere vor dem Versuch zu töten suchte, denn: »Freilich kann ich nicht leben, ohne zu experimentieren.« Fast nimmt dieser unhemmbare Experimentierzwang hypomanische Züge an. 4000 (!) Versuche in allen erdenklichen Kombinationen, mit und ohne ungleichartigen metallischen Bogen, unter dem Mikroskop und nach Einwirkung chemischer Stoffe; Metallplatten und Muskelstücke im Wechsel zu Ketten verbindend, also die Volta-Säule unbemerkt vorwegnehmend. Mit Schnecken, Muscheln, Vögeln und Insekten experimentierte er, ja am Lido von Venedig »galvanisierte« er einen Zitterrochen und nahm sich in fast selbstquälerischen Versuchen nicht davon aus. Er ließ sich Blasenpflaster auf den Rücken legen - »von der Größe eines Laubthalers«, führte in die aufgeschnittenen Blasen die Zink- und Silberleiter ein und ließ die Frösche auf seinen Rücken hüpfen, seine Wunde zum elektrischen Leiter nehmend.

Der »Versuch über die gereizte Muskel- und Nervenfaser...« bricht eigentümlich abrupt ab. Keineswegs hat der Leser - wenn er das Werk aus der Hand legt - das Gefühl, die experimentelle Phantasie habe Alexander verlassen. Dazu entläßt der unermüdliche Experimentator denjenigen, der ihm bis zur Seite 468 des zweiten Bandes gefolgt ist, mit der programmatischen Verheißung: »Große und glänzende Entdeckungen können dem Menschen nicht entgehen, wenn er kühn auf dem Wege des Experiments und der Beobachtung fortschreitet und unablässig sucht »*den ruhenden Pol in der Erscheinungen Flucht*«.

Die biologische Hauptfrage dieser Epoche, der Vitalismus, das

Einwirken einer übernatürlichen Lebenskraft auf biologische, auf anthropologische Abläufe - hier, auf seinem Experimentiertische glaubte Alexander diese Jahrhundertfrage lösen zu können. Ein schöner klarer Gedanke, rein empirisch von ihm durchgeführt, fern von aller Theorie. Reich an Nebenwegen wie sein Versuch, die unterschiedliche Temperatur des Frosch-, Kröten-, Eidechsen- und Fischblutes zu messen. Und was blieb von diesem Gebirge unbefangen gegenständlicher Anschaulichkeit, diesen genialen Ansätzen, körbeweise »Ideen unentwickelt hinzuwerfen«? Diesem zweckfreien »ergötzenden Spielwerk der... Conchilogie«, dem erkennbaren Ansatz, durch den »nackten, schneidenden Verstand«[69] die Natur auszumessen, die Methode des rationalen Experimentes in die Idee der Harmonie des Naturganzen einzubinden? Volta siegte über Humboldt: Elektrizität ließ sich auch ohne tierische Gewebe erzeugen. Die Lebenskraft, der Vitalismus, führte fortan nur noch eine Dämmerexistenz in den Köpfen spekulativer Naturphilosophen. Alexander, der damals die »Versuche...« als sein wichtigstes Werk empfand, fühlte sich am Vorabend so großer Lebensentscheidungen tief enttäuscht. So war dieser Ansprung mißlungen. Die Blütensträuße fragmentarischer Einfälle, die kometengleich durch die Kapitel dieser inkommensurablen Hervorbringung leuchteten, konnten ihn wenig trösten, so der Plan eudiometrischer Stationen, so das Programm einer medizinischen Geographie...

Seine Leser, die kritisch und bedenklich das Erzeugnis exzeptioneller Tätigkeitswut lasen, denen Kontrollversuche zur Humboldtschen Arbeit nicht gelingen wollten, konnten nicht wie wir zukünftige Auswirkungen dieser unsystematischen Aphorismen auf die Meteorologie und die medizinische Epidemiologie voraussehen. Bald war dies mit so hohem Anspruch begonnene Geschöpf unendlichen Fleißes vergessen.

Wenn es zutrifft, daß ein kurzes Wort, eine Anekdote, eine geringfügige Handlung den Charakter einer Person deutlicher erkennen lassen als Schlachten oder Staatsaktionen, so sei an eine

Szene aus den »Memoiren« des Ritters v. Lang erinnert: Auf dem Heimwege von Salzburg nach Paris und der Schweiz ging Alexander von Humboldt im April 1798 nach Rastatt, um den französischen Mineralogen Faujas aufzusuchen. Dort tagte gerade der Friedenskongreß seit dem Dezember des verflossenen Jahres. Vom preußischen Bevollmächtigten als Zierde der Tafel eingeladen, ließ er die Gesellschaft warten und trat »eine ganze Stunde später und dazu erhitzt, im Reisefrack und Stiefeln von einer Besichtigung der badischen Berge unter die diplomatischen Gottheiten«. Die achselzuckend geflüsterte Entschuldigung »S'ist ein Gelehrter«[70] vermochte dann alles »au fait« zu setzen. Diese Unbekümmertheit ist ein Schlüsselwort für das hypomanische Temperament Alexanders und ermahnt uns, die Rückseite seines geselligen Gemüts zu betrachten. Ich meine die im Hintergrund seiner Person stets erkennbare schmerzliche Gedrücktheit, die Scheu vor unangenehmen Erlebnissen, den hauchzarten depressiven Wesenszug.

Alexander blieb unverheiratet. Über die Gründe gab es lebhafte Erörterungen. Hilfslose Sätze wie »die ganze rückhaltslose Hingabe an die Wissenschaft forderte von ihm die schwere Resignation, auf das Glück zärtlicher Familienbande zu verzichten«[71], sind schablonenhaft, ohne Kenntnis des emotional gesteuerten, im Regelfalle vom Willen nicht beherrschbaren Triebes gesprochen. Einlassungen über homoerotische Äquivalente - aus dem englisch-amerikanischen Bereich - kommen den in tieferen als bloß rationalen Strukturen suchenden Gegebenheiten sicher näher, zumal wir der Welteinsicht und Kennerschaft der Anglo-Amerikaner in diesem Punkte mehr vertrauen können als den Vermutungen nicht eben übermäßig amouröser Quellenforscher.

Führt man über die Palinodien unseres Fleisches nicht das herbei, was man fernhalten möchte?

Da ist Alexanders Briefwechsel mit Wilhelm Gabriel Wegener, dem theologischen Studienfreunde aus Frankfurt/Oder. Liest man ihn unbefangen - als Deutscher - in der schönen, von Leitzmann besorgten Ausgabe von 1896, wird man nichts Homo-Erotisches entdecken können. Läßt man in »Liebesbriefen«, die von Mediationen, Lebensentwürfen, bramarbasierenden Hinweisungen auf Vielbeschäftigung überquellen: »Soviel für heute, mein Bester. Ich habe noch 16 Briefe zu schreiben«,[72] läßt man in derartige Herzensergießungen Klatsch und erstaunlich frühkluge taktische Hinweise zum Umgang mit Vorgesetzten bei Karriereabsichten einfließen, die dann ohne Stockung in Grußformeln, Empfehlungen und Grüße an Kunth auslaufen? Der Born also speist nur ein dünnes Rinnsal. Alexander war nicht gemacht jener Mönchsregel: ne si caste tamen caute zu folgen. Die Richtung seiner Sexualität dürfte sich eher dem caste zuneigen. Es rundet sich das Bild Alexanders, wenn wir diesen Rest an Traurigkeit, diese sanfte, schwebende Schwermut, die seine großen Eigenschaften und erschreckenden Eitelkeiten erst temperieren und den großen Menschen in ihm deutlich machen, in das Verständnis seiner Ehelosigkeit einfügen.

Wir wissen, sein pubertäres Erflammen vor der moschusäugigen Herz war ein Lufthieb. Er war erschrocken vom Rauschen ihrer Zedern und Mandelbäume. Er hielt nicht viel auf Frauen, immer hatte er Angst, sie wollten ihn heiraten, hatte - vielleicht und trotz allem - eine imperative Mutterbindung. Und wenn er das Schwirren der goldenen Freuden Pharaos im tiefen Blicke Henriettens ahnte, so fragte er sich, »ob diese Glücke stimmen und nicht dahinter eine Täuschung liegt«.[73] Und dann hatte er sein großes Spielzeug, seine Wissenschaft. Das genügte ihm. Auf diesen Feldern blühte seine Konkupiszens: »Der kann es weit bringen, dessen Herz frei ist.«[74]

Bleibt noch das alte, vom Anonymus eigenäugig notierte »Naturspiel« des »eingekrümmten kleinen Fingers an beiden Händen«,[75] auch bei Wilhelm ausgebildet: Dupuytren hatte es beschrieben, der Pariser Chirurg, dem Alexander zu einem Sitz in der Académie verhalf. Eine Bindegewebsverhärtung von nachgewiesener Erblichkeit, nicht selten wechselbezogen mit dem Krankheitsbilde der Induratio penis plastica, mit derben, schrumpfenden Strängen an der Dorsalseite des Iste; und - wenn nicht mit Impotentia coeundi - so doch mit Schmerzen beim Venusdienste verbunden. Die bekannten Bilder Alexanders geben hierzu deutliche Hinweise. So das Ölgemälde im Colegio de Ingenería y de Minería der Stadt Mexiko, das Alexander von Humboldt als preußischen Bergrat (1803!) zeigt: Aber Hände zu malen ist schwer, und Rafael Jimeno ist der eingebogene fünfte Finger von Humboldts rechter Hand vielleicht nur mißglückt? Wenngleich der Kupferstich von Habelmann nach einem Portrait (1854) der von Alexander geschätzten Malerin Emma Gaggiotti die anatomische Verformung recht deutlich ins Bild bringt. Sollte auf der winzigen Bühne dieses »Naturspieles« die Epopöe der Humboldtschen Veredelung und Steigerung gespielt worden sein? All die Verfeinerung, der Abschied von den »starken Leidenschaften« und der »Sinnlichkeit«, als 19jähriger - im März 1789 - dem Freunde Wegener geoffenbart -, und die sein Leben wie ein dumpfer Glockenton durchdringende vitale Trauer?

Im übrigen liegt es nicht im Ermessen eines herausragenden Mannes, dessen Lebensresultate die Öffentlichkeit mit Interesse verfolgt, die Quellen seiner Sexualität, die, je älter er wird um so breiter, aber auch um so trüber fließen, zu ihrem reinen Ursprung zurückzuführen.

Mit Reinhard von Haeften, dem neuen Freund, später begleitet vom altbewährten Freiesleben, reist er durch Tirol nach Venedig, über die Euganeischen Hügel nach Mailand und zurück in die Schweiz. Nur keine Zeit verlieren! Alexander arbeitet ununterbrochen fort, seine Lebensbahn hebt sich: »Je conçus l'idée d'une physique du monde« schreibt er am 24. Januar 1796. Eine überwältigende Konzeption der »Théorie de la Terre« oder »Géographie physique« aus dem Munde eines 26jährigen. Daneben wird in unerschöpflichem Strome publiziert: 26 Veröffentlichungen in sechs Jahren, darunter große Experimentalarbeiten.

Ermüdet ihn solch ein Arbeitspensum? Weit gefehlt; nachts finden wir ihn am Schreibtische: Briefe, Berichte, Anregungen fliegen in alle Himmelsrichtungen. Zwar läßt seine Gesundheit noch immer zu wünschen übrig aber »... auch hier bin ich so beschäftigt, daß ich mich nicht schonen kann. Es ist ein Treiben in mir, daß ich oft denke, ich verliere mein bißchen Verstand. Und doch ist dies Treiben so nothwendig, um rastlos nach guten Zwecken hinzuwirken«.[76] Er entwickelt sich zum Betriebswirt, führt Begriffe wie Rentabilität und Risiko für die einzelnen Gruben ein und trennt sich von der Vorstellung des noch nach mittelalterlicher Handhabung betriebenen Bergbaus. Antreibende Briefe werden gewechselt, die »Königlich privilegierte Prozellan-Manufaktur Tettau«, von Alexander gefördert und protegiert, wird gegründet.

Es macht ihm nichts aus, an seinem Geburtstage nach der Grafschaft Sayn-Altenkirchen im Westerwald zu reisen, »um dort die Generalbefahrung zu halten«. Schreibtischbelästigungen nahm er in dieser Lebensphase nur widerwillig auf sich.

Diese Belastungen, diesen beinahe exzentrischen Einsatz hielt er entschlossen aufrecht, wissend, daß der Bergbau in den »rauhen Gegenden des Fichtelgebirges, in dem sogenannten fränkischen Sibirien« auf die Dauer letztlich nicht lohne. Alexander mochte in dieser bukolisch anmutenden Zeit, im Jagdhause des Markgrafen von Ansbach-Bayreuth wohnend, wo man noch heute ein Gedenkzimmer an ihn bewahrt, die ihn verehrenden Bergleute nicht im Stich lassen. Veranschlagen wir aber seinen Altruismus nicht zu hoch: Sicherlich, Selbstzweck war ihm diese allseitige Beschäftigung, Befriedigung einer sich selbst auferlegten Pflicht wohl kaum, eher der Versuch, sein Leben im Werke und in der Idee zu bestehen. Die Jahre im Bergamt zu Steben legen die Wurzeln zu jenem ironischen und die Menschen kennenden Skeptiker seiner späteren Lebensjahrzehnte, der voller Einsicht in das Böse und das homo homini lupus dennoch das Gute unverdrossen zu wirken entschlossen ist. Es ist die Zeit, in der Humboldt beginnt, seinem Leben einen bewußten Stil zu geben, ein Leben nach einer angenommenen Haltung zu führen; ein Entschluß, der allein zu großen Lebenseinsichten führen kann. Seine Hauptantriebskraft war nicht »ein unruhiger Ehrgeiz«, sondern der Lebensbefehl, die innere Biographie einer selbst gewählten Haltung unterzuordnen.

Ruhm - sicherlich, er strebte danach. Zunächst aber erhöhte er seine individuelle Existenz, faßte das eigene Dasein als Rolle auf, zu spielen auf dem Theater des Lebens, ging vor sich selbst auf Distanz, ein Akteur, der, seine Mittel kalt einsetzend, ständig reflektierend sich fortlaufend korrigiert.

So müssen wir unseren Helden sehen, die dunklen Gänge des Nailaer Reviers befahrend, im Gespräch mit Goethe und Schiller, die Damen durch sein Gespräch und die liebenswürdigsten Umgangsformen bezaubernd. Und später im Tropenwald des Orinoco, oder vor der erlauchten Versammlung der Académie des sciences, wie in der Dachstube des tuberkulösen, notleidenden Mathematikers Eisenstein: Dies war sein Thespiskarren, hier spielte er sein Stück. Seine Briefe lassen uns keinen Augenblick hierüber im Zweifel. Das wirkliche Leben bedeutete ihm nicht mehr als die Schale, eine »elend zusammengeflickte Nachahmung«. Darum auch war er Atheist; der Unsterblichkeitsglaube war ihm nicht mehr Hindernis bewußter Selbstwerdung. Mit dieser Auffassung des eigenen Daseins charakterisiert er sich selbst als Künstler und hat dies Streben als Literat nie verleugnet. Seine Absichten sah er immer ästhetisch, und hier liegt seine wahre Bedeutung und nicht im Reiche der Wissenschaft.

Der Geist der Epoche aber forderte handelnde Männer, Helden. Dies erkannt zu haben, zu wissen, daß ein Zeitalter unwiderruflich zu Ende geht und sich selbst in ein tätiges Leben einer neuen Zeit zu zwingen, ist ein so unausmeßbares Verdienst Alexanders, daß die unruhige Eitelkeit, seine gespaltene Natur, schwankend zwischen Zynismus und Mäzenatentum, Humanität und Menschenverachtung, nicht der Preis, sondern die Voraussetzung zur Einhaltung eines so hoch entworfenen Lebensplanes sein müssen. Sicherlich, die Summe der unterschiedlichsten Facetten seines Charakters ergeben nichts »Vereinendes«. Die Synthese, die in Deutschland so geliebte, für den großen Kopf geforderte Zusammenschau will sich nicht einstellen. Wir müssen uns damit begnügen, Humboldts charakterliche und geistige Existenz scheibenförmig, einer geöffneten Zitrusfrucht ähnlich, nebeneinander zu entfalten, wie es der menschlichen Wirklichkeit eher entspricht. Mag jeder in seine Brust schauen.

Es ist gewiß: Steben ist die zweite große Zäsur in Alexanders Leben. War Forster sein Über-Ich, sprühendes Leitbild großartiger Geist- und Weltkonzeption, entwickelte sich an diesem funkelnden Stilisten und Freiheitsmann sein Ehrgeiz, Führer dieses Zeitalters zu sein, so vertiefte die Notwendigkeit, im engen Kreise die Folge seiner Entscheidungen auf das alltägliche Leben der Bergleute zu erfahren, seinen realistischen Sinn. Hören wir ihn selbst: Steben »hat so einen wesentlichen Einfluß auf meine Denkart gehabt, ich habe so große Pläne dort geschmiedet, mich dort so meinen Gefühlen überlassen, daß ich mich auch vor dem Eindrucke fürchte, den es, beim Wiedersehen, auf mich machen würde. Ich war dort, besonders im Winter 1794 und im Herbst 1793, in einem so immerwährenden Zustand der Spannung, daß ich des Abends nie die Bauernhäuser am Spitzberg, in Nebel gehüllt und einzeln erleuchtet, sehen konnte, ohne mich der Thränen zu enthalten. Diesseits des Meeres finde ich mir so einen Ort nicht wieder!«[77]

Es schwebt über diese Stebener Zeit eine Klarheit, Trockenheit, Heiterkeit und herbe Anmut, wie wir sie selten im Leben dieser sich selbst als »abendländisches Aktivitätskommando« begreifenden, nicht immer mit scharfen Konturen, aber reich uns vor der Seele stehenden großen Figur wiederfinden. Ein Hauch dieser Stebener unvergessenen Idyllik weht bis in die Naturschilderungen der »Ansichten der Natur« von 1808 hinein, sein stillstes, höchstes Werk, ihn als homme de lettre ausweisend, der er so gern sein wollte.

Wir haben für jene Zeit kein Selbstportrait, wie von seinem Pariser Aufenthalt nach der südamerikanischen Reise. Aber der Spiegel warf wohl ein anderes Bild zurück als jenes weich modellierte Rokoko-Gesicht des Berliner Jünglings, wie es Daniel Caffe mit Kohle gezeichnet hat. Die auf Altersphotos auffallende Neigung des Kopfes nach rechts ist auf diesem Frühbild bereits deutlich erkennbar. Wir besitzen aber einen schönen Stich von Krausse nach einem verlorengegangenen Pastellportrait aus dieser Stebener Zeit mit langem, bis auf den Rockkragen fallenden, nicht besonders dichtem Haar, hellen, blauen, wach blickenden Augen, vollem Mund, die gut ausgebildete Nasenspitze, Backenknochen und Kieferpartie kräftig hervortretend, mit den eher runden Proportionen des Gesichtes als 27jähriger mehr dem Vater ähnelnd.

Sein Bruder Wilhelm, im Gesichtsschnitt schlanker, asthenischer, in der Lebensauffassung bohrender, im Urteil kälter, charakterisiert Alexander: »... er ist nicht ruhig und wird es nie werden ... er fühlt, daß er sich selbst nicht auszufüllen vermag:« Die krankhafte Unruhe eines Geistes, der sich in seinen amtlichen Pflichten an seiner gewählten Aufgabe vorbeileben sieht: Alles trieb einer Klimax zu. Bei aller Beweglichkeit, aller proportionierten Geschwindigkeit des Handelns: die Morgenröte jugendlicher Aufbruchstimmung lag über diesem sich vorbereitenden Leben, durch die Melancholeia vor allzu eitlem Selbstbewußtsein beschützt; ein Nachfahre Friedrichs des Großen: aufgeklärt, ironisch, dem streitbaren Witz, der Skepsis und Bitterkeit, der wohltuenden Mischung aus Sentiment und Satire eines anderen Hugenottennachfahren in Preußen - Fontane - vorgreifend.

Welche Zukunft lag nach so himmelsstürmendem Beginn auch vor ihm! Seine Gesundheit, sein Körper versagten sich keiner Aufforderung, keiner Belastung mehr. Mit allen Vorzügen des Standes ausgezeichnet, als Gesellschafter, Tänzer, als geistreicher Plauderer überall hochwillkommen: Schon fabulierte das Boudoirgeflüster von zarten Beziehungen zu Lotte Michaelis, der Tochter des Göttinger Orientalisten, Charlotte v. Stein sah ihn bereits als Verlobten ihrer Nichte Amalie v. Imhoff.

Es nimmt nicht wunder, wenn das Auge mancher potentiellen Schwiegermama wohlgefällig und hoffend auf diesem entschlußstarken, unerschütterlich liebenswürdigen, einer steilen Staatskarriere zueilenden jungen Mann ruhte. Doch dem mochten solch zartsinnige Anmutungen matt und bläßlich erscheinen vor dem Zittern der Dinge, die in ihm träumten.

Um seinen Bruder Wilhelm zu besuchen, der von den thüringischen Gütern seiner Frau Caroline in die Nähe Schillers und Goethes gezogen war, ritt Alexander zur Vorweihnachtszeit des Jahres 1794 in das Herzogtum Weimar-Eisenach ein: Goethe empfing ihn in Jena; das Einverständnis war im gleichen Augenblick hergestellt; man stapfte »des Morgens, im tiefsten Schnee«[78] zu gemeinsamen anatomischen Studien zum Jenenser Anatomieturm. Goethe »konnte sich nicht enthalten, seine Ideen über vergleichende Anatomie und deren methodische Behandlung ihm mitzutheilen«. Er folgte Alexanders Aufforderung, seine Darstellung »zusammenhängend und ziemlich vollständig zu Papier zu bringen« und entwarf damit das Grundschema einer vergleichenden Knochenlehre. »Bei seinem (Alexanders) Aufenthalt in Bayreuth ist mein briefliches Verhältnis zu ihm sehr interessiert«[79], gesteht er. Gemeinsam führen sie galvanische Experimente aus. Selbst Wilhelm v. Humboldt, der seinen jüngeren Bruder in den Weimar-Jenenser Kreis einführt, nimmt Anteil am »Allgemeinen der Naturwissenschaft«. Goethes lang ruhende Pläne, ein von der Gestalt, der Gesamtschau her zu entwickelndes »allgemeines Naturepos« auszuführen, werden mächtig aufgeregt. Schon waren Bruchstücke eines Romans »Über das Weltall« abgesondert. Der berühmte, im »Tiefurter Journal« 1787 erschienene, von Goethe inspirierte hymnische Erguß »Die Natur« des jungen Schweizer Theologen Christof Tobler hatte nicht nur den Weimarer Hofkreis erwartungsvoll berührt. Eine »Abhandlung über den Granit«, der Aufsatz »Metamorphose der Thiere«, vor allem »Die Metamorphose der Pflanzen« wurden erhabene Fragmente einer »Allgemeinen Geschichte der Natur«. Hier klingen Themen, Lebenseinsichten an, fähig große Entwürfe zum Schweigen zu bringen: »Das Geräusch, im Innern um mich her, hindert mich, mich ordentlich zu entwikkeln«,[80] bekennt denn auch Alexander.

Kehren wir zu ihm zurück: Wie mag es in ihm in diesen Jahren aussehen? »Dieser Mann verfügte in sich über solche Besitztümer, solche Ausblicke, er bestand aus so vielen Jahren von Lektüre, von

Widerlegungen, Betrachtungen, innerlichen Kombinationen, Beobachtungen, von solchen Verzweigungen, daß seine Antworten schwer vorauszusehen waren; daß er selbst nicht wußte, wobei er enden würde, welches Gefühl in ihm überwiege, welche unvorhergesehene Vereinfachung sich bilde.«[81] Zögernd, oft gebrochen, will sich der Austausch mit Schiller, dem herrischen Kantianer, schwer einstellen. Alexanders rasche Entschlußkraft und unermüdliche Arbeitsfähigkeit ließ Schiller auf Manuskripte für »Die Horen« hoffen: »... von Alex. von Humboldt haben wir über Philosophie des Naturreiches sehr gute Aufsätze zu erwarten. Er ist jetzt gewiß der Vorzüglichste in diesem Fache und übertrifft an Kopf vielleicht noch seinen Bruder, der gewiß sehr vorzüglich ist«.[82]

Alexander empfahl sich mit 14 neugeworbenen Abonnenten aus Franken und sandte »Die Lebenskraft oder der rhodische Genius«. Ein Monstrum, gezeugt in den medizinisch-physiologischen Hörsälen der damaligen Zeit, geboren von jenem »Mädchen für alles« der vis vitalis und, in orphische Windeln gewickelt, den Liebhabern des Weimar-Jenaischen Dichterkreises in die poetische Krippe gelegt, wo »man dichterische Einkleidung wissenschaftlicher Wahrheiten liebte«.[83] Der Aufsatz war nicht ganz zu Schillers Zufriedenheit, der dieses Heft als »das schlechteste« der bisher erschienenen empfand. So war denn auch das Echo auf diesen Aufsatz gering, und August Wilhelm Schlegels - des Rezensentenhöflich-diplomatische Verbeugung, mehr vor dem Weimarer Olympier als dem poetischen Oberbergrat: »das Ende des kleinen Aufsatzes läßt sanfte Rührung zurück« traf den rechten, zurückgenommenen Ton. Der studierte Mediziner Schiller entwickelte kein Organ für naturwissenschaftliche Tatsachen, für die »Elemente«. Sein Adlerblick erkennt wohl auch manche Schwäche in der Person, im selbstgefälligen Auftreten Alexanders. Schillers Urteil ist kalt: »Es ist der nackte, schneidende Verstand, der die Natur, die immer unfaßlich und in allen ihren Punkten ehrwürdig und unergründlich ist, schamlos ausgemessen haben will ... Kurz, mir scheint er für seinen Gegenstand ein viel zu grobes Organ und dabei ein viel zu beschränkter Verstandesmensch zu sein. Er hat keine Einbildungskraft ... bei ungeheurem Reichtum des Stoffes, eine Dürftigkeit des Sinnes«.[84]

Dagegen ging die Naturauffassung Herders zusammen mit Alexanders Idee einer »Physique du monde«. Die Zerstreutheit der Einzeltatsachen, der Fakten, Zahlen, numerischen Ergebnisse sollte sich ihm ordnen. Die existentielle Furcht, aus dem flackernden Blick seiner Augen, der unruhigen Umhergetriebenheit jener Jahre deutlich genug sprechend; die unverständliche, ihn überwältigende Freundschaft zu dem Leutnant Reinhard von Haeften; das in seinen Briefen herausgeschriebene Mißtrauen gegen die Eigenschaften des Seienden, sie sollten sich zur Harmonie fügen. Die Realität, unverständlich, sinnlos, wollte eine Antwort. Hier liegen die Wurzeln der von seinen Zeitgenossen wohl empfundenen Gefährdung Humboldts, seiner Unstetigkeit. Hier aber wird uns auch deutlich, ein großer Kopf arbeitet sich zu den Grenzen seiner Möglichkeiten hin: Denn was, außer der Langeweile einer banalen Laufbahn im Amte, im Staatsdienst, auf dem Lehrkatheder, wäre nicht gefährdet?

Die Hemmnisse der Bürokratie, das Ungenügen an der inneren Existenz, die Angst vor dem Verrinnen und der Sinnlosigkeit und letztlich Weimar förderten den Entwurf eines selbstgewissen, ja utopischen Lebensplanes: »... Wie mächtig die Jenaer Verhältnisse auf mich gewirkt, wie ich, durch Goethes Naturansichten gehoben, gleichsam mit neuen Organen ausgerüstet worden ...«[85] war, empfand Humboldt selbst. Der Anblick jener Weimarer olympischen Existenz hob sich ins eigene Bewußtsein, als Forderung an sich selbst. Sie wurde als Aufgabe von ihm angenommen. Entstehen Gedanken, die Wert haben nicht oft aus einer willkürlich angenommenen Pose?

Humboldt wählte seine Richtung. Es war die neugierige Betrachtung der Welt in interessanter Reserviertheit, ja er wählte die Tat um der Tat willen, die Tätigkeit wird als Zweck bejaht. Die Vorstellung, daß er sei, weil er sich bewegte, sammelte, maß, schrieb:

l'action pure, wurde ihm deutlich. Bedingungsloser Konkretismus, Aufnahmegier aller sich anbietenden Fakten, »blindlings arbeiten, ohne unmittelbares Ziel, wie ein Verruchter«, Reizempfang über alle Welt, das war der Schlaftrunk, den er dem taedium vitae bot.

Sicher, es waren Voraussetzungen biologischer Art vorgegeben, ein genetisches Muster zwang zu vorgezeichneten Entscheidungen. Das Entfremdungserlebnis forderte keine bestimmte Haltung von ihm. Auch Flucht in den Irrationalismus, den Elfenbeinturm einer feinsinnigen Phantasiewelt, der Rückzug auf die stillen Freuden und einfachen Dinge des Intimbereiches wären denkbar gewesen. Humboldt entschied sich - chromosomaler Zwang oder freie Wahl - für den Weg des Ruhmes, für die Überhöhung des Seins.

Die Nährmutter Natur galt es zu zergliedern, zu messen, zu mathematisieren und allem Zerstörerischen zum Trotze zu synthetisieren: »Auf dem Rücken der hohen Anden erkannte ich, wie von einem Hauche beseelt, von Pol zu Pol mir ein Leben ausgegossen ist in Steinen, Pflanzen und Tieren und in der Menschen schwellender Brust.«[86] Wir brauchen nicht nach den späteren Lebensresultaten Humboldts zu schielen um zu wissen: hier bahnt sich ein Kopf von höchster Fähigkeit seinen Weg. Ruhm, wer wollte ihn nicht. Humboldts Erziehung, seine Studien bei Heyne, dem Wegbereiter des Neuhumanismus in Göttingen, Hinweise seines Bruders Wilhelm dürften ihn mit der agonalen panhellenischen Ruhmsucht bekannt gemacht haben. Ihm war Ruhm als eines der höchsten dem Menschen erreichbaren Güter moralisch unverdächtig, war ihm ein sittliches Hochziel des Lebens:

»Dem Erzeuger jetzt, dem großen
Gießt Neoptolem des Weins:
Unter allen ird'schen Losen
Hoher Vater, preis' ich deins.
Von des Lebens Gütern allen
Ist der Ruhm das Höchste doch;
Wenn der Leib in Staub zerfallen,
Lebt der Große Name noch.
»Tapfrer, deines Ruhmes Schimmer

Wird unsterblich sein im Lied;
Denn das ird'sche Leben flieht,
Und die Toten dauern immer.«[87]

Wir sind heute versucht, den Ruhm sittlich abzuwerten. Er ist in den Augen aller Welt zur »Berühmtheit«, zur »Publicity« degeneriert, wird kaum noch als Frucht hoher Verdienste, sondern als künstlich manipuliert empfunden. Es gelingt immer schwerer, einen großen Mann individuell zu betrachten. Die Nation, die Wissenschaft genügt dem großen ethischen Menschen unserer Zeit nicht mehr. Die Ehrenbezeigungen lassen ihn kalt; er braucht kein Standbild, um dem großen Geschäfte nachzugehen.

Sicher, Humboldt hinterläßt uns nur indirekte Zeichen, einen Brief, eine Bemerkung zu Varnhagen. Aber gestand nicht auch Herostrat seine Ruhmsucht erst auf der Folter? Sichere Zeugnisse über seinen Geltungsdrang dagegen sind die Einlassungen seiner Zeitgenossen, seiner wohlmeinenden Freunde, vor allem jedoch die durch Mißgunst und Haß geschärften Urteile seiner Feinde. Nehmen wir einen Brief seines Bruders Wilhelm an seine Frau Caroline: »Glanz und Ruhm freuen und unterhalten ihn unglaublich und genügen ihm doch nicht. Der halbe Beifall oder gar der Tadel auch noch so weniger ist ihm nie gleichgültig«.[88]

Verweilen wir noch einen Augenblick bei Alexander und dem Ruhm, der ihm - einem Knaben noch - aus den Expeditionsberichten eines Condamine, Carsten Niebuhr, James Cook oder auch Georg Forster vielfältig gebrochen entgegenleuchtete. Ist es denkbar, daß ein junger Mann, aus Neigung und - Berechnung den gleichen Weg zu Berühmtheit sucht? Soll es möglich sein, daß er die tieferen Schichten des Ruhmes, der einen Reisenden umglänzt, instinktiv erahnte? Jene Mischung aus Sensationsbedürfnis und Gruselgefühl, das sich einstellt, wenn man die Berichte von unerhörten Strapazen, grausigen Erlebnissen und spannenden Überraschungen liest?

Oder die Aufregung und Freude am Abnormen, gefaßt in eine Reisebeschreibung, also mit einem Individuum verknüpft, welche in starkem Maße Ruhm verbreitend wirkt? Er muß es geahnt haben. Wie anders wären die Einlassungen in den südamerikanischen Reiseberichten zum Überfall am Strande von Cumana auf seinen Reisegenossen Bonpland, den ein Halbblut niederschlug, wie anders wäre die Beschreibung des gefährlichen Erlebnisses mit den pferdetötenden Zitterrochen oder die Boudoirerzählung von jenem Spanier zu verstehen, der nach dem Tode der Mutter aus seiner Brust dem Säugling fünf Monate lang Milch zu spenden wußte.

Wir wissen auch, wie bewußt Alexander die Presse einsetzte, die ja gern die wissenschaftlichen Leistungen beiseite tut, den Abenteuern, ungewöhnlichen Anstrengungen dagegen breitesten Raum gönnt. Es bleibt zu ergänzen, daß in Zeiten schwindender Religiosität Ruhm als Ersatz für Transzendenz akzeptiert wird: Es ist ganz natürlich, daß in der Epoche eines positivistisch naturwissenschaftlichen Weltbildes sich das unbesetzte metaphysische Bedürfnis des Publikums an Personen mit entsprechender Aura heftet und ihnen einen - zumindest temporären - Ruhm zuteil werden läßt.

Wir finden Züge in Humboldts Leben, die uns modern, publikumswirksam anrühren: Früh war ihm deutlich - und er spricht es auch aus -, daß das »Läuten« zum literarischen Handwerk gehört. Sein riesiger, von Jahrzehnt zu Jahrzehnt stärker anschwellender Briefwechsel war mit in diese Vorstellungen einbezogen. Wir haben die Tatsache zu erklären, warum ein »vielgeplagter Urgreis« seine Nächte opferte, um eigenhändig die 3000 Nummern seiner jährlichen Korrespondenz - 600 Thaler Porto - zu bewältigen, für die er kosmopolitische Halboctavcouverts verwandte, die sich für Handwerker und Gelehrte gleich gut eignen. Keinem Maler, Zeichner, Photographen ging er aus dem Wege. Von seiner südamerikanischen Expedition lancierte er Briefe in die Zeitungen, empfahl seinem Bruder angelegentlich, seine Reiseberichte in die englischen Journale einrücken zu lassen, erteilte gern Reportern Auskünfte, schrieb selbst Artikel. Mit allen Berühmtheiten seiner Zeit wollte er bekannt sein. Humboldts biologische Organisation stand in Einklang mit dem heraufziehenden Zeitgeist des imperialen Säkulums.

Diese Epoche, aufgerührt durch das Erdbeben der Französischen Revolution, das emporkommende Zeitalter der Naturwissenschaften, der Technik, großer Philosophen und literarischer Leistungen, diese Periode der großen Menschen auf allen Gebieten, sieht in Alexanders, in seiner Naturanlage begründeten Lebensentwurf nichts Abwertendes.

Etwas Entscheidendes hatte sich also in diesen Stebener Jahren geändert. Die ständige Beschäftigung mit großen Ideen, der Umgang mit bedeutenden Männern hatte seinem Leben Richtung und Ziel gegeben. Seine Lebenswünsche waren formuliert, die Aufgabe war erkannt. Da starb die Mutter, Marie Elisabeth, verwitwete v. Holwede, geb. Colomb, auf Schloß Tegel an Brustkrebs. Keiner ihrer Söhne stand ihr im Tode bei. Die durch zwei Ehen angesammelten, in sparsamer Wirtschaft vermehrten Mittel wurden verfügbar. Sohnes- und Standespflichten, der Mutter bislang rücksichtsvoll, aber zögernd gewährt, hemmen nicht länger. Augenblicklich verließ Alexander den Staatsdienst. Das hinterlassene Vermögen brach ihm die Bahn zu weltweiter Ausbildung, zur westindischen Reise, zum südamerikanischen Reisewerk, zum Weltruhm.

Schopenhauer widmete seinem wohlhabenden Vater jenen ergreifenden Nachruf, ihn als Urquell und Mäzen seines kontemplativen Lebens, seiner täglichen Muße erkennend: »Daß, wenn Heinrich Flores Schopenhauer nicht der Mann gewesen wäre, der er war, Arthur Schopenhauer 100mal zugrunde gegangen wäre.« Von den Brüdern Humboldt vermissen wir eine solche Äußerung.

Alexanders Aufrichtigkeit in seinem - den Tod der Mutter berichtenden - Brief an Freiesleben ehrt ihn jedoch: »Du weißt, mein Guter, daß mein Herz von der Seite nicht empfindlich getroffen werden konnte. Wir waren uns von jeher fremd ...«;[89] ein Zug großer Gleichgültigkeit dem Schicksale anderer, auch naher Menschen gegenüber. Wir begegnen ihm besonders bei Wilhelm häufiger. Es ist kein Geheimnis, daß die Brüder ihre Jugend unter der mütterlichen Obhut eher als bedrückend empfunden hatten. Selbst der zyklothyme, zu heiterer Lebhaftigkeit entschlossene Alexander berichtet uns von Schloß Tegel, »dem reizendsten Aufenthalte der hiesigen Gegend«, um dann fortzufahren: »... so werden Sie sich doppelt wundern, ... daß ebendieser Ort wehmüthige Empfindungen in mir erregt. Hier in Tegel habe ich den größeren Theil dieses traurigen Lebens zugebracht, unter Leuten, die mich liebten, ... in tausendfältigem Zwange, in entbehrender Einsamkeit, in Verhältnissen, wo ich zu steter Verstellung, Aufopferung u.s.w. gezwungen wurde«.[90] Sein Wohlbehagen an der »anmuthsvollsten Natur« unter ausländischen Bäumen, die noch sein Vater angepflanzt hatte, wird nach Rückkehr von der Bergakademie Freiberg empfindlich niedergedrückt »... durch die widrigsten Eindrücke, durch Erinnerungen an meine Kinderjahre«.[91] Manches mag sich aus dieser bewegten Nänie über eine verlorene Kindheit ableiten lassen. Wenn aber ein pädagogisches Korsett und die von der Mutter durchgehaltene Isolierung der Heranzubildenden zu solchem Ende führt, zu einem Alexander und Wilhelm v. Humboldt, wer wollte da nicht einhalten und fürchten, daß nicht nur das angeborene Temperament die großen Vorzüge solch riesig herausgehobenen Verstandes bedingt?

Vergeblich suchte v. Heinitz Alexanders Kündigung zunächst in eine Beurlaubung vom preußischen Staatsdienst zu revidieren. Selbst der Versuch, die zukünftige Freiheit durch Gewährung einer Urlaubsbesoldung mit goldenem Zügel zu binden, mußte fehlschlagen. Alexander fühlt nach dem Tod seiner Mutter eine neue Epoche seines Lebens heraufziehen: Ledig vom Dienst in einem Vaterlande, dessen absolutistischer Zielsetzung seine »tricolore« politische Einsicht verdächtig wurde; nachdenklich geworden durch den frühen Tod und das Scheitern der republikanischen Pläne Georg Forsters, befreit vom hypokritischen Doppelleben zwischen groß angelegter, auf riesige Absichten zielende wissenschaftliche Vervollkommnung und Vortäuschung von Standespflichten gegenüber der Familie, bald im Besitze des redlich mit seinem Bruder Wilhelm durch Kunth geteilten Vermögens, ging er daran, sich auf die südamerikanische Reise vorzubereiten. Keine Mühe war ihm hierbei zu groß, kein Detail zu gering. Hören wir ihn in der Vorrede zum KOSMOS rückblickend zu diesen Präparationen: »Ich war durch den Umgang mit hochbegabten Männern früh zu der Einsicht gelangt, daß ohne den ernsten Hang nach der Kenntnis des Einzelnen alle große und allgemeine Weltanschauung nur ein Luftgebilde sein könnte.«

Getrost dürfen wir die Zeit, die zweieinhalb Jahre zwischen jenem einsamen Sterben der brustkrebskranken Mutter und dem barometrischen Meßzug durch Spanien als Vorbereitung, die Absicht seiner Expedition vorausnehmend, auffassen: »Ich werde Pflanzen und Fossilien sammeln... astronomische Beobachtungen machen können; - ich werde die Luft chemisch zerlegen. Dies alles ist aber nicht der Hauptzweck meiner Reise. Auf das Zusammenwirken der Kräfte... auf diese Harmonie sollen stets meine Augen gerichtet sein.«[92] Wie denn überhaupt die Leitmotive und Originalgedanken, die kreativen Wurzeln und Ideenkonzeptionen, mit der man die Welt beschenken will, in der Jugend angesammelt werden. Die Ausarbeitung, das Fertigmachen und Bemeistern des Stoffes bleibt den späteren Jahren vorbehalten.

Eine charakteristische Anlage seiner Natur brach sich schon während dieser meßtechnischen Einübungen mit Ungestüm Bahn: seine Fähigkeit, die Welt in einem Bild zu fassen, die divergierenden Tatsachen zu harmonisieren und zur Gesamtschau zu steigern. Sein Biotonus gestattete ihm, sich in großem Tempo dem eigentlichen Lebenszwecke zu nähern. Reich fließt die Fülle assoziativen Zustroms, der Betätigungsdrang wird unhemmbar, die Stimmungslage ist meist gehoben. Eine zielvolle Regsamkeit, das unendliche Gespräch, die Fülle der Korrespondenz, eher skizzenhafte, dennoch in Buchform erscheinende Arbeiten wie »Versuche über die chemische Zerlegung des Luftkreises und über einige andere Gegenstände der Naturlehre«, die leerlaufenden, dabei groß gedachten, bereits erwähnten »Versuche über die Muskelfaser...«, alles nicht gerade tief angelegt, scheinen uns ein Abglanz seines hypomanischen Temperamentes. Er arbeitet wie ein Besessener, voller Energie, trotz überspannter Nerven, nahezu unentwegt. Nichts kann ihn entmutigen, nicht die französischen Kriegszüge durch Europa, die alle Unternehmungen hemmen, nicht die mißglückte oberägyptische Expedition mit Lord Bristol, jenem exzentrischen, die Gräfin Dennis und Gräfin Lichtenau mit sich führenden, unsinnig reichen Bischof von Derby - 300000 Thaler Jahreseinkommen - nicht die Gefährdung der finanziellen Basis seiner im Herzogtum Warschau durch Napoleon sequestrierten Vermögenstitel, nicht das »vergeblich auf Baudins Reise um die Welt gewartet«, und nicht die englische Blockade der europäischen Küsten.

Deutschland ist politisch ohne Gewicht. Die Erforschung der Erde ist Sache der imperialen Mächte jener Zeit: England, Frankreich und Spanien überwachen die Expeditionen, die als Hilfsmittel für den Machtkampf um den Planeten ausgesandt werden. Aber über alle Enttäuschungen und Fehlschläge hinaus hält er an einem Lebensplan, seinem Endziel, seiner überwertigen Idee der großen »westindischen Reise« unerschütterlich fest.

Noch kannte er nicht die Erpressungen des Schicksals; immer blieb er von hinreißender Neugier: er wollte das Glück fühlen, einen Augenblick, einen Hauch nur, ausreichend aber um glauben zu können, daß auch im Versagen sein Leben nicht ganz verloren sei; wollte den Traum seiner Jugend zum Ende tragen, wo fast alle kapitulieren. Was man »Aus dem Leben eine Lehre ziehen« nennt.

»Ein Menschenleben begonnen wie das meinige ist zum Handeln bestimmt; und sollte ich unterliegen, so wissen die, welche meinem Herzen so nahe sind als Du, daß ich mich nicht gemeinen Zwecken aufopfere.«

Alexander v. Humboldt

Viertes Kapitel

Ziele und Mittel

»Das wird eine schöne Reise werden«, schreibt Schiller im Juni 1797 an Goethe. Fünf Kinder, Caroline v. Humboldt und Frau v. Haeften in ihren eleganten Garderoben, dazu Bedienstete und vier Kisten mit Alexanders Instrumenten waren auf mehrere Fuhrwerke verteilt in Dresden eingetroffen. Man wollte nach dem Tode der Mutter unserer Brüder eine Reise nach Italien unternehmen; Alexander plante - zur Vorbereitung seiner westindischen Expedition - vulkanologische Untersuchungen am Vesuv.

Ein Fieberanfall hatte Caroline fünf Monate nach einer Entbindung erneut in der Elbe-Residenz niedergeworfen: Die ganze Humboldt'sche Familie und die von Haeftens waren versammelt. Alexander ließ sich vom Astronomen Koehler in die Bedienung des neuen, revolutionären, vierzehnzölligen Hadley'schen Sextanten unterweisen, übte sich in astronomischen Ortsbestimmungen. Wilhelm durchlief derweil die exzeptionellen Sammlungen des sächsischen Königshauses. Das Hauptgeschäft des Dresdner Aufenthaltes jedoch war die Erbteilung, vom treuen Kunth ohne Empfindlichkeiten durchgeführt.

Neben 53000 Thaler Hypotheken erbte Alexander 38465 Thaler an Bargeld und Wertpapieren. 6100 Thaler waren an Papieren davon abzuziehen: »Mein baares, sicheres und zinsbares Vermögen beträgt am 16. Juni 1797 85375 Thlr. 4 Gr., davon jährlich gewisse

Zinsen 3476 Thlr.« vermerkt er in seinem Tagebuch. Goethe bekam als Geheimer Rat im gleichen Jahr 1800 Thlr. Gehalt. Eine große Summe disponiblen Geldes also in damaliger Zeit. Wir begreifen, warum Alexander, von großen Plänen und Entwürfen »voll wie ein siedender Topf«,[93] die Unbequemlichkeiten des Brotverdienens aufgab: Er war sozusagen Millionär. Jetzt gab es keine Schwierigkeiten, die besseren Instrumente französischer oder englischer Mechaniker zu erwerben. Er vervollkommnete seine Fertigkeit im Umgang mit dem Hygrometer, Elektrometer und Eudiometer, einem Glasrohr zur Analyse von Gasen. Thermometermessungen gehörten schon seit seiner Stebener Zeit zur täglichen Gewohnheit. Er suchte diese Instrumente zu verbessern, entwickelte ein eigenes Taschenbarometer, verwarf es. Instrumenten gehört seine ganze Zuneigung. Er spricht von ihnen wie andere von ihren Geliebten, schwärmt von einem »schönen Theodoliten«, den er gegen einen »15zölligen, schwerfälligen Sextanten... einem Monstrum von Instrument« eingetauscht hatte.

Wie eignet sich Humboldt seine Kenntnisse an? Er liest viel und ungeheuer schnell, sammelt in späteren Jahren besonders angeforderte, von Sachkennern geschriebene Lehrbriefe über ihn interessierende Gegenstände, macht sich Auszüge, entwirft Schemata, skizziert Beobachtungen, führt Tabellen. Aber - so scheint es - den größten Nutzen zieht er aus dem persönlichen Gespräch mit den Fachgelehrten. Es charakterisiert seine Arbeitsweise, wenn wir ihn in Wien, wohin er ungeduldig von Dresden her vorausgeeilt war, sehen, nach einem strengen Zeitplan lebend, mit ausschweifenden neuromuskulären Experimenten beschäftigt. Wir finden ihn dort an der Donau im unterrichtenden mündlichen Austausch über die Pflanzenwelt Westindiens mit Vater und Sohn Jacquin, bedeutenden botanischen Forschern. Mit dem Hofgärtner Franz Boos studiert er in den Gewächshäusern und Herbarien Schönbrunns die Flora aus Caracas, Panama und Mexiko und geht die 5000 Nummern durch, die Boos auf seinen Expeditionen zusammengetragen hatte. Einen Augenblick durfte er Hoffnung fassen, mit van der

Schot, diesem kenntnisreichen, 27jährigen Leiter des Universitätsgartens, »einem herrlichen jungen Mann von großer botanischer Gelehrsamkeit und edlem Charakter«, nach Westindien zu reisen. Das Projekt zerschlug sich. Er macht sich mit der Pflanzenkonservierung vertraut; sein zeichnerisches Talent kam der Notwendigkeit glücklich entgegen, Details, die durch Transport und andere Einflüsse verloren gehen würden, mit Bleistift und Farbe festzuhalten. Er erfuhr Einzelheiten über Malaspina, den in spanischen Diensten fahrenden, großen, mit Cook vergleichbaren Entdekkungsreisenden; nahm von den Arbeitsresultaten Thaddäus Haenkes Kenntnis, eines aus Böhmen stammenden und seit 1788 in spanischen Diensten stehenden Naturforschers und wissenschaftlichen Reisenden, der bereits damals im Schatten der Öffentlichkeit lebte. Haenke hatte einige Ideen in Südamerika skizzenhaft vorweggenommen, die wir bei Humboldt wiedertreffen werden.

Prof. Barth, »das genialischste Wesen von ganz Wien«, berühmter Arzt, reicher Sammler, unterwies ihn in mikroskopischer Anatomie insbesondere von Gefäßpräparaten; besprach mit ihm, angetan mit einem selbstkonstruierten Futteralanzug, einer »Weste mit Ärmeln, die sich in Beinkleider und Strümpfe verlängert«, die neuesten Fortschritte der antiphlogistischen Chemie und Physiologie.

Ein weiterer Erschöpfungszustand Carolinens, die Alexander inzwischen nach Wien nachgereist war, gab Gelegenheit, den bekanntesten Arzt seiner Zeit, Johann Frank, in seiner Klinik zu besuchen. Wir glauben, ein Stück eigener Lebensbestätigung zu sehen, wenn er über diesen Mediziner, dessen »Klarheit der Ideen, Besonnenheit und Gründlichkeit bei dem sichtbarsten Aufblitzen des Genies« starken Eindruck auf ihn machte, an Loder, den Jenenser Anatomen, zum Arbeitspensum des vielgesuchten Mannes schreibt: »Bis 11 Uhr ist er im Klinikum beschäftigt, von 11-2 fährt er umher, von 3-5 sieht er... Fürsten und Damen bei sich, und von 5-10 nachts besucht er wieder Kranke. Des Nachts und morgens vor 7 betreibt er seine Korrespondenz.« Und in den

Zwischenzeiten findet er den Vielwirkenden »immer gesammelt, immer empfänglich für physiologische und naturhistorische Unterhaltung«. Mit allen diesen komplizierten Naturen ist er bald freundschaftlich verbunden. Seine Unterhaltungskunst, reichliches Ausstreuen von Lob, Bewunderung, Schmeichelei und Anschmiegsamkeit hatte ihm rasch die geistigen und materiellen Naturschätze Wiens zugänglich gemacht. Seine Briefe atmen freudigste Stimmung ungeachtet der Belästigung durch die abschließenden Arbeiten am zweiten Bande über die gereizten Muskeln. Trotz der gleichzeitigen Redaktion an der Aufsatzsammlung »Ueber die unterirdischen Gasarten« bleibt er synton. Sein Temperament, von gelegentlichen Verstimmungen - durch die unablässigen Verzögerungen seiner Reiseabsichten ausreichend erklärt - abgesehen, schwingt zwischen Wohlgemutheit und Zustimmung: In Wien findet er »mehr Guthmüthigkeit und ächte Heiterkeit als in Berlin«. Barth's Sammlung »übertrifft alles, was ich in diesem Fache gesehen«; bei Frank sieht er »das sichtbarste Aufblühen des Genies«, sein Freund van der Schot soll ein »herrlicher Reisegefährte« werden.

Selbst der wunderliche Geologenfreund, bei Besuchen in der finstersten Zimmerecke die Risse der Ofenkacheln betrachtend oder »wie ein Igel« dicht an den Wänden entlang streichend, selbst Leopold v. Buch, Geognost und Paläontologe, mit dem er sich in Wien traf, war »ein trefflicher, genievoller Mensch«. Ohne übertriebene Empfindsamkeit läßt er seine Reisegesellschaft, »die Haeftens«, allein in Wien zurück und übt sich während des Winters mit v. Buch in Salzburg in eudiometrischen, meteorologischen, astronomischen und barometrischen Messungen, macht Fortschritte im Gebrauch des Spiegelsextanten. Alle greifbaren Reisewerke - und die Wiener Bibliotheken waren reich daran - werden zu wiederholten Malen durchgearbeitet, die Polhöhe Salzburgs bestimmt. Unermüdlich reist er umher. So finden wir ihn im April 1798 in Paris wieder: Was bedeutet diese Metropole der damaligen Zeit? Und was wird sie für Alexander?

Frankreich ist das gebildetste und kultivierteste Land der Erde. Goethe bekennt, daß er Frankreich »ein so großes Teil seiner eigenen Bildung verdanke«, Grillparzer fügt zu diesem Bilde hinzu: »Nicht weil die Bildung bei den Franzosen vergleichsweise die höchste Stufe erreicht hat, sondern weil das geistige Bedürfnis bei ihnen unter den meisten lebhaft ist.« Im deutschen romantischen Universalismus wirken diese französischen Bildungselemente bis in die Wahl der Themen, bis in den literarischen Rohstoff hinein: v. Arnim schreibt den »Invaliden auf dem Fort Ratonneau«. »Aufruhr in den Cevennen« nennt Tieck eine Novelle. Eichendorff veröffentlicht »Schloß Durande« und E. T. A. Hoffmann nennt einen Roman »Fräulein von Scudery«.

Schon acht Jahre vor der jetzigen Reise - 1790 - hatte Humboldt auf seiner Kavalierstour - in kaum vier Monaten den rheinländischen Teil Deutschlands, dazu Belgien, Holland, halb England und Frankreich durcheilend - wenige Tage Paris besucht. Die revolutionäre Begeisterung des Volkes, ein Jahr nach dem Sturm auf die Bastille, blieb ihm »unvergeßlich und lehrreich«. Die bürgerliche, hugenottische Abkunft, Einwirkungen durch den emporgekommenen Hofmeister Kunth und durch Georg Forster, der jene gemeinsame, forcierte Reise in den »Ansichten vom Niederrhein« beschrieben und Alexander mit diesem Anspruch hoher geographischer Reiseschilderung geprägt hat, mögen dabei nachgewirkt haben. Es war Forster, der Humboldt darin bestätigte, die blutigen Seiten der französischen Revolution hingehen zu lassen: »Für Meinungen wird ja von jeher Blut vergossen...«; und bis an sein Ende findet Alexander Entschuldigungen für die Auswirkungen dieser Umwälzung. So vermerkt er auf seinem Weg in die Hauptstadt der Naturwissenschaft die »Wohltat..., die Ausrottung des Feudalsystems und aller aristokratischen Vorurteile, unter denen die ärmeren und edleren Menschenklassen so lange geschmachtet«.[94] Freilich haben wir uns die revolutionäre Begeisterung Humboldts nicht zu großartig, nicht zu handelnd vorzustellen: Wir wissen, wie schwer es ihm fiel, ein abschätziges Urteil abzugeben.

Seine republikanische Gesinnung steht jedoch über allem Zweifel, die Vorrechte des Adels waren ihm stets verdächtig. Nicht ohne Sorge war er damals, ein Göttinger Studiosus, mit Georg Forster nach Paris gereist; die Möglichkeit militärischer Verwicklungen hatten ihn beunruhigt, aber seine exaltierte Stimmung half weiter: »Ich will mich gerne überreden, daß alles, was jetzt geschieht, einst den Flor der Wissenschaften befördern wird.«[95]

Paris: Alexander wußte, hier hatte er sich zu bewähren, hier war der Probierstein des Schicksals, der darüber entschied, wer in den Schlund der Vergessenheit fiel oder zum Ruhme emporstieg. Hier war der naturwissenschaftliche Nabel der Welt, das Mekka der Instrumentenindustrie.

Die Stadt hatte sich verändert seit seinem letzten Besuch: Zopf- und Igelfrisur der Männer waren verschwunden, der kurzgeschorene Tituskopf erinnert an republikanisch-römische Vorbilder. Man kleidet sich mit Halstuch und Frack, lange Hosen werden Mode. Die Damen tragen Kiepenhüte, das Dekolleté wird gewagt, die Röcke sind seitlich hoch geschlitzt, man trägt Sandalen. Während die Revolutionstruppen Kairo erobern und die Niedermetzelung der dreitausend Türken in Jaffa den Parolen der Freiheit Hohn spricht, eilen daheim in der Dämmerung elegante Equipagen über die Place Vendôme zum Tee, zu Soiréen, Opernaufführungen: Alexander ist verzaubert. Die besten Köpfe der Stadt nehmen ihn auf, wie er es nie erwarten durfte. Vergessen sind der Tod des Chemikers Lavoisier, des Mathematikers Condorcet auf der Guillotine, hinunter den Lethefluß die Revolutionskriege. Die Greuel, die Blutszenen, die Intrigen und Machtkämpfe im Direktorium hatten die Wissenschaft nicht umgebracht. Verhallt war der Ruf der Blutrichter: »Nous n'avons pas besoin des savants.«

Die Früchte der Revolution, das mächtige Emporstreben gebildeter und ehrgeiziger Bürger, den materiellen Wohlstand, die rationale Methode, die Institution des Institut de France genoß Humboldt in vollen Zügen: »Die Liebe zu den mathematischen Wissenschaften nimmt bei uns und unserer Armee täglich zu« schreibt

Lalande. Napoleon verlegt das Opernhaus wegen der Feuersgefahr für die daneben gelegene Bibliothek, kauft die 100000 Bände der Paulyschen Bibliothek. Die Theorie der Mondbewegungen war von d'Alembert gegründet, Gradmessungen bestimmten genauer denn je die Gestalt der Erde, das astronomische Fernrohr wurde entscheidend verbessert. Laplace veröffentlichte seine bewunderungswürdige »Mécanique céleste«. Alexanders spezielles Forschungsgebiet der letzten Jahre, der Galvanismus und Magnetismus fand nachexperimentierende Beachtung; Lavoisiers - ihm nachfolgende - Schule führte die französische Chemie in ihre Glanzperiode. Cuvier begründete am fossilen Mammut die Wirbeltier-Paläontologie und vergleichende Anatomie. Mit Riesenschritten, mit immer exakteren Methoden trat die Naturwissenschaft in die Bahn ihres Zenits. Eine Wissenschaftsexplosion machte die Gelehrten trunken vor unerwarteten Einsichten und Glück. Maß und Zahl allein waren als Beweismittel zugelassen, kühle Rationalität verdrängte dumpfe Spekulationen und die Mythen der theologischen Schöpfungsgeschichte. Großmütig befördert und unterstützt, mit Ehrentiteln und Orden ausgestattet, das ungeduldige »vitesse, vitesse« Napoleons im Ohr, berauschte die Pariser Blüte der Wissenschaft alle Welt mit der Eröffnung bisher unausdenkbarer menschlicher Möglichkeiten. Wir hören vom Reflex Humboldts auf diese Eruption einer neuen Vernunft: »... Gegen Sentimentalität und Affection konnte er bitter, gegen Schlaffheit, oder wie er es nannte Breiigkeit des Gemüths, und gegen Pedanterei konnte er ungeduldig werden.« Hier sah Alexander die Mittel versammelt, seine Ziele zu erreichen, durch eine große Reise ein allumfassendes Bild der Naturwissenschaften zu erarbeiten und - »die Natur lebendig und doch wahr« schildernd zum Ruhme emporzusteigen.

Überall machte er eine gute Figur, stand er auf den Empfängen ohne Anstrengung, erfaßte Gegenstände und Personen schnell und genau. Die Syntax seiner Rede war kunstreich und gefällig, sein Wortschatz stellte ihm jede Nuance sogleich zur Verfügung, die seinen Vortrag begleitende Geste war sparsam, aber ausdrucksreich.

Nicht alle jedoch sahen in ihm den führenden naturwissenschaftlichen Repräsentanten Deutschlands. Seine Experimente über den Muskel- und Nervenreiz wollten zahlreichen nachprüfenden Physikern nicht gelingen. Der in den »Annales de Chimie« gedruckte Aufsatz eines im Nationalinstitut gehaltenen Vortrages »Über die dreifache Verbindung des Phosphors, Stickstoffs und Sauerstoffs miteinander, oder über die Existenz der oxydierten Phosphorstickgase« wurde von dem erst 20jährigen Gay-Lussac kritisch verrissen. Der Physiker Fourcroy hatte ihm vorgeworfen, aus zu schmalen experimentellen Ergebnissen zu weitreichende spekulative Schlüsse gezogen zu haben: Nun war der Preuße aus Tegel in Paris, mit selbstverständlicher Anmut hatte er die Empfindsamen bezaubert, die Kritiker durch die Überfülle seines Faktenwissens erstaunt, Zweifler diplomatisch im feinsten Französisch abgewehrt, die Experimentatoren durch geschickt ausgeführte Versuche überzeugt. Lalande u. a. ziehen ihn zu ihren Arbeiten und Versuchen hinzu. Bald wird er als Gleichstrebender anerkannt, bei Ernennungen, der Wahl von Expeditionsteilnehmern holt man sein Urteil: Humboldt schwebt auf einer Wolke von Glückseligkeit; selten sehen wir ihn, den allzeit Optimistischen, Beweglichen, so freudig erregt, so beschäftigt. »Je ne vous parle pas de Paris, ni de ma façon d'y vivre; vous connaissez mes penchants et mon activité. Je vis avec tous les naturalistes, je travaille avec Vauquelin dans son laboratoire, j'ai fait quelques lectures à l'institut national; j'ai tout le droit possible de l'accueil qu'on me fait.«

Elegant, eine schlanke Erscheinung, Straffheit und Charme, auch Distanz bei aller Verbindlichkeit ausstrahlend, war er ein geschmeidiger Plauderer: Wir begreifen, welche Faszination das gleich Meteoren durchziehende preußische Brüderpaar auf die Pariser Gesellschaft ausgeübt haben muß. Was wußte man von Deutschland! Und nun diese kritisch über Philosophie und Literatur raisonnierende Tiefe Wilhelms, die den Tatsachenwissenschaften zugewandte, nur quantitative Angaben sammelnde Experimentierlust Alexanders. War er, der große Causeur, nicht einer der ihren?

Alexander v. Humboldt (1805) nach einer Zeichnung von François Gerard, Radierung von Auguste Desnoyers (Privatsammlung)

Welche Versuchungen müssen an ihn herangetreten sein: berühmt, beliebt, unabhängig und reich, ein ansehnlicher Mann. Was hinderte ihn, sich dem Genuß seiner selbst, sich dem geistvollen Müßiggang einer ihre Individualität pflegenden schönen Seele hinzugeben? Doch wir vernehmen aus Briefen und Tagebuchmitteilungen seiner Zeitgenossen, ja von ihm selbst, von einer inneren Unruhe, einer Hochform des energetischen Biotonus, die sich in fast zwanghaftem Bewegungs- und Beschäftigungsdrang äußerte. Da war der Ehrgeiz; warum ihn leugnen? Jeder selbständige und bedeutende Kopf wird von ihm angeweht. Wer ihn nicht mehr besitzt, begibt sich seiner Möglichkeiten, wird zum Nichts, nur »leere Hülse und Eingeweide«. Für Alexander war Ehrgeiz eine Droge, die Arbeit wurde zum Selbstzweck, diente - vielleicht - der Abtötung der Sinnlichkeit, war asketische Übung? Verstehen wir hieraus seine Unrast, sein Getriebensein? Auch ist er immer ein Mann des 18. Jahrhunderts geblieben, mit ineinander verschachtelten Anlagen, ein Homo novus mit jungen naturwissenschaftlichen Instinkten voll alter Erfahrungen und Einsichten und dennoch ein unheilbarer Liebhaber von Utopien.

Alexander fühlte sich damals verworren. Ein unermüdliches Gedankendrängen drohte ihm den Kopf zu sprengen. Auch wohlmeinende spätere Biographen sehen hierin eine Gefährdung, fürchten, daß diese hochtourige Anspannung, diese stets mit riesigen Plänen befaßte Existenz, nur zu oft an der Oberfläche des ergriffenen Gegenstandes haftend, zusammenfallen, sich erschöpfen könnte. Seine vitalistische Definition der Lebenskraft in Schillers »Horen« und ihre unmittelbar sich anschließende materialistische Widerlegung durch die »Vermuthungen über den chemischen Process des Lebens ...«; sein häufiger Wechsel wissenschaftlicher Ansichten steigern sich zu bedenklicher Hast. Freiesleben, der vertraute, lebenslang ergebene Urfreund ermahnt ihn; vermißt in seinen Arbeiten die »vorsichtige Zurückhaltung«, die »bescheidene, kalte Ernsthaftigkeit«, beklagt »die Lebhaftigkeit« und »enthusiastische Verteidigung paradoxer Hypothesen«, warnt ihn vor »schiefen Urtheilen«.[96]

Aber da sind auch, mitten in dieser Hochgemutheit die Stunden, die Tage der Verstimmung, der melancholischen Einkehr. Da erweckt die Betrachtung des Elends der arbeitenden Klasse allgemeine Schuldgefühle, eine trostlose Verzweiflung kommt auf, kaum durch blühende Größenideen von einer schöneren, helleren Zukunft der Menschheit zu kompensieren.

Bald aber schwingt das Pendel zurück, die sonnige Natur bricht sich erneut Bahn, die Gefahr des Zusammenbruchs scheint abgewendet. Aber für immer? Es waren nicht äußere Umstände, nicht der Zufall, die Humboldts Laufbahn bestimmten. Seine Konstitution, das zyklothyme Temperament führten ihn über die Tiefen eines scheinbar gefährdeten Lebens. Stets reckt er sich aus Niederlagen empor: »An Rückschläge gewöhnt, trösteten wir uns bei dem Gedanken, um des Guten willen so große Opfer gebracht zu haben.« Nichts hält ihn davon ab, seinen Plan einer großen Reise durchzusetzen: Alles Treiben, Herumsitzen, Antichambrieren, Konversation machen, alle Fingerübungen in der Vervollkommnung seiner Kenntnisse der Bedienung der mehr und mehr sich vervollständigenden Instrumentensammlung; alle Lektüre, ja, die menschlichen Kontakte, die Freundschaft mit dem stämmigen, reiseerfahrenen jungen Botaniker Bonpland, der ihm mit seiner zerbeulten Botanisiertrommel vor der Conciergerie seiner Pariser Wohnung im Hôtel Boston, Rue du Colombier 7 bekannt wurde, waren letztlich Notwendigkeiten eines planvollen Lebensaufbaues, um eine so umfassende, so ungeheure Aufgaben zu bewältigende Lebensabsicht zu ermöglichen. Seine moralische Willensstärke und biotonische Temperamentshaltung sind enorm.

Eine geplante Reise von Marseille nach Algier scheiterte. Das Direktorium plante eine Expedition zum Südpol; der 70jährige Bougainville, berühmt durch seine erste französische Weltumsegelung, sollte sie leiten. Humboldt wurde aufgefordert, daran teilzunehmen. Wie immer stürzte er sich voller Tatkraft in die Vorbereitungen. Auch als Bougainville aus Gründen seines Alters durch den Kapitän Baudin ersetzt wurde, gelang es Alexander wie immer, durch Konzilianz und diplomatisches Geschick diesen unrühmlich bekannten Seemann für sich zu gewinnen. »Alle Nationalsammlungen wurden mir geöffnet, um von den Instrumenten auszulesen, was ich wollte.« Man fragte ihn, den Deutschen, um Rat bei der Wahl der Naturforscher, die an der auf 5 Jahre berechneten Expedition teilnehmen sollten. Das auf 300000 Livres veranschlagte Projekt zerschlug sich, dem Direktorium fehlten die Mittel, zugleich Krieg zu führen und Forschungsreisen zu finanzieren: »Ich hätte weinen mögen, als ich an die gescheiterten Pläne dachte«, vertraute er seinem Tagebuch an. Doch ungebrochen packte er mit Bonpland seine Sextanten und Barometer, die immer mehr anwachsende Instrumentensammlung zusammen, verließ Ende Dezember 1798 Marseille und zog auf dem barometrischen Meßzug durch Spanien, meist zu Fuß neben dem Wagen einhergehend, bis Madrid.

Aber halten wir noch etwas Abstand. Betrachten wir diese zwei Jahre vom Tode der Mutter hin bis zur spanischen Reise und versuchen, seine Absichten und sein Verhalten während dieser Zeit zu deuten.

Fragen wir nach Alexanders Ikonographie, bestimmten Gruppierungen, Handlungen, sich wiederholenden Lebensanordnungen, so finden wir neben dem fast erotisch getönten Freundschaftskult - Freiesleben, v. Haeften, v. Steuben - einen immerwährenden Altruismus, jenen Bruder des Leichtsinns; erkennen wir, bis in die späte Berliner Zeit, seinen jünglingshaften Fortschrittsglauben in den unterschiedlichsten Gestalten und Formen. Nichts charakterisiert diese Tatsache besser als die jugendliche Aura, welche auch den Greis noch umgab, und die brüderliche Feststellung, daß Alexander bereits beim ersten Schritt ins öffentliche Dasein völlig er selbst war und fortan keine Entwicklung mehr zeigte. Gleiches gilt für seine »vulgären Verzahnungen«, seine Médisance, Spottsucht, und das, was ihm Scheelsüchtige, mit den tiefen Schichten seines Temperaments nicht vertraute, als Hinterlist, Falschheit, Eitelkeit und Hypokrisie vorgehalten haben.

Aber treten wir näher an das Bild: Die Farben fließen nicht mehr zusammen, sie stehen hart nebeneinander. Pinselstriche sind auf der körnigen Leinwand zu erkennen; das scheinbar harmonisch komponierte Bild löst sich in Details auf: Welch' eigenartig ungeordnet wirkender Tätigkeits- und Beschäftigungszwang: aus Jena schreibt er einem Bayreuther Freunde, dem späteren Minister von Schuckmann: »Sie kennen meine geschäftlose Geschäftigkeit, dies Treiben und Laufen, was mich immer beginnen und nie vollenden läßt. Ich war nie so gespannt, so arbeitsam, so unternehmend als gerade hier...«[97] Er geht nach Dresden, wir hörten es, von dort nach Wien, war »in einer Woche zweimal im Begriff nach Italien abzugehen«. Dann finden wir ihn in Salzburg: Fünf Monate »in tiefer einsiedlerischer Einsamkeit, aber arbeitsamer und glücklicher in Versuchen als je« schreibt er. Aber es ist eine Einsamkeit Humboldtscher Prägung: Alexander braucht keinen stillen Schreibtisch, um »mit Bequemlichkeit« arbeiten zu können. Bald ist auch der ihm aus Freiberg befreundete Geologe Leopold v. Buch zur Stelle. Obwohl es Winter ist, klettern sie mit einem neuen Senkbarometer auf den 453 Toisen (= 883,35 m) hohen Geisberg. Dazu arbeitet er an seinem Buch »Sur le Galvanisme...«, vom Hundertsten zum Tausendsten kommend, kein Ende findend. Immer neue Gedankenreihen strömen ihm zu. Gleich wird der umfassende Plan zu einer »vitalen Chemie« gefaßt; spielerisch aus Tierexperimenten erwachsend die Idee »einer allgemeinen Physiologie und Anatomie« angedeutet. Alles geht ins Große, der Ideenstrom ist enorm vermehrt. Winterreisen in die Alpen werden unternommen, eine »Untersuchung der Atmosphäre vom Winter 1798« wird angekündigt. Ein nicht unterdrückbarer Arbeitstrieb treibt ihn - neben ausgebreiteter Lektüre - zu Messungen der Dichtigkeit, Wärme, Feuchtigkeit, des Sauerstoffgehaltes, der elektrischen Ladung, der Kohlesäuremengen der Luft.

Sogleich ist er überzeugt, auch etwas über Strahlenbrechung leisten zu können. Pausenlos redet er auf seine Umgebung ein, sein Mitteilungsdrang schafft sich in diesen fünf »Salzburger« Monaten in einer anschwellenden Korrespondenz Bahn.

An seinen Freiberger Studienfreund Freiesleben schreibt er: »Ich habe hier, wo ich kaum 2 Monate zu bleiben gedachte, nun 5 Monate verlebt. In Zachs ›Ephemeriden‹ siehst Du meine astronomische Arbeit, Polhöhen, trigonometrische Messungen von Alpenketten u.s.w. Der zweite Theil meines Werkes ist seit Februar vollendet, ein geognostischer Aufsatz für Moll's ›Jahrbücher‹, die Idee vom Erhärten der Gebirgsarten, ich lasse ihn noch einmal selbst abdrucken, die Einleitung zu Ingenhousz Schrift vom Dünger, und vieles über chemische Versuche. Die Schrift über Grubenwetter wird in Paris vollendet, sie hat hier sehr gewonnen. Ich habe mich blos deshalb in Berchtesgaden, Aussee, in Steiermark aufgehalten, um eine lange Suite eudiometrischer Beobachtungen zu machen. Der chemische Theil gewinnt eine ganz neue Gestalt. Ich habe eine große Masse neuer Facta zusammen und schreibe jetzt ununterbrochen daran, weil durch das Befahren hiesiger Bergwerke meine Liebe zum praktischen Bergbau wieder erwacht ist«.[98]

Ungehemmt gesteht er seine Schwäche für Lob jeglicher Art in einem Brief an Schiller, schreibt von seiner »Eitelkeit, die sich lebhaft geschmeichelt fand«. Auf jenen Tadel Fourcroys, aus zweifelhaften experimentellen Resultaten sich zu raschen Schlüssen verführen zu lassen, antwortet er: »Toutes les personnes sous les yeux desquelles je travaille, savent que je suis sans relâche occupé d'experiences chimiques. J'en ai fait récemment sur la mofette, dont l'effect aurait pu être funeste à ma santé. Cela n'est pas, sans doute, le train de vie d'un homme qui se ne plait qu'à agrandir le nombre des hypothèses brillantes«.

Er versteht es, sich geltend zu machen, der Öffentlichkeit von seinen Versuchen, Absichten, Arbeiten Kenntnis zu geben. Seine Sucht zu glänzen, seine selbstironisierende »literarische Scharlatanerie« müssen zeitweise unerträglich geworden sein. Unaufhaltsam folgt Mitteilung auf Mitteilung, Briefe werden zu zeitungsartigen Berichten. Seine Arbeit wird hastiger, seine Konzeptionen nehmen etwas Schwärmerisches, Phantastisches, zum Universellen Hindrängendes an, die hypomanische Tendenz seiner Aktionen tritt immer deutlicher hervor: »Kein Berg war ihm zu hoch, kein Schacht zu tief, kein Stollen zu niedrig und keine Höhle zu labyrinthisch genug.«

Die determinierende Tendenz scheint zu versagen: Über unbedeutende Reisen nach Wien, nach Salzburg, wird mit dem gleichen Enthusiasmus korrespondiert wie über die ständig schwankende, große Absicht, nach Algerien und dem Atlasgebirge zu gehen. Dort will er 400 neue Pflanzenspezies finden. So nebenher beabsichtigt er Tunis, Tripolis zu besuchen, sich einer nach Mekka gehenden Karawane anzuschließen, zu Bonaparte zu stoßen, der gerade seinen ägyptischen Feldzug vorbereitet. Nichts entmutigt ihn; weder die ungünstige politische Lage noch die Gefahr der Gefangennahme, der Ausplünderung, der Verschleppung durch die alle Meere durchkreuzenden Kaperschiffe.

Mit Bonpland eilt er von Paris nach Marseille, harrt dort vergeblich zwei Monate, mit gepackten Koffern, wartet auf das versprochene Schiff, um nach Afrika zu segeln. Er kommt in Geldnot. Sein Mittelsmann eröffnet ihm, er hätte Anweisung aus Paris, ihm auf seine Wechsel keinen Sous auszuzahlen. Dennoch sehen wir ihn hochgestimmt, wie selbstverständlich, auf der schon länger geplanten, in sechs Wochen abgewickelten Expedition durch Spanien, 1000 km legte er zurück. Und: »Ich reiste meist zu Fuß«. Er war dabei mit Höhenmessungen, meteorologischen, magnetischen Beobachtungen beschäftigt, sammelte Pflanzen. In blendender körperlicher Verfassung schleppt er schweißtriefend die kostbaren Sextanten und Barometer auf den Feldern herum; und muß sie noch vor dem Unverständnis des »Pöbels« schützen. Seine Meßwerte waren äußerst exakt, fügten sich bald zu einer bedeutsamen Entdeckung, einer Profilbestimmung der inneren Hochebene Spaniens. Auch korrigierte er die auf der ungenauen Karte eingezeichnete geographische Lage von Valencia um 2 Minuten. Neben all' dem findet Humboldt noch Zeit, zwei Drittel seiner Beobachtungsergebnisse zu berechnen, die tägliche Marschleistung von 24 km findet er »langsam und angenehm«. Aus neuen Geldnöten rettet ihn eine Gutsage des Berliner Bankhauses Mendelssohn und Friedländer an das erste Madrider Haus, die Firma Simon d'Arragora: An seinem Lebensabend wird der Bankier Mendelssohn, sein Jugendfreund, mit dem er als Kind gemeinsam in Latein und Mathematik unterwiesen worden war, ihm, der nie mit Geld umzugehen verstand, das schützende Dach in der Oranienburger Straße über dem Kopf erhalten.

In Madrid angelangt, sehen wir ihn sofort als eleganten Hofmann und feinsinnigen Diplomaten: In den Netzen seines Charmes fängt sich der preußische Legationssekretär, ihm bald in üblicher Freundschaft verbunden. Der sächsische Gesandte, Baron v. Forell, Bruder einer Bekanntschaft aus Dresden, stellt Alexander dem allmächtigen Minister Urquijo vor; allmächtig durch seine Beziehung zur Königin, die seine »stattliche Figur mehr als seine Verstandeskräfte schätzte«. Ein blendendes Schauspiel an diplomatischem Geschick, planvoller Intrige, psychologischem Einfühlungsvermögen rollt vor uns ab. Humboldt entzündet das Feuerwerk seiner hyperthermen, höchst klugen Agilität: Der spanische König empfing ihn, Humboldts bergmännische Qualitäten waren ihm bekannt, seine vollendete Kenntnis der spanischen Sprache entzückte Seine Majestät, - kurz, der preußische Protestant erhielt Paß und Erlaubnis, mit Bonpland alle südamerikanischen Besitzungen Spaniens zu bereisen, physikalische Messungen durchzuführen und Sammlungen anzulegen. Das in einer Zeit, da die spanischen Kolonien für Europäer praktisch gesperrt waren; in einer Zeit, in der unerlaubter Handel zwischen den Kolonien und dem Mutterlande mit Todesstrafe belegt war; es lebensgefährlich wurde, statistische und geodätische Daten zusammenzustellen und ein so bekannter Forscher wie Malaspina, der im spanischen Dienste eine bedeutende, ergebnisreiche Expedition geleitet hatte, im Schloß San Antonio an der Ausfahrt von La Coruna in Haft gehalten wurde.

Im Besitze des Reisepasses hält Humboldt nichts mehr am spanischen Königshofe. Ende Mai 1799 finden wir ihn mit Bonpland im Hafen von Coruna beschäftigt, Instrumente, Kisten, Bücher an

Bord der »Pizzaro« zu schaffen. Noch hindern vor der Hafeneinfahrt kreuzende englische Kaperschiffe die Abfahrt, ein Nebel zieht auf, ein stürmischer Nordwest vertreibt die Briten aus Küstennähe: Alexander verläßt den politischen Flickenteppich Europas, die riesigen Räume Westindiens, Südamerikas eröffnen sich ihm, andere Natureindrücke werden seine Phantasie bewegen als die Berliner »Rehberge und die Panke«. Seine Gesundheit und Fröhlichkeit werden »trotz Nässe, Hitze und Gebirgskälte« nie besser sein als in dieser Zeit. Gnädig hat ihn das Schicksal für diese Aufgabe mit strahlender Leistungsfähigkeit, mit einer beneidenswerten, harmonisch schwingenden Dauerverfassung ausgestattet. Die Tropenwelt Westindiens vor Augen, im Anbeginn einer ungewissen Reise entwirft er bereits neue, noch umfassendere Reisekonzeptionen, schreibt an Baudin, will mit dessen zurückgestellter Expedition, falls diese noch ausgeführt wird, die Spitze Südamerikas umsegeln. Er sieht ein Werk »über die Construction des Erdkörpers« aus der Sammlung zukünftiger Beobachtungen sich entwickeln und schreibt von Bord: »Ich gehe ab mit der spanischen Fregatte ›Pizarro‹. Wir landen ... an der Küste von Caracas in Südamerika. Welchen Schatz von Beobachtungen werde ich ... sammeln können! Von dort aus mehr.«[99]

»Die funkelnden Sterne erfreuen und begeistern und doch kreist am Himmelsgewölbe alles in mathematischen Figuren.«

ALEXANDER VON HUMBOLDT

FÜNFTES KAPITEL

Maß und Zahl oder die Pasigraphie

Gibt es bedeutende Menschen am Ende des 18. Jahrhunderts, deren Körpermaße genau bekannt sind? Für Humboldt, den Fanatiker des Tatsachenwissens, den auf »numerische Ergebnisse« Versessenen, ist uns diese Zahl bekannt: »taille de 5 pied 4 pouces« vermerkt der Reisepaß des 29jährigen. 1,73 m groß fuhr er nach Westindien, Venezuela, Columbien, Mexiko, entschlossen, die Masse der Erkenntnisse in quantitativen Verhältnisbestimmungen nach Zahl und Größe, und qualitativen nach stoffartigen Beschaffenheiten zu untersuchen: »Die befriedigendste Deutlichkeit und Evidenz herrschen da, wo es möglich wird, das Gesetzliche auf mathematisch bestimmbare Erklärungsgründe zurückzuführen.« Quantitative Aussagen sind ihm »der letzte Zweck, ja der Ausdruck physischer Gesetze«.

Dies sind die Gedanken Alexanders in einer Zeit, in der »die Jugend wähnte, man könne eine spezielle Chemie (eine reinliche a priori) ohne sich die Hände zu benetzen, eine Astronomie ohne Meßinstrumente und Fernrohr treiben«[100]; eine Epoche, in der ihn der Aberglauben der Bevölkerung Spaniens während der Anreise nach Madrid nötigte, »Sextant, Barometer und Thermometer erst im Nachtquartier auszupacken«, die Zuschauer seiner Messungen ihn »auszischten«, ihm zuschrien, ob er etwa den Mond anbete; in der Schellings Naturphilosophie die Köpfe verwirrte und »König

Friedrich Wilhelm IV. und seine Minister sich in Staatsangelegenheiten durch Hofprediger haben beraten lassen«.

Nüchtern, kritisch, - darin ein Berliner - ein Tatsachenmensch, selbst bei begeisterter Zustimmung niemals die Kontrolle über den Zweck verlierend und bei allem literarischen Ehrgeiz ständig bemüht, die Stilhöhe der die Fakten übermittelnden Darstellung unterzuordnen, hören wir ihn sprechen: »In der Fähigkeit, die Natur zu fühlen, liegen Heil und Unheil gepaart. Schweifen die Gefühle wild umher, so entstehen Naturträume, die Pest dieser letzten Zeit«.[101]

Rechnen, experimentieren und immer wieder experimentieren; die Anlage vergleichender Tabellen, beobachten und skizzieren, dies sind die Ausgangspunkte seiner Naturbetrachtung. Die unerbittlich genaue Untersuchung, das umfassende empirische Wissen sind seine Götter. In späteren Jahren werden »numerische Ergebnisse« zu einer seiner bevorzugten Formulierungen. Was ist dies für ein seltsamer Naturforscher, der nicht nur Pflanzen sammelt, die Zahl der Staubfäden und Kelchblätter zählt, sie zeichnet, sondern für jede Pflanze die Höhe des Standortes barometrisch bestimmt, eine »arithmetische« Botanik erfindet, seinen Instrumenten eine fast fetischistische Liebe entgegenbringt: »... denn meine Eudiometer sind noch alle imstande, sowie überhaupt kein einziges kostbares Instrument zerbrochen ist...«

Wir begegnen bizarren Zügen seiner Meßwut: Kaum auf der Fregatte nach Westindien eingeschifft, bei rauher See, den englischen Kaperschiffen noch nicht entkommen, »prüft Humboldt die Temperatur des Meereswassers nachts im Schein der abgeschirmten Blendlaterne, um die britischen Blockadekreuzer nicht anzulokken«.

Schmerzlich vermißt er die der Mathematik eigene, bequeme Möglichkeit, Ergebnisse und umständliche Mitteilungen in *eine* Formel zu fassen, die dazu noch den Vorteil hätte, in der ganzen wissenschaftlichen Welt verstanden zu werden. Dem abzuhelfen, erfand Humboldt, von seinen frühen Plänen über geologische

Profile ausgehend, eine allgemein verständliche Symbolsprache, die »Pasigraphie«, worüber uns die Untersuchung »Essay de Pasigraphie geologique dressée à l'usage de l'Ecole Royale des Mines du Mexique« aufklärt. Hanno Beck fand diese (1803) französisch geschriebene Studie 150 Jahre nach ihrer Abfassung in Marburg.

Komplizierte Formulierungen wie etwa: »2 Punkte des Nerven werden durch eine galvanische Kette verbunden, in der ein phlogistische Prozesse erregendes Metall (P) mit einem humiden (feuchten) Leiter (H), wieder mit einem heterogenen Metall (Gold und Zink) = Pp, gefolgt von einem weiteren feuchten Leiter (H) und abschließend mit einer phlogistische Prozesse unterhaltenden Substanz (P) aneinandergereiht werden«, wurden formelhaft verkürzt zusammengezogen in das Symbol: Nerv. PHPpHP. Trat bei dieser Versuchsanordnung eine Muskelzuckung auf, setzte Alexander Pluszeichen ein. Ihr Ausbleiben wurde mit einem Minuszeichen charakterisiert, positive Erscheinungen durch einen nach rechts (→), negative mit einem nach links (←) gerichteten Pfeil«.[102]

Zur Verdeutlichung geologischer Formationen und Gesteine benutzte er in gleicher Weise Symbole und Kürzel, »ich halte mich an 18 Charakterzüge, die mir für eine geologische Karte genügen, ebenso wie wir mit 24 Buchstaben alle unsere Gedanken ausdrükken.«

Seine Versuche - so scheint es - deuten über reine Darstellungsprobleme hinaus, die Suche nach einer Weltformel beginnt sich im Morphologischen abzuzeichnen. Leibnizens Ausspruch »Gott ist Mathematik« klingt an. Alexanders Idee, die Begrenzung der Verbreitungszone der Pflanzen in Zahlen anzugeben, die sich auf Längen- und Breitengrade beziehen, seine Erfindung, thermische, magnetische, meteorologische Tatsachen graphisch darzustellen, zielt in diese Richtung. »Nur Thatsachen« will Alexander zusammenstellen. »Thatsachen«, schreibt er an seinen Göttinger Anatomielehrer Blumenbach, »Thatsachen stehen fest, wenn das flüchtig aufgeführte theoretische Lehrgebäude längst eingestürzt ist...«,[103] alles will er »messen und anatomieren«. Nach seiner südamerikanischen Reise finden wir ihn damit beschäftigt, »Über die bei verschiedenen Völkern üblichen Systeme von Zahlzeichen und über den Ursprung des Stellenwertes in den indischen Zahlen« nachzudenken. Er will Empiriker sein, »der zählt und mißt, was die Erscheinungen unmittelbar darbieten«. Er verschmäht es nicht, sich »insektenartig an den Boden und seine Naturverschiedenheit« zu halten. Nie wird er hier müde, nie erlahmt seine Meßlust. Eine riesige Anstrengung für ein so winziges Resultat?

Offenbart sich für Goethe Naturanschauung in »Urphänomenen«, so findet Alexander sie »in mittleren Zahlenwerten« ausgedrückt. Zeit seines Lebens werden wir jenem liebevollen Eifer begegnen, jede Einzelheit genau festzuhalten. »Numerische Feststellungen« sind ihm für die vergleichende Länderkunde und Wärmelehre wichtig. Wo Maßeinheiten fehlen, entwickelte er sie selbst, wie für den Erdmagnetismus, wo sie für 40 Jahre ihre Geltung behielten. Fand er in der beschreibenden Geographie unbestimmte Angaben, altehrwürdige, ungeprüfte Anschauungen, so zählte er und zerstörte unbegründete Legenden durch Zahlen und Berechnung. Wir wissen, daß er durchaus wünschte, zu allgemeinen Ansichten der Natur zu kommen. Aber wichtig war ihm auch der minutiöse Plan zu einer Tafel für die wärmeleitende Kraft der Körper. Sein »Naturgemälde der Tropenwälder« »sollte... nur sichere und durch Zahlen auszudrückende Tatsachen aufstellen«. Stolz konnte er schreiben: »Ich habe es gewagt, ein physikalisches Gemälde der Äquinoktialländer zu entwerfen.« Die Kapitelüberschriften dieses für ein breites Laienpublikum gedachten Buches lesen sich wie das Register eines wissenschaftlich physikalischen Werkes: »Grenzen des ewigen Schnees; Elektrische Tension der Atmosphäre; Abnahme der Gravitation; Dichtigkeit der Luft; Strahlenbrechung am Horizonte und Siedehitze des Wassers in verschiedenen Höhen.« Alexander hatte seine Kenntnisse und Fertigkeiten im Messen und Experimentieren auf eine solche Stufe gehoben, daß er es den besten Naturwissenschaftlern seiner Zeit gleich tat. Nach allen damals bekannten Methoden, mit allen dazu geeigneten Instrumenten »konnte er die Länge, Breite und Höhe eines Ortes bestimmen, topographisch und geodätisch vermessen, Temperaturen, relative Feuchtigkeit der Luft, ihre chemische Zusammensetzung, Niederschläge, den Grad der Bewölkung, die Warmtemperaturen in den erreichbaren Tiefen, die erdmagnetischen Daten feststellen«.

Messen und immer wieder messen, Fakten sammeln, empirisch Daten erfassen, Landschaftsbilder physikalisch darstellen, die magnetische Intensitätsabnahme in Richtung auf den Äquator, der Entwurf einer Karte isodynamischer Zonen barometrisch bestimmter Plateausysteme, zahlenmäßiger Vergleich der Schneeregionen in beiden Hälften der Erde, magnetische Meßstationen von Peking bis Paris, das waren seine Ziele, hier suchte er seine Resultate. Kein wichtiger Versuch, »welcher nicht stundenlang auf wohlgetrockneter Glasplatte, an 8-10 verschiedenen, warm- und kaltblütigen Tieren... wiederholt worden ist«. Ein Naturwissenschaftler, der schon mit 21 Jahren, als er »mineralogische Beobachtungen über einige Basalte am Rhein« zusammenstellte, nicht vergaß, die »Kräuter, Moose und Flechten, die (er) auf dem Basalt fand, überall anzuführen« und der seinem Göttinger Lehrer schrieb: »Ich habe die Thatsachen stets von meinen Vermutungen getrennt«.[104]

Seine Unerschütterlichkeit, sein Meßzwang kapitulierte auch nicht vor dem Erdbeben am 4. November 1799 in Cumana: Wind, Regen, trockene Donnerschläge und glühendheiße Luft hinderten ihn nicht festzustellen, daß die elektrische Aufladung der Luft sich von positiv zu negativ wandelte. Dann kam der Erdstoß. Bonpland, am Tische Pflanzen untersuchend, stürzte zu Boden, Alexander aber behielt kühlen Kopf und registrierte, daß die magnetische Neigung der Nadel sich um mehr als 1 Grad vermindert hatte.

Nun war er am Ziel, sah - 1802 - vom Rücken der Anden ergriffen den Stillen Ozean und gedachte seines Leitbildes, gedachte Georg Forsters: »Der Anblick der Südsee hat etwas Feierliches für den, welcher einen Teil seiner Bildung und viele Richtungen seiner Wünsche dem Umgang mit einem Gefährten des Kapitäns Cook verdankte.« Dennoch vergißt er nicht anzugeben, daß »der Punkt, wo wir das Meer zuerst gesehen, nur 8800-9000 Fuß hoch liegen« muß. Sehen wir weiter: Die mit Porphyrplatten verkleidete altmexikanische Stufenpyramide bei Cholula war durch andere Beschreibungen schon bekannt; Humboldt vermaß sie. Die Kunststraße der Inkas erregten seine Bewunderung, sie »finden sich nach meinen Barometermessungen in der Höhe von 12440 Fuß«. Sein Landschaftsprofil der Anden - »gegründet auf Beobachtungen und Messungen, welche von 10 Grad nördlicher bis zu 10 Grad südlicher Breite angestellt worden sind in den Jahren 1799 bis 1803«, zeigt für jede auf dem Gebirgsquerschnitt angegebene Pflanze ihre mit dem Barometer bestimmte Höhe. Alle mit der Entfernung vom Meeresspiegel sich ändernden Naturerscheinungen sind in Tabellenform in diesem genialen »auf einem Blatt« zusammengerafften Entwurf der »Ideen zu einer Geographie der Pflanzen« zu finden. »An Göthe« steht auf dem Widmungsblatt dieses ersten ins Deutsche übersetzten Bandes seines Reisewerkes, geschmückt mit jenem auf den EINEN abzielenden Kupferstich: Apollo hebt den Schleier vom Bilde der stierhodengeschmückten Artemis - Kunst und Wissenschaft - an deren Fuß das Titelblatt von Goethes »Metamorphose der Pflanzen« gelehnt ist. Wie sollte der Weimarer Pflanzenfreund und Farbenkundige im Hause am Frauenplan nicht geschmeichelt sein; nun läßt er Ottilie in den »Wahlverwandtschaften« Humboldten stark loben und revanchiert sich mit der Übersendung eines Dedikationsexemplares: »Sie werden gewiß freundlich aufnehmen, daß darin Ihr Name von schönen Lippen ausgesprochen wird. Das, was Sie uns geleistet haben, geht so weit über die Prosa hinaus, daß die Poesie sich wohl anmaßen darf, Sie bei Leibesleben unter ihre Heroen aufzunehmen.«

Durch die genauen Angaben zur vergleichenden Statistik ragt sein »Essai politique sur le royaume de la Nouvelle-Espagne« über alle Reisebeschreibungen seiner Zeitgenossen hinaus. Und doch: wie äußert sich Charlotte von Schiller, sechs Jahre nach dem Tode ihres Mannes in einem Brief an Goethes »Urfreund«, an Knebel, nach der

Lektüre dieses Buches: »Aus dem Werke kommt uns nichts Erfreuliches, nichts Neues entgegen. Zahlen, Namen machen die Hauptsache aus.« Sie findet es »... schade, daß er so viel Zeit und Geld daran verwendet hat«. So leidenschaftlich war die Ablehnung, die eine auf numerische Ergebnisse ausgerichtete Naturwissenschaft in Deutschland erfuhr.

Die immer stärker emporkommende Industrialisierung, der Fortschritt in den angewandten Wissenschaften, die rasch deutlicher hervortretende Tendenz, Maschinen und technische Verfahren nützlich anzuwenden, änderte wenig daran, daß Philosophie und Philologie den Deutschen bedeutsamer schienen als die Naturwissenschaften: die Naturforschung sollte in Poesie aufgelöst werden. Steffens, Franz v. Baader, Schelling bestimmten die allgemeine Auffassung der Dinge; Systeme einer Naturphilosophie wurden entworfen; Äußerungen über die Weltseele als »Hypothese der höheren Physik« - zugleich eine Rangordnung andeutend - vorgestellt. Selbst nüchterne Köpfe wie der Jenaer Johann Wilhelm Ritter fanden Titel wie »Physik als Kunst« angemessen. Humboldts auf Ausgleich und Beschwichtigung gestimmtes Temperament suchte sich höflich dem Primat der naturphilosophischen »Baalspriester« zu entziehen. Er schrieb Schelling: »Die Naturphilosophie kann den Fortschritten der empirischen Wissenschaften nicht schädlich sein« und hielt, Schelling schmeichelnd, »die Revolution, welche sie in den Naturwissenschaften veranlaßt, für eine der schönsten Epochen dieser raschen Zeiten.« Aber er hatte etwas gegen »eine Menschenklasse, ... welche es für bequemer hält, die Chemie durch die Kraft des Hirns zu treiben, als sich die Hände zu benetzen ...« Als aber die Philosophie glaubte, zukünftige Erfahrungen »aus der Idee des Absoluten« vorwegnehmen zu können, erwuchs aus dieser Hybris die unüberwindliche Abneigung der exakten Forschung gegen die Philosophie. Humboldt verspottete diese jammervolle Epoche deutschen wissenschaftlichen Selbstverständnisses als »bal en masque der tollsten Naturphilosophen« als »heitere Saturnalien«[105], die System- und Spekulationssucht verachtend, das Weltbild als streng mechanistische Naturdeutung auffassend: Schließlich setzte sich der Cartesianismus siegreich durch.

Wie aber verhielten sich Jena und Weimar zu diesem Formelwesen, dieser empirischen, nüchternen Auffassung der Dinge, die ungerührt Tatsachen aneinanderreihte, beobachtete, maß, wog, berechnete, einer Arbeitsrichtung, der die Anhäufung von Tatsachen nahezu Selbstzweck wurde? Alexander, in jugendlichem Sturm wohl mehr aufgerührt vom Besuch medizinischer Vorlesungen und der Lektüre physiologischer Lehrbücher als von der Kenntnis antiker Naturforscher und Kunststätten, hatte noch den »Rhodischen Genius«, jene poetische Huldigung der vis vitalis in Schiller's »Horen« abdrucken lassen: Wir hören darin das Echo des Besuches chemischer Kollegs und den Geruch der Morgue, wenn unser Autor vor dem geselligen Tanze der Mädchen und Jünglinge das Bild des Todes aufstellt: »Der Tag des Todes wird ihnen ein bräutlicher Tag chemisch verwandter Vermählung.« So war Schillers Urteil über diesen »naturphilosophischen« Hymnus stets verdrießlich. Widerrief doch Alexander kaum 12 Monate später die dort abgegebene Auffassung einer Lebenskraft als irrig, vertrat eindeutig materialistische Tendenzen, brauchte ideographische Kürzel und erklärte frei heraus, »physische Erscheinungen seien ohne eine Zuflucht zu einer unbekannten Materie zu erklären«. Natürlich lehnte Schiller Alexanders pasigraphische Ideen ab. Seine kalten Bemerkungen über eine Methode, Tatsachen durch mathematisch wirkende Symbole auszudrücken, »Formeln« zum Maßstabe der Natur zu machen, haben wir soeben gehört. Wie sollte auch Schillers rasches Urteil, seine idealistische, die beseelte Natur »mit göttlichen Wesen voll Heiterkeit und Grazie« belebende Individualität einer Welt gerecht werden, in der die Zahl und das Naturgesetz dem Gefühl Schranken und der Seele Entsagung auferlegen? Niemals konnte sich für ihn eine Symbolsprache und eine nur Zahlen und quantitative Ergebnisse als Beweismittel anerkennende Wissenschaft mit jener subjektiven Sprache der Natur verbinden, die sich folgendermaßen vernehmen läßt: »Nur durch das, was wir ihr leihen, reizt und entzückt uns die Natur. Die Anmuth, in die sie sich kleidet, ist nur der Widerschein der inneren Anmuth in der Seele ihres Beschauers, und großmütig küssen wir den Spiegel, der uns mit unserem eigenen Bilde überrascht.«

Humboldt war denn auch recht ungeduldig gegen dieses »sentimentalische Interesse«, »den Herzenantheil«, »das moralische Gefühl«, »die süße Wehmut« und »die Innigkeit« der Schillerschen Naturauffassung; gegen den mephitischen Anhauch solcher Naturträume war er gerüstet. Christian Gottfried Körner, der Staatsrat, Schillers väterlicher Freund aber schrieb ihm: »v. Humboldt ist mir ehrwürdig durch den Eifer, mit dem er sein Fach betreibt«, fand an ihm allerdings »etwas Hastiges und Bitteres«.[106]

Und Goethe, dem doch »ein durchdringender Mathematiker vor dem Sternenhimmel … gottähnlich« erschien, dessen Verhältnis zu Alexander stets ungetrübt war, konnte gegen »die gesammte physik-mathematische Gilde« polemisieren:

»Daran erkenn ich den gelehrten Herrn!
Was ihr nicht tastet, steht euch meilenfern;
Was ihr nicht faßt, das fehlt euch ganz und gar;
Was ihr nicht rechnet, glaubt ihr sei nicht wahr;
Was ihr nicht wägt, hat für euch kein Gewicht;
Was ihr nicht münzt, das meint ihr, gelte nicht.«[107]

Wir können hier beiseite lassen, daß Humboldts, dem Staatsrat als »Anschein der Kälte und Herzlosigkeit« erscheinende, materialistische Auffassung der Welt nicht »Hauptzweck« war.

Wobei es undeutlich bleibt, welchem der beiden Weimarer Gestirne Alexander mehr zuneigte. Wilhelm, stets in Schillers Sphäre gesehen, wechselte ein Vielfaches mehr an Briefen mit Goethe als sein Bruder. Auch scheint es, daß der jüngere Humboldt sich nach seiner Südamerika-Reise und nach Zuspruch und Lob erwartender Zusendung seiner Arbeiten im Haus am Frauenplan nicht ausreichend goutiert glaubte. In einem Brief an den jüngeren Cotta, 34 Jahre nach Schillers Tod noch, nennt er diesen »ein(en) Mensch(en), mehr menschlich als Goethe, dessen Heros-Natur mir innerlich stets fremder blieb«. Und er wußte zu dieser Zeit, wie abfällig Schiller sich über seine Fähigkeit zum Schriftsteller dem Vater des Briefempfängers gegenüber geäußert hatte.

War damals Eifersucht im Spiele? Sah Schiller in Alexander einen Konkurrenten in seinem Dichterbund mit Goethe? Dabei gab es die Ironie des Schicksals Alexander ein, sein Reisewerk eben Schiller widmen zu wollen; woraus denn durch dessen rasches Ableben nichts wurde. So schwebt auch dieses Verhältnis schwankend im Wechsellichte der Betrachtung; jedoch, nähert man sich ihm, gleichgültig von welcher Seite, so immer mit Gewinn.

Alexanders Wille, wissenschaftlich-numerische Resultate vorzulegen, mußte sich gegen manche Versuchung und Abschweifung seiner umständlichen Darstellungskunst behaupten. Bittere Lebenserfahrung halfen ihm der Verführung zu widerstehen, »große Gruppen der realen Naturprozesse« ohne ergiebiges Detailstudium zu behandeln, Verallgemeinerungen ohne erprobte Tatsachen auszusprechen. Dies war der Weg des praktisch-technischen, naturwissenschaftlichen Weltverständnisses, das sich mit der auf ihre wissenschaftlichen Leistungen stolzen bürgerlichen Elite verband, welche durch isolierte Erforschung der Einzelerscheinungen in Mechanik, Mathematik, Chemie und Physik das Jahrhundert der Naturwissenschaften und der Ingenieurkunst heraufführen sollte.

Ahnte Alexander diese Morgenröte des letzten und gewaltigsten Sieges des Cartesianismus gerade in Deutschland? Wußte er später, daß sein biblisches Alter dem Ansturm des »wüsten Materialismus« - einer Versuchung der eigenen Jugend - aus mehr als einem Grund nicht standhalten konnte und wollte? - Fürchtete nicht v. Witzleben, der Generaladjudant des Königs, beim Anhören der Kosmosvorlesungen in der Singakademie für die Rechtgläubigkeit der Zuhörer? War es ihm, dem »Urgreis« deutlich, daß sein KOSMOS, mit der Absicht geschrieben »auf die Massen« zu wirken, sie glücklicher zu machen, »in den Händen des Volkes« ein den Mythos biblischer Schöpfungsgeschichte zerstörendes Buch wurde? Daß Maß und Zahl, die auf ein Kalkül zusammengepreßte Ideologie des heraufkommenden Jahrhunderts, einer abgelebten Epoche, deren Absterben die rückwärts gewandten Geister heute beklagen, das Todesurteil sprach? »Stammt Unglück nicht von mangelhaften Berechnungen«?[108] Und könnte es nicht sein, daß die Zukunft unseres Daseins gerade in dieser Richtung liegt? Warum ein Epos, wenn Zahlen deutlicher sprechen?

»Natur. Es ist ein ewiges Leben, Werden und
Bewegen in ihr und doch rückt sie nicht weiter ... -
und ihren Fluch hat sie ans Stillestehen gehängt.«

»Die Natur«
Tiefurter Journal
CHRISTOF TOBLER

SECHSTES KAPITEL

Unbegrenzte Tätigkeit und Melancholie

»Arbeit ist ein Theil meines Lebens; ich schlafe wenig und viel Ruhe wäre mir lästig; vorgestern brachte ich 16 Stunden mit Durchsicht dieser Bogen zu ...« Wir begreifen die erstaunte Frage eines amerikanischen Reisenden, des späteren amerikanischen Gesandten in Berlin, Taylor, der den alten Humboldt interviewte: »Sind Sie nach solchen Anstrengungen sehr ermüdet?« »Geistige Ermüdung kenne ich nicht«[109], erwiderte heiter der 88jährige Alexander.

Über den körperlichen Zustand des in der Blüte der Jahre stehenden 33jährigen Südamerika-Reisenden berichtet aus Quito in Ecuador die Tochter des Herzogs von Selvalegre, Rosa Montúfar: »... immer galant und liebenswürdig ... verweilte er bei Tische nie länger, als notwendig war, den Damen Artigkeiten zu sagen und seinen Appetit zu stillen. Dann war er immer wieder draußen, schaute jeden Stein an und sammelte Kräuter. Bei Nacht, wenn wir längst schliefen, guckte er sich die Sterne an«.[110] Hier, von Quito aus, gelang es ihm auch beim zweiten Versuch, den Krater des Vulkans Pichincha zu erreichen. Beim Anstieg, noch vor Morgengrauen, nahm ihm Nebel die Sicht, doch blieb er diesmal »anders als beim ersten Aufstieg« von Schwindel und Ohnmacht, Zeichen der Höhenkrankheit, verschont. Thermometer und Barometer trug er mit sich, maß, auf dem Bauche liegend, von Wasserdampf umhüllt, die Temperatur über dem »Feuerschlunde« mit 15,3 °R; die Höhe mit 14940 Fuß, wenig unter 4600 m bestimmend. Eine halbe Stunde nach Mitternacht war er wieder in Quito; 18 Stunden hatte die Besteigung gedauert, 14 Stunden war er marschiert, durch Schneematsch mit nassen Füßen. Am übernächsten Tage stand Humboldt bereits wieder neben dem Krater, in 36 Minuten 15 Erdstöße zählend: Selten ließ ihn sein Körper im Stich.

Diese allseitige, rastlose Tätigkeit, gegründet in einer unerschütterlichen, glänzenden physischen Verfassung und einer virtuosen Zeiteinteilung, sie schien verwirrend in der Zusammenschau riesiger, die Erde umfassender Konzeptionen, detaillierter Studien und ameisenhaft zusammengetragener Fakten. Dazu die von ihm zu überwindenden politischen Intrigen, das unverdrossene Einstehen für den Geist der Wissenschaft, der jugendlich enthusiastische Aufschwung und die greisenhafte Logorrhoe. Sein massenhaftes Publizieren und die Odyssee seines Reiselebens: diese Mischung aus wissenschaftlicher Genauigkeit und Literateneitelkeit gibt seiner Existenz etwas Kaleidoskopartiges, Schwankendes; wir fühlen uns »wie auf Fischen stehend«.[111] Eine kleine Bewegung - und ein neues Bild fasziniert den Betrachter. So ging es den Zeitgenossen, so geht es uns heute. Tätigkeit ist das Leben. Statt sich Stimmungen hinzugeben, benutzte er sie: die Zeit läuft für die Dummen nicht langsamer als für die Klugen.

Fünf Jahre blieb er in Südamerika. Erforschte Venezuela, Kuba, Kolumbien, Ecuador, Peru und Mexiko ohne erkennbares Nachlassen der Kräfte. Sein Fleiß, sein Wissenwollen schien wie der Widerschein einer fast übernatürlichen Hingabe einem unbestimmten Gefühl der Verantwortlichkeit dem eigenen Schicksal gegenüber. Sein Scharfsinn, der schnelle Blick, Geist und Überredungskunst öffneten ihm die geheimsten, sonst sorgfältig verschlossenen Archive der spanischen Kolonien, aus deren Studium er solchen Nutzen zog, daß er mit wenig Aufwand die geographischen und sozial-ökonomischen Kenntnisse des Landes, z. B. Kubas unendlich erweitern konnte.

Wir wollen hier, gleichsam um einen Überblick über das Erreichte zu gewinnen, einen Augenblick innehalten: Wie verhält es sich mit dem 30. Band des großen Reisewerkes, der »Relation historique du voyage au régions équinoxiales du Nouveau Continent«, Tom. III, der den beunruhigenden »Essai Politique sur l'îsle de Cuba« enthält, welcher mehr als 25 Jahre nach seinem Besuch Havannas in einem Quartband bei Smith & Gide fils Paris, natürlich in französischer Sprache zuerst, erschien? Auf Vélin gedruckt kostete der Band 262 Fr. Wir erinnern uns: die deutsche Ausgabe erschien bei Cotta in Stuttgart, wenig später. Es war jene - Alexander nicht immer wohlgesonnene - Therese, Tochter des Göttinger Altphilologen und Mentors Christian Gottlob Heyne, Witwe des noch in hohem Alter von Humboldt als Vorbild bedankten Georg Forster, die diese mäßige und enttäuschende Übersetzung verfertigte.

Was bewegte Alexander so stark bei der Rückerinnerung an Kuba, jene Insel in der Karibischen See, den Antillen zugehörig, von ihm geostrategisch als beherrschender Festpunkt in diesem »Mittelmeer« gesehen, ein Land in dem, wie er schreibt, neben Brasilien »die Grundzüge des Kolonialsystems am energischsten entwickelt« waren. Was meint er mit dieser »energischen Entwicklung des Kolonialsystems«?

Es ist die Sklaverei, deren Verdammnis er, um Empfindlichkeiten der französischen, spanischen und englischen Regierung zu schonen, durch die minutiöse Aufzählung von ökonomischen und sozialen Fakten, von nüchternen Zahlen in den Rang prophetischer Geschichtsschreibung treibt: Er sagt die Erschütterung der alten Welt im »Dreieck Europa - Afrika - Amerika« voraus, rät zu dringenden Reformen, ehe diese »blutige Katastrophe« als notwendige Folge der Sklavenhaltung zu einer »afrikanischen Förderation der freien Staaten, der Antillen, zwischen Kolumbien, Nordamerika und Guatemala gelegen« führen würde.

Wobei er, sich durchaus als (Geo-)Historiker Amerikas fühlend, die Hauptsklavenstaaten der amerikanischen Union, beide Carolinas und Georgia wie selbstverständlich subsumiert. Havanna sah er als Hauptstadt dieser möglichen Förderation und schrieb dazu:

»Wenn die Gesetzgebung der Antillen und der Zustand der Farbigen nicht bald heilsame Änderungen erfahren, wenn man fortfährt zu diskutieren statt zu handeln, wird das politische Übergewicht in die Hände derer geraten, die die Arbeitskraft haben, den Willen zur Befreiung und den Mut, lange Entbehrungen zu ertragen.« [112]

Dies war gewagt, kurz nach dem Tode Washingtons, des ersten Präsidenten Amerikas, der sich in Mount Vernon bei Tische von Neger-Mischlingen die Schüsseln hatte auftragen lassen. Bis 1811, so zählt Humboldt, waren nach Kuba 229000 Sklaven eingeführt worden. Und er fährt fort: »Es gibt Plantagen, auf denen jährlich 15-18% (der Sklaven) verenden. Ich habe kalt diskutieren hören, ob es nicht für den Besitzer besser sei, die Sklaven bei der Arbeit nicht durch Exzesse zu strapazieren und sie infolge dessen weniger oft zu ersetzen, oder in wenigen Jahren das Höchstmögliche aus ihnen heraus zu holen. So sind die Überlegungen der Habgier, wenn der Mensch sich des Menschen als Saumtier bedient...«

Wir verstehen nun besser, warum Alexander in Mexiko und Kuba einem Nationalheiligen ähnlich verehrt wird. 1959 schrieb der Kubaner Marrero: »Der Verfasser des Werkes KOSMOS gehört der Welt; der erlauchte Gelehrte gehört Deutschland, der politische Essay über die Insel Kuba gehört diesem kubanischen Vaterland.« Und Fidel Castro druckte den »Essai politique sur l'île de Cuba« für die Volksbibliothek der kubanischen Klassiker und verteilte das Buch zu Tausenden an die Menge. Was aber die Abschaffung der Sklaverei angeht, so kann sich Humboldt rühmen, »einen entscheidenden Einfluß auf eine der größten Revolutionen ausgeübt zu haben, die die Menschheit weitergebracht haben«. Erinnern wir uns an einen Packen Zettel in einem seiner Kartons voller Notizen: Er trug die Aufschrift »Esclavage«. Zeitlebens fühlt er sich so sehr als Kenner und Sprachrohr der Abolitionsfrage, daß die Aufregung um »Onkel Tom's Hütte« ihn fast eifersüchtig machte. Vergessen wir letztlich nicht, daß die Sklavenfrage überhaupt das weitere Geschick der amerikanischen Union, - der Kuba ja seit 1898 gehörte - entschieden hat.

Wir erkennen hier die Wurzel des sonst schwer nachvollziehbaren Humboldtschen Jubels, als 30 Jahre nach dieser kubanischen Veröffentlichung, zwei Jahre vor seinem Tod, das auf sein Betreiben hin verabschiedete preußische Gesetz gegen die Sklaverei erlassen wird: »Ich habe zustande gebracht, was mir am meisten am Herzen lag, das von mir lang geforderte Negergesetz: jeder Schwarze wird frei werden, sobald er preußischen Boden berührt«.[113]

Havanna aber ist heute das Mekka afrikanischer Staatsmänner geworden. Die alten Rechnungen werden den einstigen Sklavenhalter-Nationen präsentiert. Kuba erinnert sich einer afro-amerikanischen Kultur, seiner »Brüder afrikanischen Blutes«. Seine Soldaten verströmen sich in den abgelegensten Regionen des Schwarzen Kontinents. Alexanders Visionen aber, seine Voraussage »schwerer Erschütterungen« und »blutiger Katastrophen« haben uns eingeholt: »Es ist vergeblich, die auf Erden solidest etablierte Macht zu zerstören: Das Zeugnis der Geschichte ...«

Ob unter dem Gipfel des Chimborazo, auf den Wasserwüsten des Orinoco oder in den Aktenspeichern Havannas, selten disponierte Humboldt so weithinreichend die Folgen und Wirkungen seines Tuns.

Am 3. August 1804 betrat der Forschungsreisende wieder Europas Küsten: 35 Kisten hatten die Stauer in Bordeaux an Land getragen. Alexanders Ruhm jedoch war dem voraus geeilt: 32 kleinere Aufsätze wissenschaftlichen Inhalts und tagebuchähnliche Reisebriefe hatten die Aufmerksamkeit sowohl der naturwissenschaftlich-dilettierenden Schöngeister als auch der kontinentalen Wissenschaftler für seine Person wachgehalten: Humboldt verstand sich auf das »Läuten«: »Il faudrait menager les formes de publicité.«

Wie ein Schauspieler, der alle Aufmerksamkeit auf sich gerichtet weiß, ließ er sich in diesen Dingen nie gehen. Er überließ dem Zufall keine Kleinigkeit; er kontrollierte seine Haltung jeden Augenblick, erprobte seine Möglichkeiten und entzückte sich am erreichten Effekt, ihn zugleich ironisch karikierend. Spielte er mit dem Leben? Fürchtete er es? War es ihm nur des Spielens wert? Oder war er zu finalen Einsichten gekommen, in melancholischer Serenität: »Das Leben ist ein Kind, man muß es wiegen und schaukeln, bis es endlich einschläft.« [114] Was nahm er eigentlich ernst?

Jene 35 Kisten nun werden das Fundament des Denkmals sein, das seine Zeit und die Nachwelt ihm errichtete: Wir haben Vermutung zu der Annahme, daß er sich gerne auf diesem Sockel sah. Drei Wochen nach der Ankunft ist er bereits in Paris; die Franzosen behandeln ihn als einen der ihrigen; die Kisten stehen geöffnet, sie enthalten Unmengen gesammelter Gesteine, Muscheln und Gliedertiere. Dazu riesige Herbarien, 60000 Pflanzen, darunter 6300 neue Arten, die Pflanzensammlungen zum Teil doppelt, ja dreifach angelegt. Über das gelehrte Paris ergießen sich minutiöse Angaben über astronomische und geodätische Daten, wissenschaftliche Notata, Tagebücher, tropische Samen, Insektensammlungen, kartographische Skizzen, Handschriften der Eingeborenen und 30 Grammatiken verschiedener indianischer Sprachen; botanische und zoologische Zeichnungen, Profilmessungen, Landschaftsskizzen werden vorgelegt: die Masse des vor dem erstaunten Publikum ausgebreiteten Materials ist unglaublich. Gewissenhafteste Vorbereitung, stupende Kenntnisse und eine unfaßbare, nie erlahmende Willensanstrengung durch fünf Jahre hindurch hatte geholfen, dieses Rohmaterial künftigen wissenschaftlichen Ruhmes zusammenzutragen. Es ist das äußerste, was von einem einzelnen Menschen geleistet werden konnte.

Briefe fliegen durch Europa, Begrüßungen, Glückwünsche: 40 Nummern macht jede Woche die eingehende Korrespondenz aus. Seine durch die Mühsal der Reise, Strapazen, Entbehrungen und den Glanz der bereisten fernen Länder belebte Aura des Heldentums strahlt über gelehrte Akademien und Assembléen: Napoleon, wir schreiben 1804, noch vor seiner Krönung zum Kaiser, empfängt ihn, jedoch »voll Haß gegen mich«. Gay-Lussac, der berühmte Chemiker, einst sein unbarmherziger Kritiker, wird sein Freund. Mit Arago, Mitglied der Académie Française, Mathematiker und Astronom, verbindet ihn bald lebenslange Zuneigung. Die Kriege, die Revolution und ihre Nachwirkungen hatten die naturwissenschaftlichen Fächer gefördert. Erfolgreiche Gelehrte wurden geehrt, durch freigiebige Dotationen wurden sie zu neuen Arbeiten ermuntert.

Alexander entwirft sofort den riesigen Plan der Herausgabe seines Reisewerkes - überdimensional. Verhandelt im gleichen Augenblick mit einem Genfer Verleger über die englische Übersetzung, möchte das Werk so abfassen, daß es auch den interessierten Laien, »die Leute von Geschmack«, anspricht, skizziert dem - wohl entsetzten - Verleger einen prospectus generale, wünscht diesen in französischer, deutscher, englischer, holländischer, spanischer und dänischer Sprache gedruckt, weil er 6 Ausgaben des auf 11 Bände angelegten Werkes vorbereitet. Zugleich aber ironisiert er diesen großzügigen Entwurf als »une carte de restaurateur«,[115] hat jedoch keinen Zweifel an seiner Verwirklichung, glaubt alles in zwei bis zweieinhalb Jahren abwickeln zu können. Das klingt nach hoher Selbsteinschätzung, Kurzschlüssigkeit - und ein wenig nach Renommisterei.

Wie haben wir uns Alexander in diesen Pariser Jahren vorzustellen? Zurückgezogen lebend, umgeben von Sammlungen, Papieren, Kisten, getrockneten Pflanzen, Gesteinen und altmexikanischen Hieroglyphen? Unwillig jede Störung abweisend, kein Famulus hat Zutritt? Bei seltenen einsamen Gängen in die Stadt, so versuchen wir im Bilde zu bleiben, hält man sich ehrfürchtig von ihm zurück? In durchstudierten Nächten quälen ihn Zweifel, ob er das Werk vollenden kann, Skrupel, ob alle Meßergebnisse und botanischen Zuordnungen richtig sein werden? Vor der Umfänglichkeit der Aufgabe sinkt sein Mut? Er widersteht allen Versuchungen seiner Pariser Freunde, die ihn zu Experimenten, Vorträgen, Diskussionen einladen wollen, um den Hauptzweck seines Lebens, das Reisewerk, nicht zu vernachlässigen? Keine Bekanntschaft lenkt ihn ab, keine Reise darf die angespannteste Aufmerksamkeit, die Bewältigung der kolossalen Materialanhäufung unterbrechen? Erschöpft sinkt er des Abends aufs Lager, wenig erfrischt erhebt er sich, nimmt kaum Anregungen von draußen auf; und schwer ringt diese Existenz mit dem Stoff, dem Wort, - fertig machen will er das Werk. Soweit das Bild.

Und die Wirklichkeit? Während der ersten Pariser Zeit nach seiner Rückkehr aus Südamerika lebte er mit Gay-Lussac zusammen im Polytechnikum in einem Wohn- und Schlafzimmer, wofür er 40 Sous zu bezahlen hatte. Später bewohnte er eigene möblierte Zimmer von bescheidenster Einrichtung: ein paar Bücher, ein einfacher Holztisch, einige Stühle mit Rohrgeflecht, das war alles: Fast führte er das Leben eines Studenten. So berichtet Bülow, der Mann seiner Nichte Gabriele: »... vor 6 Uhr steht er auf - hat Termine - und arbeitet dann sogleich (mit Arago) auf dem Observatorium, geht gegen acht frühstücken, nur eine Tasse schwarz, ohne etwas zu essen; hierauf begibt er sich auf die königliche Bibliothek, wo ihm ein Zimmer eingerichtet ist, verschließt sich, nimmt nur in seltensten Fällen jemand an und arbeitet bis sechs Uhr abends; dann fährt er zum Essen, gewöhnlich eingeladen, und der übrige Abend und ein Theil der Nacht gehört der Gesellschaft und der Unterhaltung. Bei diesem Leben befindet er sich vollkommen wohl, die Arbeit ist sein höchster Genuß.«

Kein Hauch also von introvertierter Gelehrsamkeit. Rasch zieht er eine Gruppe williger Mitarbeiter an sich; Botaniker, Astronomen, Physiker und Geologen. Erlauchte Namen bearbeiten die entsprechenden Kapitel des ständig wachsenden, ins Uferlose ausmündenden Reisewerkes. Er ermuntert sie, mahnt, hilft mit barem Gelde aus, beschäftigt die besten Zeichner und Kupferstecher, verwirft ganze Abbildungsserien, erleidet Einbußen, ermutigt die Verleger. Ein Organisator großen Stiles treibt er die Arbeit unablässig voran, schreibt, ordnet, redigiert, seine finanziellen Möglichkeiten mehr als einmal überschätzend.

Zugleich finden wir ihn bei Gay-Lussac im Laboratorium des Polytechnikums mit Untersuchungen über die chemischen Bestandteile der atmosphärischen Luft beschäftigt. Er trägt darüber im Institut National vor, und der - befreundete! - Mathematiker

Berthollet veröffentlicht den Aufsatz im »Recueil des Savants étrangers«. Mit Biot, dem Physiker, erarbeitet er die »Variationen des Magnetismus der Erde in verschiedenen Breiten« und berichtet vier Monate nach seiner Rückkehr über die Resultate in der mathematisch-physikalischen Klasse des Nationalinstitutes. Zwei Monate später hat er dort bereits neun Vorlesungen gehalten, »die man drucken wird«, wie er nach Philadelphia schreibt.

Humboldt ist geselliger denn je. Keiner Einladung weicht er aus, ist häufig bei seiner zu dieser Zeit in Paris lebenden Schwägerin Caroline zu Gast; wir finden ihn »in der großen Gesellschaft zerstreut«. Gelegentlich ist er melancholisch: »... Mein hiesiges Leben ist so arbeitsam und freundeleer, seitdem ich auf europäischem Boden zurück bin; ich habe mehr begonnen, als ich fast zu leisten im Stande bin...« Aber drei Wochen später lesen wir am Rande eines Briefes an seinen Freund Karsten, Geheimer Bergrat in Berlin »... Meine Gesundheit ist fester denn je, ich arbeite mit mehr Anstrengung als sonst...«

In all dem Jubel, bei aller Berühmtheit stören ihn Stimmen aus dem besetzten, unter Napoleons Kontributionen stöhnenden Berlin, er denke und schreibe französisch, so daß seine Schriften ins Deutsche übersetzt werden müßten. Er ist empfindlich gegen Tadel. Das Urteil seiner Mitmenschen über ihn ist ihm ein Leben lang wichtig.

Wie immer gibt Alexander in Paris Beweise seiner gewöhnlichen Lebendigkeit, jener unermüdlichen Tätigkeit, die der alte Knebel in Jena »die Humboldtsche nennen möchte«. Noch mit dem Entwurf des Reisewerkes beschäftigt, bereitet er sich schon »auf eine Reise nach dem nördlichen Asien vor«. Kaum sind die in Südamerika gesammelten Schätze geordnet, die ersten Anweisungen zur Veröffentlichung erteilt, die Freunde davon unterrichtet, »die Etiketten so interessant als möglich« gemacht, - eilt Humboldt mit Gay-Lussac über Lyon und St. Michel auf den Mont-Cenis, um zu messen und zu beobachten.

Einige Wochen später ist er in Rom, Fürsten und Künstler, Dichter und Staatsmänner, Gelehrte und Kardinäle im Salon seiner

Schwägerin Caroline, die ihm vorausgeeilt war, mit großartigem Redefluß über seine Erlebnisse in der Neuen Welt bezaubernd. Er durchstreifte sogleich die Bibliotheken und Museen Roms, entdeckte mexikanische Manuskripte, ließ mehrere Karten daraus drucken. Fand im Palazzo Tomati, dem Hause seines Bruders, des preußischen Residenten am päpstlichen Hofe, die Zeichner und Maler, die seine südamerikanischen Skizzen und Umrisse zu Bildern für das Reisewerk ausarbeiten werden. Der Vesuv »lud durch Vorzeichen eines baldigen, gewaltigen Ausbruchs zum Besuch ein«. Gemeinsam mit Gay-Lussac und Leopold v. Buch, dem Studiengenossen aus Freiberg, wurde der Lava speiende Vulkan dreimal bestiegen und barometrisch vermessen.

Der glücklich nach Europa, nach Paris zurückgekehrte Südamerikareisende war also begeistert empfangen worden; besonders natürlich, weil er das Interesse der eleganten Welt an seiner Person, seiner Reise durch geschickt lancierte Zeitungshinweise und Briefe wach zu halten vermocht hatte. Andere Forscher, die zugleich mit ihm in Südamerika waren, wie Thaddäus Haenke, jedoch ohne die Mittel Humboldts und seinen wachen Sinn für das Echo seiner Bemühungen, ohne die sorgsam gleichzeitigen Untersuchungen geodätischer, geologischer, pflanzen-geographischer, astronomischer, volkswirtschaftlicher, zoologischer, linguistischer und anatomischer Probleme »weit über den Erkenntnisbereich der einzelnen Disziplinen hinaus«, mußten weniger erfolgreich bleiben. Mochten sie auch, wie es für Haenke in Anspruch genommen wird, »weiter wie Humboldt in einer Reihe von umfassenden Projekten vorgeschritten sein, die nicht nur die Zusammenhänge aufdecken, sondern auch eine künftige Planung der Wirtschaftsräume in großem Stil vorsehen«: Humboldt gebührt die Palme; seine Rückkehr war der Aufbruch einer großen Stunde der wissenschaftlichen Erdkunde.

Die Umsicht bei der Vorbereitung der Expedition, Festhalten an der planmäßigen Ausführung, vor allem jedoch ihre abschließende Auswertung gegen alle Widerstände der napoleonischen Kriegszüge, gegen finanzielle Bedrängnis, den preußischen Zusammenbruch bei Jena und Auerstädt, sichern ihm in der Ruhmesgalerie der großen Menschen einen ersten Rang: 20 Bände in Großfolio, 10 Quart - plus 4 Oktavbände - mit 1200 Kupferstichen und Karten können die Ergebnisse dieser einzigartigen Forschungsreise kaum fassen. Der gewaltige Torso jedoch, auf feinstem Papier, im großzügigsten teuersten Format in herrlicher Typographie gedruckt, beglückte die Zeitgenossen und den heutigen Leser und Betrachter auf zweierlei Weise: einmal als das umfangreichste private Reisewerk der Geschichte, unerreicht an wissenschaftlicher Tiefe und Größe, zum anderen als ästhetisches Kunstwerk: Mit Entzücken bahnt sich der heutige Bibliothekbenutzer den Weg zu den über unser zerteiltes Vaterland verstreuten Restbeständen unvollständiger Exemplare in Berlin, Bonn, Breslau, Göttingen und Halle. Kaum vermag er die schweren Großfolio-Bände aus dem Regal zu heben; ein zusätzlicher, körperlicher bibliophiler Lustgewinn. Selbst das preußische Königshaus war zu arm, in seiner Privatbibliothek ein komplettes Exemplar der ungebundenen Ausgabe für 2753 Thaler aufzustellen. Erst in den 50iger Jahren wurde für Friedrich Wilhelm IV. eine vollständige Ausgabe beschafft.

Wir bewundern die Kraft, mit der Alexander das Treiben der großen Welt, die wissenschaftliche Arbeit und den nahen Umgang mit den Gelehrten aushielt. Von Jugend an daran gewöhnt, vieles zugleich zu tun, organisierte und arbeitete er am amerikanischen Reisewerk, empfing eine verwirrende Fülle von Besuchern, schrieb und erhielt zahllose Briefe, blieb vielbewunderter Gast aller Salons, lebhaft und sprudelnd, nie versagend. Mit selbstverständlicher Höflichkeit begleitete er seine Besucher des Nachts in stundenlangen Gesprächen nach Hause. Nichts erschöpfte ihn, nichts ermüdete ihn, nie zeigte er Langeweile, alles erregte seine Neugier, mit allen ausgezeichneten Männern wollte er bekannt, über alles wollte er informiert sein. »Den Umfang seiner Kenntnisse können wir uns kaum groß genug denken«, »seine Darstellungsgabe ist hinreißend, sein ganzes Wesen von der größten Lebendigkeit, sein Charakter liebenswürdig im Umgang«[116] versichert uns Carl Ritter, der Berliner Geograph.

Und berichtet weiter, mit wem Alexander - 1807 - als diplomatischer Begleiter des Prinzen Wilhelm v. Preußen auf dem Wege nach Paris in Frankfurt über die Resultate seiner großen Reise sprach: »... bald bei Ärzten über Anatomie, Physiologie der Menschen und Thiere, über medicinische Anstalten, über das gelbe Fieber, über den Einfluß der Climate auf Gesundheit, Ausbildung u. s. w.; bald mit Mineralogen, z. B. mit Dr. Ebel (Arzt und geographischer Schriftsteller) über Mineralsysteme alter und neuer Zeit, über Geologie, den Bau der Erde, der Cordilleren, über die Gebirgsformen der Bergketten der Erde überhaupt, über die Physiognomien, über die Krater des Ätna, Vesuv, Pic von Teneriffa, Cotopaxi und wie sie alle heißen, die er selbst bestiegen und in ihren Kratern chemische Versuche über die Luftarten gemacht hat; bald mit Naturforschern über die fossilen Gerippe und Millionen Knochen, die er in den Thälern und auf den Höhen von Südamerika fand, über die jedem Clima eigenthümlichen Bewohner, Freuden und Leiden, über die antediluvianischen Thiere, die untergegangenen und noch lebenden Species; bald mit Botanikern über die Pflanzenwelt der heißen und der anderen Zonen - immer habe ich ihn gleich bewundern müssen«.[117]

Was alles hatte er in diesen Jahren zu überstehen! Die Armee Friedrich Wilhelms III. vernichtet, der König flüchtig in Königsberg, Napoleon als Sieger in Berlin, Preußen von 5570 auf 2872 Quadratmeilen zusammengestrichen, 150000 Franzosen mußte der Rumpfstaat ernähren. Wir finden ihn in der preußischen Hauptstadt: Seit seiner Rückkehr aus Westindien, zögernd auf Umwegen, den Bruder in Rom besuchend, kehrte er über Florenz langsam nach Berlin zurück: Neun Jahre nach seiner Abreise sah er das Spreeufer wieder: Wir wissen es, er liebte diese »überhämische« Stadt nicht. Wenig mochte er ausrichten. Sein Versuch, die Auflösung der Universität Halle durch Napoleon zu verhindern, mußte vergeblich sein. 1808, in niederdrückendster Zeit, legt er sein berühmtes, publikumswirksamstes Werk vor, seine »Ansichten der Natur«, »rein auf deutsche Gefühlsweise berechnet«, wie er uns versichert: »Wer sich herausgerettet aus der stürmischen Lebenswelle, folgt mir gern in das Dickicht der Wälder, durch die unabsehbare Steppe und auf den hohen Rücken der Andenkette. Zu ihm spricht der weltrichtende Chor:

»Auf den Bergen ist die Freiheit! Der Hauch der Grüfte
Steigt nicht hinaus in die reinen Lüfte;
Die Welt ist vollkommen überall,
Wo der Mensch nicht hinkommt mit seiner Qual«.[118]

Zweifach war die Wirkung dieses Buches inmitten der Besatzungs- und Kriegsschrecken. Erstmalig wurde neben die vorherrschende Philosophie und Dichtung ein wissenschaftlich genaues Naturgemälde als Bildungselement gestellt und der Zusammenhang von Naturforschung und Nutzbarmachung wissenschaftlicher Ergebnisse dem aufstrebenden Bürgertum in meisterhaften Formulierungen deutlich gemacht: Hier liegt die Wurzel der späteren Volkstümlichkeit Humboldts. Für breite Volksschichten klang der Name Humboldts von da an zusammen mit gesellschaftlichem Fortschritt und Liberalität.

War Alexander glücklich in diesen kaum drei Berliner Jahren, von 1805-1808? Sein Urteil über »diese menschenleere Wüste«[119] ist vernichtend, »Flußfieber und wüthiges Zahnweh« plagen ihn. Die Herausgabe seines Reisewerkes stockt, »obwohl ich gleich fortwährend wenig schlafe und nicht träge bin«, wie er versichert; »der unfreundliche Theil des Publikums urtheilt etwas ungleich von mir«. Der rasche Gang der Dinge, der große Atem der Pariser Metropole fehlen ihm; dort waren die besten Köpfe Frankreichs versammelt, dort waren die Sammlungen, Bibliotheken, die Naturwissenschaftler, Kupferstecher und Drucker, die allein die Herausgabe seines Reisewerkes fördern konnten. Berlin »ein großer Krähwinkel« langweilte ihn, Patriotismus war ihm meilenfern. Hier war kein Ruhm zu gewinnen, kein Ehrgeiz zu befriedigen. Sein Werk wollte er weiterführen. Es war ihm gleichgültig, ja war ihm unbewußt, daß dies in der Notzeit Preußens »außer aller Charakterschönheit« liegen sollte.

Was waren gegen diesen produktiven Trieb die königlichen Gunstbezeugungen, die Ernennung zum Kammerherrn, die gewährte Pension aus der Kasse der Akademie der Wissenschaften, deren ordentliches Mitglied er wurde. Zwar hoffte er, in Berlin seinen botanischen Lehrer Willdenow für die Ausarbeitung des florensischen Teils des Reisewerkes zu gewinnen; später tat es dann der Neffe seines »Hofmeisters« Kunth. Den jungen Astronomen Oltmann beteiligte er an der Redaktion der Beobachtungsergebnisse; Friesen, der Architekt, zeichnete eine Anzahl Karten und half so, die Fertigstellung des »Atlas géographique et physique de la Nouvelle Espagne« voranzutreiben. Die ersten Bände waren im Druck, das berühmte »pflanzengeographische Profil der Anden« erschien. Vorlesungen in der Berliner Akademie, eine Fülle kleiner Abhandlungen wie »Jagd und Kampf der elektrischen Aale mit Pferden« und eine nie enden wollende, stets gewissenhafte Korrespondenz verschaffte ihm eine genußvolle, Tätigkeit, ohne die wir uns ihn nicht mehr denken können.

Der Auftrag, als welterfahrener Kenner der französischen Verhältnisse den Prinzen Wilhelm v. Preußen nach Paris zu begleiten, um zu versuchen, die harten Lasten des Tilsiter Friedens zu verringern, schlug fehl: Napoleon forderte weiter 140 Millionen Francs Kontribution; Freiherr vom Stein mußte entlassen werden. Humboldt aber durfte nach dieser mißglückten Mission in Paris bleiben, ein bezahlter kurzer Urlaub, wie es sich zunächst ausnahm - der sich dann über 20 Jahre erstrecken sollte.

Alexander war am Ziel seiner Wünsche. Die begonnene Ausarbeitung der Ergebnisse seiner Forschungsreise konnte fortgeführt, den neuesten wissenschaftlichen Erkenntnissen angepaßt werden; eine Pension - 2500 Thaler - sicherte seine Existenz. Sein Vermögen, wenn auch bedenklich geschrumpft und unsicher in den kriegerischen Zeitläuften, gab Hoffnung, die Drucklegung des Werkes zu einem guten Ende zu bringen: Alles deutete auf Ruhe, Besinnung,

Stetigkeit und konzentrierte Beschränkung der Kräfte auf ein Ziel hin: Da hören wir bereits von neuen großen Projekten: Nach dem Kap der Guten Hoffnung will er sich einschiffen, »an der Südspitze von Afrika ein Jahr bleiben, um sich mit den südlichen Strömen zu beschäftigen; ... um dann nach Ceylon und Kalkutta zu gehen, mich in Benares, wo Karawanen von Lhasa ankommen, auf Tibet vorzubereiten und dann weiter vorwärts nach Norden einzudringen.«

Es ist der gleiche, leichte Ton, den wir bei seiner Rückkehr vom Orinoco nach Paris von ihm hören, schnell hingeworfene große Pläne von hohem Selbstgefühl getragen: »Massard sticht schon meine mexikanischen Altertümer, Sellier fängt diese Woche an die Pflanzen zu stechen. Kurz, es ist alles schon im Gange. Das Nationalinstitut ist vollgepfropft, so oft ich lese. Du siehst also, daß das pommersche Geschlecht durch Dich und mich verherrlicht ist... Dem Hofe soll ich künftige Woche vorgestellt werden. Für Bonpland glaube ich eine gute Pension zu erhalten«[120], hatte er damals an seinen Bruder geschrieben.

Gespräche mit dem russischen Handelsminister Graf Rumjancev ermutigen ihn zu einer asiatischen Reise; »... ich bin jetzt 42 Jahre alt« schreibt er an Baron Rennenkampff nach Petersburg »und würde gern eine Expedition unternehmen, die 7-8 Jahre dauert«. Er will das Karakorum-Gebirge und die Wüste Gobi vermessen. Er hofft auf Unterstützung durch den Zaren, empfiehlt sich folgendermaßen: »Ich kenne kein Wort der russischen Sprache, aber ich werde mich zum Russen machen, wie ich mich zum Spanier gemacht habe; alles, was ich unternehme, führe ich mit Begeisterung aus«.[121]

Von dieser Aura nie erschöpfter »Begeisterung«, die Humboldt zeit seines Lebens umgab, müssen wir uns überzeugen, wenn wir weiter hören, welch üppige Pläne er entwickelt: Schichtung der Gebirge, ihre Bildung, Pflanzengeographie, Witterungskunde, Sprachen, Rassen sollen erforscht, neue Handelswege erschlossen werden. Ein vollendeter Diplomat, empfiehlt er hauptsächlich russische Gelehrte zu seiner Begleitung, »sie sind mutiger und in Mühseligkeiten ausdauernder«. Die Sammlungen Sr. Majestät des Kaisers sollen bereichert werden; Zar Alexander wird wegen seiner Freigebigkeit und Förderung anderer wissenschaftlicher Expeditionen gelobt. Humboldt wünscht nur, »daß die Pläne in einer hinreichend großen Weise aufgefaßt wären«.[121]

Aber da gab es Verhaltungen, Sperren, Grenzen, die wir kennen müssen, um deutlich zu machen, gegen welche inneren Widerstände die gleichzeitige, immense Last des Reisewerkes durchgesetzt werden mußte. Diese wolkenlose, aufgeregte Stimmung kontrastierte seltsam mit jenem Briefe, den er zwei Jahre zuvor aus Paris anläßlich der Übersendung der »Pittoresken Ansichten der Kordilleren und Monumente amerikanischer Völker« an Goethe schrieb: »Ich führe in diesem nüchternen Lande mitten unter dem leeren Treiben der Menschen ein beschäftigtes, einförmig in mich gekehrtes Leben. Ich bin von dem Gefühl gepeinigt, nicht schneller vollenden zu können, was ich mir selbst schuldig bin. Meine Ansicht der Welt ist trübe. Der Anblick einer großen Natur ... haben eine Stimmung in mir vermehrt, die nicht heiter ist ...«.[122]

Alexanders Temperamentslage ist gedrückt, eine bei ihm ungewöhnliche Entschlußlosigkeit und Minderung des Selbstgefühls spricht aus solchen Briefen. Das energetische System scheint sich der negativen, der depressiven Seite zuzuneigen, wie überhaupt die Jahre in Paris eigenartig verfangen und gedämpft auf uns gekommen sind. Aber vielleicht ist es nur der Maßstab, an dem wir gewöhnt sind Humboldt zu messen. Denn es ist nichts Geringes, die Anerbietung auszuschlagen in den preußischen Staatsdienst einzutreten und dabei zugleich geschickt und erfolgreich eine politische Korrespondenz mit Gentz zu führen, der jetzt im Dienst Metternichs als ghostwhriter arbeitete.

Wir hören in dieser Pariser Epoche von »einer Schwäche, welche ich infolge der großen Feuchtigkeit am Orinoco im rechten Arm habe«. Er klagt über anhaltenden »Katarrh, Schnupfen und dazwischen auch Fieber«. Hinweise auf körperliche Indispositionen,

Krankheiten, wie wir es von ihm nicht gewohnt sind. Sein Selbstporträt - 1814 - aus dieser Zeit zeigt uns einen schmaleren 45jährigen Alexander. Ausgeprägte Nasolabialfalten und Falten unter dem Kinn lassen eine Gewichtsabnahme erkennen, die Haare sind schütterer geworden, der fest geschlossene Mund drückt die depressive Verstimmung aus, welche, unterbrochen von gelegentlichen Wallungen, diese Jahre auszeichnet. Nie sah er seinem Bruder Wilhelm ähnlicher als auf diesem Selbstbildnis.

Eine vitale Traurigkeit schien sich während dieser Jahre seiner oft zu bemächtigen. Würden wir seine völlige Gleichgültigkeit gegenüber den »Welthändeln«, das Fehlen ernsthafter Hingabe an das Vaterland (»man ist am patriotischsten gestimmt, wenn man hinter den Alpen sitzt«), seine tiefe Skepsis einem deutschen Patriotismus ostelbischer Prägung gegenüber nicht kennen, dürften wir beinahe annehmen, die deutsche Misere wäre Anlaß dieser reaktiven Empfindlichkeit.

Die Welt ist ihm ferngerückt, der Gesichtsausdruck läßt uns das innere Gedrücktsein fühlen, der Blick ist ernst, nachdenklich in die Ferne gerichtet. Der hohe Lebenswille hält die Depression in Grenzen, der Gegensatz zur früheren sonnigen Natur jedoch ist unverkennbar, die Zukunft erscheint ihm düster. Wir hören von Plänen »sich im spanischen Amerika anzusiedeln, anzukaufen«. Einen Augenblick lang projektiert er ein mexikanisches Forschungsinstitut: »... ich habe die fixe Idee, mein Leben auf die angenehmste und für die Naturwissenschaft nützlichste Weise in einem Teil der Welt zu beenden, wo ich außerordentlich geschätzt werde ... Das ist eine Art, nicht ohne Ruhm zu sterben ...«[123] Die mexikanische Regierung beglückwünschte sich bereits, Humboldt zu ihren Bürgern zu zählen; das Unternehmen zerschlug sich jedoch.

Eine zögernde Unfreiheit kommt in Alexanders Entschlüsse. Die befreiende, auch seinen Ruhm erneuernde asiatische Reise ließ sich nicht verwirklichen; der Zar hatte damals größere Sorgen: Napoleons Einmarsch in Rußland beendet alles.

Wir vermissen in diesen Jahren, unbeschadet aller unermüdlichen Agilität, den sonst gewohnten mitreißenden Zug ins Große. Die strömende Überzeugungskraft, die Selbstgewißheit des Gelingens dieser Entwürfe will sich nicht einstellen. Versagenszeit kommt hoch, das Szenarium wirkt unfroh, die hypomanisch routinierte Aktivität tritt auf der Stelle. Die unterschwellige, puerile Sehnsucht, sich allen Schwierigkeiten, den Enttäuschungen seiner ihn ehrenden politischen liberalen Tagträume durch eine Flucht aus Europa zu entziehen, mußte fehlschlagen. Seine Geldmittel zerrannen ihm unter den Händen. Die Hinterlassenschaft der Mutter - fast 100000 Thaler - hatte er, großzügig disponierend, für sein Reisewerk - ganze seinem Anspruch nicht genügende Kupferstichserien verwerfend, Honorare für mäßige Leistungen großzügig auszahlend - und ein ungeprüftes Mäzenatentum verzehrt. Er ist hierüber guter Gewißheit, kein Gedanke einer Fehlhandlung. »...ohne Furcht des Tadels« berichtet er später dem russischen Finanzminister Cancrin »habe ich alles, was ich ererbt, aufgezehrt«.[124]

Er begann von der Hand in den Mund zu leben, und das war schwer, wenn die eine Hand bedenkenlos Bücher an Bittsteller oder gar Besucher wegschenkte, die andere bares Geld ohne feste Abmachungen, ohne Testate oder Rückzahlungstermine fortgab. Der preußische König, gewiß, er zahlte die versprochene Pension; unterstützte, nachdem Alexander ihn gebeten hatte, die Herausgabe des Reisewerkes mit 24000 Franken. Aber was wog dies für einen Mann, der die »galvanischen Reizmittel«[125] für andere verschwendete, dessen lockeres Verhältnis zum Geld seinem Bruder Wilhelm Anlaß zu steter Sorge gab?

Alexander war, gesehen im Maßstab der Zeit und seiner Stellung, jetzt ein armer Mann. Er lebte von der Unterstützung des Königs und seinen Autorhonoraren. Seine Urteile werden schwankend, man spürt die Unsicherheit, das Schielen nach der Meinung des Hofes, des Monarchen. Über den gleichen Gegenstand hören wir von ihm höchst unterschiedliche Äußerungen. Seine Ansichten wechseln mit Stellung und Bedeutung des Gesprächspartners, er hat

Rücksichten zu nehmen. Mißgünstige Betrachter nennen ihn einen Heuchler und Lügner. Was Königsgunst bedeutete, er sollte es erfahren. Er war zum ersten Male abhängig, gebunden in seinen Entschlüssen.

Galt es nicht das Notwendige mit dem Nützlichen zu verbinden? Die entscheidenden Bände seines Reisewerkes waren gedruckt, nur die Abteilung über die Gramineen und zoologisch-anatomische Beobachtung waren noch abzuschließen. Immer noch lockte die lang geplante »asiatische« Forschungsreise. Wozu denn pflegliche Verbindungen mit dem Petersburger Hofe nützlich sein konnten: War doch Charlotte, älteste Tochter seines Königs mit Nikolaus I. vermählt. Nicht ohne Besorgnisse mochte er auf seine »Freundschaft« mit Gentz sehen, der Metternichs Ohr hatte. Zwar schrieb man sich Briefe von Paris nach Wien, die Gentz sogar charmant fand; aber der Adlatus des Österreichischen Staatskanzlers wußte um Alexanders politische Aufmüpfigkeit, seine liberalen, ja republikanischen Ideen. Ein Wort von ihm, und der preußische König hätte seinem Kammerherrn die Subsidien streichen müssen. Nur seiner oszillierenden Wendigkeit verdankte es Alexander, daß Gentz ihn für harmlos hielt. Für Metternich blieb er ein nicht ernst zu nehmender »politisch schiefer Kopf«.[126] Dennoch war Vorsicht geboten.

In Berlin aber kränkelte sein Bruder, der König machte ihm Offerten, eine Anhebung seiner Kammerherrnbezüge stand in Aussicht, die junge Berliner Universität war in wenigen Jahren zu einer philologischen puissance geworden. Winkte hier neuer Ruhm? Wäre es möglich, den Naturwissenschaften aufzuhelfen, Pläne zur Errichtung einer chemischen Anstalt, eines botanischen Gartens, einer Sternwarte zu verwirklichen? Die Pariser Epoche war abzuschließen. Ein ausatmender Schlenker noch nach London - über Hamburg dann zurück in die »Sandwüste« - am 12. Mai 1827 finden wir ihn in Berlin.

»Im Grunde ist Alexander nicht so geworden,
er ist von jeher so gewesen. Das Ausland hat
ihn nicht verändert, sondern er hat das
Ausland gesucht, weil ihm Deutschland nicht
heimlich sein konnte.«

WILHELM VON HUMBOLDT

SIEBTES KAPITEL

Berlin und Frankreich

Warum zieht es den »geistigen« Deutschen so stark zu Wilhelm von Humboldt? Dessen politischer Geschmack wird es nicht sein. Und um Wilhelm als Menschen zu verstehen, muß man seine Sonette lesen! Ein autoanalytisches Gruselkabinett - und voller Abgründe. Und warum fühlt sich die übrige Welt eher von Alexander angesprochen?

Es ist unbesonnen, unsere Schul- und Universitätsmisere, dieses blamable, perpetuierliche Experiment seit 1919 von Wilhelm von Humboldts Bildungskonzept, jenem »Unterfangen von erhabener Naivität und preußischer Donquichoterie«, von dieser niemals verwirklichten Bildungsreform herzuleiten. Man schlägt nach alter deutscher Sitte eine Person, um nicht der Wirklichkeit ins Gesicht sehen zu müssen: Der Deutsche ist zu praktischer, zusammengeraffter Tätigkeit bei gleichzeitiger Selbstgenügsamkeit und selbstverständlicher Bewußtseinslage im Sinne griechisch-romanischer Eukosmia wenig ausgestattet.

Die Geschichte, die unglückliche Zentrallage inmitten der europäischen Staatenwelt, die staufischen ambivalenten Träume, der bis ins Mark treffende 30jährige Krieg, Luther und die Folgen wollten den Deutschen als Gespaltenen, Geteilten, wollten ihn als Einzelwesen, nicht als Typ. Seine knabenhafte Auffassung von Tradition und historischen Ablauffiguren macht ihn unfähig zur Hypokrisie.

Immer wirkt er auf andere Nationen dumpf, nicht leicht zu berechnen, harmonielos. Und alles was er in jenen schwebenden Regionen berührt, wird schwer unter seiner Hand. Das deutsche Verhältnis zur Weltwirklichkeit ist gestört. Und weil dies so ist, konnte paradoxerweise Wilhelms Bildungstheorie ihren Siegeslauf durch Generationen antreten: der Klassizismus und das sich daraus entwickelnde Bildungsideal kommt von der »Powerté«! Weshalb uns - gegenüber dem reicher beglückten Auslande - der Arme-Leute-Geruch, das Forcierte, Parvenuhafte, das »es ist vollbracht« nie von der Seite geht.

Die Grundsituation Deutschlands ist seit Arminius' Zeiten verzweifelt: Glücklich die Franzosen, denen Caesar ihren niedergeworfenen Vercingetorix im römischen Kerker erdrosseln ließ. Der Sieg des Cheruskers im Teutoburger Wald besiegelte das Schicksal Deutschlands bis zur Elbe. Nie standen an der Dornburger Saale die Landvillen römischer Präfekten; der helle Staub zerbröckelnder Aphroditen wehte nie über die weiten, fruchtbaren Ebenen der Magdeburger Börde; nie quollen Seide, Gewürze, Gold und damit Muße, rationales Denken und kalter Einblick in die Notwendigkeiten des Seins aus den Schiffsbäuchen der Karavellen.

Die Welt war verteilt. Was blieb, waren das »selige Griechenland«, die Philosophie, die Musik und Poeterei. Die Zeit war dürftig. Es entstanden die luftigen Ersatzreligionen für die Zukurzgekommenen, für die »armen Leute«; ein Entwurf der geistigen Erziehung einer Nation, nicht im Anblick lächelnder Landsitze, duftender Boskette und durch Jahrhunderte gepflegter Rasenflächen, nicht im Wilton House, nicht in Chambord gezeugt - sondern bei schlecht schließenden Fenstern, an fichtenen vierkantbeinigen Pulten entworfen. Es riecht nach Studierstube, nach billigem Knaster; und auf dem Tisch die Biersuppe und die Büchse mit dem feinen Streusand aus den kargen Endmoränen der Eiszeit.

Humboldt also blieb nach 1808 für 20 Jahre in Paris. Warum zögerte er, der nachdrücklichen Aufforderung Friedrich Wilhelms III., den Vorstellungen seines Bruders zu folgen, nach Preußen, nach Berlin zurückzukehren? Welche Notwendigkeit trieb einen Geist vom Range Alexanders, sein Lebenswerk, den südamerikanischen Reisebericht, in französischer Sprache zu schreiben und drucken zu lassen? Zwei Fragen, viele Antworten!

Alexander hat sich sein ganzes Leben lang ein wenig als Franzose gefühlt. Stets blieb er, auch in Berlin, in »der nördlichen Luft«, mit seinem Herzen in Paris, der Metropole eines Landes, wo Lavendel und Thymian so häufig sind wie Peden und das Hungerkraut in der Hasenheide, dieser »Fortsetzung Sibiriens bei Berlin«[127]. Und den Franzosen war diese Humboldtsche Vorliebe für ihr Land ganz selbstverständlich: Meldete die »Gazette Nationale« am 12. August 1804 die Ankuft des 35jährigen aus Westindien nicht, als wäre er Franzose? Und war er nicht bald »der berühmteste« nach Napoleon, in dessen mißvergnügter und reservierter Haltung dem vielgerühmten Alexander gegenüber vielleicht sogar etwas wie Eifersucht mitschwang? Denn die lebhafte und stets informationshungrige Pariser Presse hatte sich mit Jubel seiner Person zu einer Zeit bemächtigt, da Bonaparte glaubte, durch seine bevorstehende Kaiserkrönung das öffentliche Interesse ganz auf sich gezogen zu haben. Seine Post - immerhin war er nun preußischer Kammerherr - wurde kontrolliert; man drang während seiner Abwesenheit in sein Zimmer ein, kopierte seine Briefe. Napoleon war überzeugt, er sei ein preußischer Spion, und gab schließlich den Befehl, Alexander solle innerhalb von 24 Stunden die Stadt verlassen. Es war Chaptal, Alexanders Freund, Chemiker und zugleich Staatsminister, der die Zurücknahme dieser Ausweisung vom Kaiser erwirkte. Man bedenke: Frankreich lag mit Preußen im Krieg; und kaum hatte sich das erste Erstaunen über Humboldts allen geöffneten Sammlungen, Herbarien und numerischen Fakten gesetzt, war er schon Mitglied der Académie. Ging daran, in geheimer Konkurrenz zur »Beschreibung Ägyptens«, mit riesigen Anstalten und großem Mitarbeiterstab vom Empereur in Szene gesetzt, als »particulier« eine südamerikanische Reisebeschreibung zu beginnen, die letztlich doppelt so teuer und umfangreich war wie jenes Staatsunternehmen. Freilich -

er schrieb dieses Monumentalwerk auf französisch. Eine deutsche Übersetzung scheiterte bis heute an den Kosten. Wie denn auch seine drei Bände über Zentralasien - Frucht der späteren russischen Reise - 1843 auf französisch erschienen. Seine Beherrschung dieser Sprache war souverän bis zur Erfindung von Wortspielen: Der deutschstämmige englische Astronom Herschel mußte in deutsch geschriebene Briefe erst ausdrücklich von ihm verlangen. Ja, Alexander hatte sich seinem Bruder gegenüber seiner Frankophilie wegen zu rechtfertigen: Wilhelm; 1817 - preußischer Gesandter in London, mit den Winkeln und Nischen der Sprachen tief vertraut, spürte in den zwei Bänden der »Relations historiques du voyage aux régions équinoxiales...«, die ihm Alexander als douceur bei einem Besuch mitbrachte, daß der Bruder Pariser geworden war, und fand in diesen beiden Bänden »eine Menge von Stellen, die wirklich deutsch nicht würden gesagt worden sein«.[128] Doch wie hätte Alexander bei solch einer geistigen Wahlverwandtschaft anders entscheiden können? Was bedeutete ihm Frankreich, was Deutschland im Augenblick seiner Rückkehr aus Südamerika?

In Frankreich hatte er die letzten, dumpfen Schlacken deutscher Naturphilosophie abgestreift. Mit den ihm befreundeten französischen Naturwissenschaftlern verband ihn die Art descartischen Denkens. In Paris hatte er die exakte Beobachtung, die Bedeutung des Experimentes, das Messen und Wiegen als Basis aller Naturerkenntnis kennengelernt. Und besaß er nicht den ironischen Scharfsinn, die maliziöse, stets schwebend und geistreich gehaltene Schärfe des Ausdrucks, jene Urbanität, woran es den »Mangeurs de Choucroute« so mangelte? Er trug abends mit latinischer Anmut seinen Frack durch die Gesellschaften, Bankette und Empfänge und fürchtete sich nicht vor Poularden in burgunderschweren Saucen.

Sehen wir Paris, Sitz der Künste seit den Kapetingern, Wiege der modernen Chemie und Physik und der chronometrischen Zeit. Auf den Avenuen das pulsende Leben, welches Berlin als eine »menschenleere« Einöde erscheinen ließ, wo »Wendenfischer ihre Angel in die Panke hielten«. Dort sammelte sich der Glanz Napoleons, trieb Knospe und Frucht. Ein großes öffentliches Leben ermutigte die Blüte der europäischen Naturforscher, einen Berthollet, Gay-Lussac, Cuvier, hob sie empor zum Zenit ihres Ruhmes. Verfeinerung, Geschmack und kunsthandwerkliches Können des Ancien régime hatten sich hinübergerettet in die meisterhafte Typographie, die Radier- und Druckkunst der Pariser technischen Anstalten des nachrevolutionären Frankreich. Unentbehrlich war Alexander die wunderbare Stadt mit ihren überquellenden wissenschaftlichen Ausrüstungen, ihren Bibliotheken, reichen Hilfsmitteln für Geistesarbeiter, mit allen geistigen und materiellen Schätzen der Zeit zu seinen Studien und schriftstellerischen Zwecken. In Paris gelang ihm die Täuschung, sich in den liberalen Idealen seiner Jugend wiederzufinden. Hier durfte er sein »konstitutionelles Steckenpferd« [129] reiten, wie sein Bruder spottete, seine lebenslang durchgehaltene Überzeugung von der Französischen Revolution als einer geschichtlichen Notwendigkeit. Es bestehen aber kaum Zweifel, daß Alexander unter jeder Verfassung unbekümmert hätte leben können: »Daher ist er auch ganz versöhnt mit denen« - so schreibt Wilhelm - »die die Antipodenmöglichkeit von Freiheit sind, wie Talleyrand.« [130] In der Romania der Seine-Metropole fand er sich nach des Tages Arbeit an seinem Reisewerk bestätigt als homme de lettre, écrivain, als interessierter Kenner der Philosophie, der Literatur, der schönen Künste. Anders als in den hyperboräischen Studierstuben eines Landes ohne Fontänen und Blumenparterres, »jahrhundertelang unter Kartoffelrittern«, zwar zu gutartiger Durchschnittlichkeit gehoben - aber mit »weiten Strecken der Öde und des Nichts«, konnte er in den Salons, in der Akademie über Wirtschaftspolitik und Archäologie sprechen. Seine Bekanntschaft mit Chateaubriand, Madame de Staël und Talleyrand macht ihn zum Weltbürger, zum Wahlfranzosen, dessen »Weggang allgemeine Trauer hervorrufen würde«.

Beinahe ein Viertel seines Lebens verbrachte Alexander in Paris. Friedrich Wilhelm III. zog reichen Nutzen aus Humboldts Einsichten in die französische Politik. So schrieb er 27 überkommene

Rapporte an die preußische Regierung und später an Friedrich Wilhelm IV.; Rapporte, die nach dem Zeugnis des intimen Humboldtkenners Hanno Beck »stilistisch und inhaltlich Meisterstücke geheimer diplomatischer Berichte waren«.[131] Er feilte an diesen vertraulichen Relationen, korrigierte ihre Stillage und las sie sich laut vor, während sein Diener Seifert vor der Türe des Zimmers Wache stehen mußte, um Lauscher fern zu halten. Zwar war Freiherr von Werther ab 1824 preußischer Gesandter in Paris, aber Humboldt vertrat ihn, wenn er abwesend war, und blieb zweifellos der »Geschicktere«.

Mit rasch sich entwickelnder Intimität verkehrte Alexander später am Hofe Louis Philippes. Selbst als Heiratsvermittler bewährte er sich: Helene Herzogin von Mecklenburg-Schwerin wurde glücklich mit dem ältesten Sohn des französischen Bürgerkönigs vermählt, - sie blieb Humboldt zeitlebens verbunden und zugeneigt. Wundert es noch, daß ohne ihn schwerlich jemand in die Pariser Akademie aufgenommen werden konnte? War doch Arago, sein bester, lebenslanger Freund, berühmter Physiker und Astronom, ständiger Sekretär der Académie, so daß noch in Berlin, nach seiner endgültigen Übersiedlung in seine wenig geliebte Heimatstadt, die Kandidaten für die Aufnahme sich zuerst ihm empfahlen. So geschah es bei dem Zoologen Valencienne, dem Chirurgen Dupuytren und anderen.

Dies also war das Paris des Luxus und des ruhelosen Modedranges, schon damals das »Genie einer Nation«, die Stadt der Wissenschaften und der sagenartigen Namen einer ungebrochenen Nobilität: Mußte es Humboldt nicht demgegenüber erscheinen als »beginnen an der Elbe die Kirgisen«?

Und Preußen? Wie hatte er es verlassen, wie sah Alexander es von Paris her, aus welchen Tiefen und Demütigungen hatte es sich emporzuarbeiten? Wie war denn die Lage nach Jena und Auerstädt? Napoleon hatte die westelbischen Besitzungen Preußens abgetrennt; das verstümmelte Territorium blieb in seiner Hand; die Besatzungstruppen saugten das Mark des Landes. Das Handelsverbot mit England, die Kontinentalsperre, ruinierte die Wirtschaft: an 140 Millionen Franken zu zahlende Kontributionen bluteten Preußen aus. Das Schlößchen Tegel war geplündert, das Zifferblatt der Turmuhr hinuntergeworfen, die Weinvorräte ausgeleert. Bis zum Misthof hin sammelte Kunths Neffe die aus den aufgeschlitzten Bettkissen umhertreibenden Federn auf. Wilhelms Manuskripte lagen eine Viertelmeile umher zerstreut. Alexander war zu diesem Zeitpunkt in Berlin und ließ es gewähren. Der sonst so Gesunde klagte über Zahnfieber und Magenbeschwerden, ein Rheumatismus meldete sich, Schwermut wehte ihn an, auch bekam er die Röteln; machte - wir erinnern uns - seine 6000 Kompaß- und Inklinationsablesungen, formulierte den Begriff des »magnetischen Sturmes«. Schrieb nebenher das Vorwort zu den »Ansichten der Natur«:

»Darum versenkt, wer im ungeschlichtetem Zwist der Völker nach geistiger Ruhe strebt, gern den Blick in das stille Leben der Pflanzen und in der heiligen Naturkraft inneres Wirken ...«.[132]

Sein Lebenskompaß richtete sich nach anderen Sternen: sollte er ein so groß begonnenes, von der Reise überhöhtes, genußvolles Dasein zwischen die Bajonette trunkener Soldaten werfen? Auch blieben ihm die tieferen Zusammenhänge des preußischen Unterganges nicht verborgen: nichts war ihm »unerträglicher als die klugen Fürsten, die anderen Menschen vordenken wollen«.[133] Die Französische Revolution hatte ihm »eine Wohltat ... die Ausrottung des Feudalsystems und aller aristokratischen Vorurtheile ...«[134] gebracht. Aber er sah es hellsichtig, noch vor Napoleons Hochkommen: »Die Vernunft unserer westlichen Nachbarn wird dieses Jahrhundert überleben, aber Deutschland wird noch lange anstaunen, prüfen, vorbereiten - und den entscheidenen Augenblick versäumen.«[135] Berlin war ihm »eine kleine unliterarische Stadt«, so klagt er in seinen Briefen.

Er hatte seinen Bruder noch von Columbien und Mexiko aus gebeten, alles zu tun, daß er es »niemals nötig habe, die Türme Berlins wiederzusehen«.[136] Er empfindet die Stadt als »eine moralische Sandwüste, geziert durch Akaziensträucher und blühende

Kartoffelfelder«.[137] Wilhelm, sich in Rom und Paris seiner »Deutschheit« bewußt geworden, denkt nüchterner, denkt an die königliche Pension, an die materielle Sicherung der brüderlichen noch auszuführenden Arbeiten, wenn er ihm vorhält, daß »man vor der Welt sein Vaterland ehren müsse, auch wenn es eine Sandwüste ist«.

Patriotismus? Alexander kannte ihn nicht. Gegenüber der Grausamkeit der habsburgisch-kaiserlichen Truppen, die Gefangene mißhandelten und niedermachten, war ihm die Antwort eines französischen Wachtpostens im Hohenlohischen - 1796, wohin ihn Hardenberg zu Verhandlungen mit den französischen Generalen der Revolutionsarmee geschickt hatte - bewunderungswürdig in ihrer philosophischen Haltung: »... Bürger, - so antwortete ihm dieser poilu - man kann nicht Soldat sein, ohne Mensch zu sein. Diese Leute besitzen nicht den Grundsatz der Humanität«. Ihm erschien damals dies Erlebnis »... wie aus einer Tragödie von Racine ...«.[138] Fern von politisch bewußtem Nationalwillen wurde sein nüchterner Blick weder von Schleiermachers politischen Predigten in der Dreifaltigkeitskirche noch von Arndts »Geist der Zeit«, noch durch Fichtes »Reden an die deutsche Nation« getrübt. Mit naturwissenschaftlich kaltem Sinn konnte er nach dem Sturz Napoleons über das preußische Land und über den Adel, der es regierte, Urteile wie die folgenden abgeben: »Deutscher Patriotismus ist ein recht hübsch klingendes Wort! La jeunesse allemande au-delà de l'Elbe était enragée de ce mot en 1813! Und was ist aus den unendlichen Opfern von Gut und Blut geworden? Wie es kommen würde, merkte man schon 1814, als die hohen Herren hier versammelt waren. Und nun erst Wien!«[139]

1798 hatte Paris die beiden Brüder mit Erstaunen empfangen; der Begriff »Deutschland« wurde am antipodischen Beispiel Alexanders und Wilhelms erstmals deutlich. Die Metropole bezeigte dem tiefen Kenner philosophischer Systeme, dem scharfgeistigen Analytiker, ihren Respekt. Ihr Herz jedoch schenkte sie dem Repräsentanten der Naturwissenschaft. Hier im nachrevolutionären Frankreich hatte man kein Vorurteil gegenüber der evolutionären Kraft empirischen Forschens. Man begann, deutsche Bücher wissenschaftlichen Inhalts zu lesen. Lalande, der Astronom, »predigte überall im Collège, im Lycée, im Nationalinstitut, daß wir Deutsch lernen sollen«.[140] Paris war die geistige, die literarische Hauptstadt Europas: »Jeder Mensch hat zwei Vaterländer, das seine und Frankreich«.[141]

Noch am Ende des ersten Viertels des 19. Jahrunderts mußten Titelblätter und Vorrede zum Boisseréeschen Prachtwerke über den Kölner Dom in Paris gedruckt werden. Auch fürchteten die französischen Verleger sich nicht vor großartigen literarischen Unternehmungen wie der Veröffentlichung vielbändiger teurer Werke mit kostbaren Illustrationen. Im Gegensatz zum verarmten, durch die napoleonischen Kriege ins Elend gedrückten Deutschland schätzte man hier die möglichst prachtvolle Ausstattung, namentlich von Reiseberichten. Was war demgegenüber Berlin?: »Der Übergang vom Leben zum Tod.« Und der König? Mußte Alexander ihn nicht sehen wie Varnhagen: »Alle Berichte und Erörterungen bestärken mich in der alten Überzeugung und Einsicht, daß niemand wegen der Unfälle jener Zeit zu beschuldigen ist als der König selbst; er hat den ganzen Verlauf des Unglücks bereitet und herbeigeführt. Ich muß aber noch weiter gehen und behaupte, die Herstellung im Jahre 1813 ist nur geschehen, weil der König nicht einwirkte, sondern überwunden und beseitigt war, überwunden durch die Franzosen, beseitigt durch Yorck, Hardenberg, Scharnhorst, Blücher; Preußen war damals ein Gemeinwesen ohne König, doch wurde der Name geehrt und benutzt«.[142]

Alexander kannte die Weisheit des Epicharmos, der den Hof des Tyrannen von Syrakus selten besucht hatte, »weil solche Fürstennähe auch den geistreichsten Männern von ihrem Geiste und ihrer Freiheit raubt«[143], und war später dennoch der Versuchung und Notwendigkeit des Hoflebens erlegen. In den Pariser Salons der ehrgeizigen, aufstrebenden Bourgeoisie, am Teetische der Marquise de Prie, der Herzogin Broglie, der Gräfin de Rumfort war das

Benehmen ungezwungen, der Ton frei. Die Großeltern der Mutter Alexanders waren noch reine Franzosen gewesen. Noch zum Datum seiner Geburt, 1769, waren von 100 Einwohnern Berlins acht in Frankreich geboren. Die Sprache des Hofes, bis hin zu Friedrich Wilhelm III., bis in den Beginn des 19. Jahrhunderts hinein, ist französisch. Die preußischen Thronfolger wurden bis zu Friedrich Wilhelm IV. durch hugenottische Prinzenerzieher beeinflußt; französische Kulturelemente überwogen. Denken wir an Friedrich den Großen und Jacques Duhan. Sein Vater, Friedrich Wilhelm I., war der unwillige Zögling von Madame de Montbail und Philippe Rebeure. Beguelen, Moulines und der mit Humboldt überkreuz liegende Ancillon - hochgebildet, ein glänzender Staatsrechtler, verehrt von Ranke - schließen die Reihe der französischen précepteurs am Berliner Hofe. Die Schlösser nennen sich Bellevue, Monbijou, Sanssouci. Der höchste preußische Orden hieß »pour le mérite«, die berühmte Berliner Krankenanstalt »Charité«, die Militärärzte wurden auf der »Pepinière« herangezogen. Lessing befindet abfällig in einem Brief an den Buchhändler Nicolai: »in Eurem französischen Berlin«. Man heiratet in Hugenottenfamilien ein: z. B. ist Chodowiecki verehelicht mit einer geborenen Jeanne Barez; die Großväter Theodor Fontanes, Pierre Barthélemy Fontane und der Seidenhändler Labry, sind vermählt mit märkischen Frauen. Die zunehmende Vermischung geht bis in die sonst wenig gerühmte Berliner Küche hinein: das Symbol der Berliner Speisekarte, die Bulette kommt von den boulettes; aus gribelettes werden »Jrieben«, berühmt ist »saure Jurken sind ooch Kompott«. 24000 französische Soldaten liegen im März 1813 in Berlin. Der Arbeiter und Handwerker stillt seinen abendlichen Durst in einer Stampe (estaminet), zieht daheim angekommen seine Botten (les bottes) aus, schimpft auf das Söhnlein, er möge in der Wohnküche nicht so rumkajolen (carriole), und warnt die heranwachsende, zum Ausgang angekleidete Tochter, mit der Besatzungsmacht keine Fisimatenten (visitez ma tente) zu machen. Dann erst trinkt er den Muckefuck (mocca faux) und ißt dazu sein Kommiß- (Commissionär)-Brot.

Alexander hat das Französisch gerne angenommen, auch war es die Weltsprache der Wissenschaft. Sein Selbstbewußtsein riß ihn bedenkenlos auf eine Bahn, die von Wilhelm, je länger er sie verfolgte, desto mehr als undeutsch empfunden wurde. Eine eigenartige Ambivalenz wird zwischen den Brüdern deutlich, sie entwikkeln sich voneinander fort: Das Anpassungsvermögen Alexanders, seine Fähigkeit, internationalen Habitus und Gebahren anzunehmen, seinem stets voranschreitenden Optimismus tritt Wilhelm eher unduldsam entgegen. Seine Urteile über den Bruder in dieser Zeit der preußischen Niederlage und Wiedererhebung werden schrill, das Verhältnis zwischen den Brüdern war »entschieden gespannt«: »Alexanders Ansichten ... können ... nie die unseren sein ... Ich lasse ihn immer sprechen und gewähren, was hilft alles Streiten ... es fehlt ihm nun einmal das stille Genügen an sich und den Gedanken ...«.[144]

Als sich die Russen, die Preußen und die Österreicher gegen Napoleon erheben, bleibt Alexander, allen Vorbehaltungen seines Bruders zum Trotze, in der Hauptstadt des Feindes, schützt vor, an seinem Reisewerk arbeiten zu müssen. Wilhelm wird deutlicher und schreibt an Caroline, seine Frau: »... Aber das Rechte besteht eben darin, daß man nicht in solchen Fällen den Nutzen abwägt ... Aeschylus würde es sehr sonderbar gefunden haben, wenn man ihn hätte hindern wollen, bei Marathon zu kämpfen, um einen Trimeter mehr zu machen.« Es war Wilhelm »bange und unheimlich« zu sehen, wie sein Bruder unbefangen mit den Antipoden einer bürgerlichen Verfassung und bedenklichen Freunden der Freiheit, mit Talleyrand und Coulaincourt, versöhnt ist, »weil sie einen Firniß von liberalen Ideen herausstecken«.[145]

Und weiter hören wir: »Du hast es vielleicht nie so klar wie bisher empfunden, welch' politisches Treiben Alexander immer hat, und wie sich eine ganz neue Seite in ihm entwickelt hat, nämlich die Geringschätzung der institutions libérales, der Krieg gegen den Despotismus und die Vervollkommnung der menschlichen Gesellschaft. Gott weiß es, daß alle diese Dinge sehr wichtig und lobenswert sind, und ich begreife recht gut, wie man auch neben ganz einsamen literarischen Beschäftigungen dafür Sinn und Interesse haben kann. Allein in Alexander kann ich das alles nur höchst flach und schal finden.«

Mit der siegreichen preußischen Armee in Paris eingerückt, erlebt Wilhelm seinen Bruder 1814 in den politischen und aristokratischen Salons als amüsanten Unterhalter, unvorsichtige Bemerkungen verstreuend. Sieht ihn als aufgeregt, gehetzt Umhereilenden ohne eigentlich fröhliche Grundstimmung; durch sein lebhaftes Temperament, sein gehobenes Selbstgefühl beherrschte er das Gespräch, betrachtete die Dinge empirisch, das Nächstliegende anpackend, materiell, ernüchternd in seiner Weltauffassung: »... mit welchen Worten er alles Gefühl wegspricht, davon hast Du keinen Begriff.«[146] Caroline dringt zum Kern der Dinge vor, wenn sie schreibt: »Alexander erlebt... durch sein Ergreifen des französischen Wesens als Deutscher eigentlich den Untergang einer ganzen Zeit.«

Noch war für das Volk politisch nichts gewonnen, noch saß der preußische Adel fest auf seinen Gütern, privilegiert, unbesteuert, der Kastengeist nur zurückgedrängt: »drohend - wird er - sich einst wieder zeigen, wenn ich nicht mehr sein werde«, ahnt Alexander. Aber der Geist der Epoche, aufgeregt durch die Französische Revolution förderte die Ablösung der Vorherrschaft von Dichtung und Philosophie, des Triviums der formalen Erziehung als den alleinigen Bildungselemten. Auf Taubenfüßen gingen vom Publikum freudig aufgenommen, Alexanders zarte, mit weichem Pinsel aquarellierte literarische Naturgemälde einher, machen das Kriegs- und Beutegeschrei der bedrängten Zeitläufte, machen die Herrscherallüren vergessen. Anmutig sprudelt und steigt das Verständnis für die Natur und die Naturforschung. Langsam hebt sich die Welle. Weiten Kreisen des Volkes, dem Bürger wird die Bedeutung naturwissenschaftlicher Forschungsergebnisse verständlicher: der Strom wird breiter, die empirischen Wissenschaften beginnen mit den humanistisch-philologischen Bildungsinhalten um ihre

Gleichberechtigung zu kämpfen. Die Bauern lösen sich vom Boden, auf dem sie Jahrhunderte festgebannt waren, strömen in die Städte, sobald sie nur können. Der Fortschritt der Menschheit trägt das gleiche Kleid wie die Natur- und Ingenieurswissenschaften, ein Kleid, das verzweifelt dem revolutionären Blau-Weiß-Rot ähnelt, das über Frankreich weht.

Wir verstehen, wenn der den tieferen Sinn und die Zusammenschau suchende Berliner Bruder solch eine helle, rational analytische Auffassung der Welt als entfremdet begreifen muß. Und Wilhelm: »Aber wahr bleibt dabei immer, daß es einem leid tut, wie er aufgehört hat, deutsch zu sein und bis in alle Kleinigkeiten pariserisch geworden ist.«[147] Sicher, auch in Paris war die Restauration nach Napoleons Sturz siegreich: Stets aber war ihr das vorwärtsstrebende Bürgertum fordernd auf den Fersen. In Berlin dagegen hatte die Reaktion das Bürgertum geduckt, der König sein Wort gebrochen; der Adel fand sich in seine alten Rechte eingesetzt; die Landeskirchen blieben bigott und königstreu.

Alexander nun war das Gegenteil eines Nationalisten. Immer empfand er sich als Gelehrter, zwischen den Völkern stehend, in wunderbarem Aufschwunge die Internationale der Naturwissenschaften vorwegnehmend. Wilhelm jedoch, der Patriot, wünschte Preußen gegen den »korsikanischen Wüterich« wiederhergestellt, das Elsaß als Pufferstaat gegen die französische Invasionen zurückgegeben.

Es ist ein Ruhmestitel Alexanders, den Jardin des Plantes vor den Stiefeln der Paris besetzenden Truppen gerettet, das Museum vor dem Schicksal bewahrt zu haben, Quartier der siegreich in Paris einrückenden verbündeten Armee zu werden. Während die Marschschritte seiner pommerschen und mecklenburgischen Landsleute über die Champs Elysées poltern, die Poeten vor den Standbildern des »Hundsvott Bonapart« schäumen: »Blutsauger, Völkergeißel, Weltzertreter, Pest, Räuberhauptmann, Henker und Bandit...« schreibt er an den Franzosen Cuvier: »Ich umarme Sie, teurer Freund«[148], sorgt sich um bessere Wohnung für Chateaubriand. Ist es die universale Wissenschaft der Realien, die ihn so weit wegführte von nationaler Gesinnung? Die sie ihm gleichgültig machte, wenn nur der Kern seiner Grundstimmung nicht berührt wurde? Wir erkennen seine zukunftsfreudige Lebensauffassung, von der die Gegenspieler behaupten, sie sei seicht, weil Alexander dazu neigte, dort etwas zu tun, wo die soziale Lage tragisch erschien, und Entschlußkraft dort bewies, wo er seinen Mitmenschen helfen konnte. Es ist die von naivem Selbstgefühl getragene Hilfsbereitschaft Alexanders, die aus dieser Haltung spricht. Wie mancher nachdenkliche Mensch, neigte er dabei zu einer eher melancholischen, zumindest skeptischen Betrachtung der Dinge dieser Welt. Von der Hinfälligkeit alles Irdischen war er zutiefst überzeugt. Bei aller Betriebsamkeit, dem Feuerwerk des Witzes und belebender Heiterkeit wirkt er fröhlich, ohne daß ihm wohl dabei wäre: Sein Fluchtweg geht nach vorn; jedes Ausruhen beschwört zurückgehaltene Gespenster.

Keinen Augenblick glaubt er daran, daß die soziale Lage der gesamten Menschheit unverrückbar tragisch sein müsse. Dieser Fortschrittsglaube, dieses Nachklingen von égalité und fraternité, erhabene Rückerinnerung entflammter Jugend, dieser riesige Ausbruch französischen Geistes hat ihn auch später in der finstersten Zeit Berlinischer Depressionen nie verlassen.

Besaß er Humor, dieses Abzeichen eines wahrhaft großen Mannes? Man ist darüber nicht ganz beruhigt. Zwar glaubte er nicht an absolute Werte und liebte es - ein Berliner - einen Witz zu machen. Aber war er nicht auch von eisberghafter Selbstgefälligkeit, undurchsichtig, schillernd, und letztlich - kalt? Ein autoritativer Charakter, der sein Machtbedürfnis durch philantropisch sich gebende Protektion bedürftiger Menschen zu sublimieren verstand? Wir wissen, daß nicht die Eitelkeit, die Absicht, um jeden Preis mit den bedeutenden Männern seiner Epoche in ein Verhältnis zu treten, ihn nach Frankreich getrieben hat. Es war darin eingebunden der notwendige Egoismus des Wissenschaftlers, des Künstlers in ihm, der sein Werk vollenden wollte, und das abschreckende, ihn erstickende Mittelmaß der preußischen Hauptstadt.

Gesandter in Paris mochte er nicht sein, - dieses Ansinnen schlug er seinem König ab. Aber er schrieb Situationsbeurteilungen für die preußische Regierung: »Gar nicht, wie von Alexander Humboldt! Jeder andere hätte die auch schreiben können«[149], urteilte Varnhagen darüber. Im Untergrunde, in der Geheimdiplomatie, war er bemüht für sein Land Sympathie zu erwecken. Mit dem Hofe der Orléans wurde er eng vertraut, man überschüttete ihn mit Einladungen: Graf Gérard, der Kriegsminister wünschte ihn am Abend bei sich zu sehen. Am Tage darauf wurde er zum Diner beim Innenminister, Grafen Montalivet eingeladen, mußte jedoch absagen, da er dem Grafen Sebastiani, dem Marineminister, bereits versprochen war. Die Verabredung mit Odilon-Barrot, dem Führer der bourbonischen Opposition, für das Souper am gleichen Tage ist schon getroffen: Sein politischer Einfluß, wenn schon überschätzt, war der französischen Regierung natürlich bekannt. Vor der Erhebung Preußens galt er in der Seine-Metropole als Persona non grata. Was Napoleon nicht davon abhielt, am Vorabend der Schlacht von Waterloo in seinem südamerikanischen Reisewerk zu lesen.

Sein Charisma war beträchtlich, sein schmiegsames Verhandlungsgeschick wurde gerühmt. So wundert es uns nicht, daß es ihm in aussichtsloser Lage gelang, die von Napoleon sequestrierten Kapitalien der Humboldtschen Familie im Herzogtum Warschau durch ein Sonderdekret verfügbar zu machen, so daß Wilhelm, der in Gelddingen stets aufmerksamere Bruder, an Caroline schreiben konnte: »Mit dem Vermögen stehen wir also jetzt nicht schlecht; und Du wirst gestehen, liebe Seele, daß Alexander und ich auch die irdischen Dinge wohl zu drehen wissen. Verlaß Dich nur auch ferner auf uns!«[150] Mußten solche Vergünstigungen, wo ringsum alles gedrückt wurde, nicht »viel Neid machen«? Wie sollten Patrioten Alexanders erfolgreiche Bemühungen verstehen, daß die vom »Korsikanischen Lindwurm« aus dem Aachener Dom herausgerissenen und in Zwischenwänden des Louvre eingebauten ehrwürdigen Säulen nach der Eroberung von Paris nicht wieder zurückgegeben wurden? Schien der »Rheinischer Merkur«, den Joseph Görres, der katholische Vorkämpfer einer deutschen Bewegung, herausgab, nicht im Recht, wenn er schrieb, Humboldt habe die »Freundschaft der Franzosen mehr gegolten als die Ehre seines Volkes«?

In diesen 23 Jahren aber zwischen seiner Ankunft aus Südamerika und der Heimkehr nach Berlin ging in Frankreich eine Ahnung über das bisher unbekannte Deutschland auf. Madame de Staël, beraten durch ihren Hausgenossen August Wilhelm Schlegel, schrieb das Entdeckungsbuch: »De l'Allemagne«. Man begriff Deutschland als Kulturnation. Hier nun setzt die Wirkung Alexanders auf das Bild der Franzosen über Deutschland ein. Gewiß, Napoleon führte »Werthers Leiden« in seiner Reisebibliothek mit sich. Ausgezeichnete, den Ideen der französischen Revolution begeistert zustimmende Deutsche wie Georg Forster, auch den wohlhabenden, schon vor der Revolution an der Seine lebenden Grafen Schlabrendorff, stud. jur. aus Frankfurt an der Oder, hatten die Pariser kennengelernt. Dennoch blieb ihnen der Begriff Deutschland politisch leer, undeutlich. Vorstellungen rüpelhaften Bauernwesens, kotiger Straßen, derber lutherischer Rede, die einem mit dem Hintern ins gepuderte Gesicht sprang, provinzieller Enge und stiefelstampfenden ungehobelten Benehmens waren in der allgemeinen französischen Ansicht vorherrschend. Und nun Alexander, von jener Urbanität, die man beim Deutschen nicht erwartete, als Hofmann, Gesellschafter, ja Tänzer brillierend, seinen Ruhm im Weltmittelpunkt Paris auf die angenehmste Weise verzehrend. Ein rationaler, geschliffener Kopf, der geistvollen Rede im höchsten Grade fähig, ein glänzender französischer Stilist, atmete frei nur in der »allseitig erregten Atmosphäre bedeutender Talente«; die Medisance genießend, »begierig und fähig, unendliche Mitteilung zu spenden und zu empfangen«:[151] Wurde er nicht von den Parisern stolz unter die klassischen französischen Schriftsteller gezählt? Sehen wir seine literarischen Werke, mit dem unablässigen Schleifen und Glätten des Textes, wodurch die vollkommene Arbeit entstehen soll! Denn Alexander wünschte zu gefallen, wollte den Geschmack der Kenner befriedigen: ein eminent romanischer, französischer Zug, welcher der Fähigkeit, feinste Nuancen abgestuft auszudrücken mehr vertraut als der ersten Gewalt des frischen Eindrucks. Auch das also - so sah es Frankreich - kann Deutschland sein.

Während sich solche Bilder ungewohnten Deutschtums in den Köpfen der Pariser spiegelten, kroch unaufhaltsam der groß und größer werdende Anspruch des preußischen Königs grau wie das Elend auf Alexander zu: Dringlicher wurden die Ermahnungen des in Tegel lebenden Bruders, in die Heimat zurückzukommen, selbstbewußter begann Berlin im geistigen Leben eine Rolle zu spielen: Mochte ihm bei der Rückkehr unter den »blechernen, grauen Himmel« Brandenburgs die Möglichkeit eines Potsdamer Musenhofes vorgeschwebt haben? Sah er sich als kulturellen Berater, an Schriftsätzen des Königs feilend - ein witziger Plauderer, als lexikalisches Auskunftsbüro unendliche Fragen beantwortend, ein anderer Voltaire, in abendlichen Gesprächen dem König an der Tafel gegenübersitzend?

Was ließ er hinter sich, welche Zukunft erwartete ihn? Eckermann trug unter dem 3. Mai 1827 in sein Gesprächsbuch ein: »... Nun aber denken sie sich eine Stadt wie Paris, wo die vorzüglichsten Köpfe eines großen Reichs auf einem einzigen Flecke beisammen sind und in täglichem Verkehr, Kampf und Wetteifer sich gegenseitig belehren und steigern; wo das Beste aus allen Reichen der Natur und Kunst des ganzen Erdbodens der täglichen Anschauung offensteht; diese Weltstadt denken Sie sich, wo jeder Gang über eine Brücke oder über einen Platz an eine große Vergangenheit erinnert und wo an jeder Straßenecke ein Stück Geschichte sich entwickelt hat... denken Sie sich... das Paris des 19. Jahrhunderts, in welchem seit drei Menschenaltern durch Männer wie Molière, Voltaire, Diderot und ihresgleichen eine solche Fülle an Geist in Kurs gesetzt ist, wie sie sich auf der ganzen Erde auf einem einzigen Fleck nicht zum zweiten Male findet...«.[152]

Und Berlin? Die von Leibniz gegründete Berliner Akademie, deren Mitglied er war, galt Alexander wenig. Die Universität war jung, doch nicht ohne Glanz, 18 Jahre zuvor gegründet. Friedrich Willhelm III., ein zaudernder Pedant, der dem Vortrag seiner Minister nur widerstrebend zuhörte, politische Entscheidungen vor sich herschob, wünschte Humboldt sicher nicht als Berater in Staatsgeschäften, mehr wohl als wissenschaftliches Prunkstück, ausländischen Potentaten und den fürstlichen Vettern vorzuzeigen. Wie sollte Humboldt Behaglichkeit empfinden am Hofe eines philiströsen Königs, der mißtrauisch und rückständig, völlig von den Ratschlägen seiner Umgebung abhängig war, das unselbständigste Glied der Heiligen Allianz? Das Wort des russischen Zaren galt in Preußen mehr als der Wille des Königs, und Metternich bestimmte die Richtlinien der Innenpolitik. Wie mochte sich Alexander, im Kreise eines solchen »Aufgusses von Fürsten« fühlen, von »Weltelefanten, die ihre Rüssel zusammensteckten«[153], wie er bitter bemerkte. Schmeichelte ihn die Aussicht auf die ständige Nähe »seines königlichen Beschützers und Freundes«, der ihn - die Nachwelt muß es anerkennen -, gemessen an den Möglichkeiten seiner Eigenart, freilich stets mit dem größten Zartgefühl behandelte?

Es war die nackte materielle Not, die ihn zwang, die Unabhängigkeit, seine wohlproportionierte Muße, den Genuß der großen Welt, den Umgang mit den besten Köpfen der Zeit in Paris einzutauschen gegen eine Pfründe, zeitraubend, unproduktiv. Daß er zu Amtsgeschäften nicht herangezogen wurde und ein Drittel des Jahres in Paris verbringen durfte, war das Äußerste, was er dem König abhandeln konnte; das war, offen gesagt, in seiner Lage nicht wenig. Ein Beispiel mehr für Humboldts Fähigkeit, im persönlichen Umgang dem Partner Unglaubliches abgewinnen zu können. Sah er nicht in Berlin eine isolierte, armselige Existenz vor sich: Die allgemeine Kultur des Volkes wenig entwickelt, die besten Talente nicht wie in Paris auf einem Punkte, sondern über ganz Deutschland verstreut? Und der alteingesessene preußische Adel? Gräfin

Goltz, so berichtet Varnhagen, der unermüdliche Chronist, gefiel sich »in Schimpfreden gegen die Humboldtsche Familie, dieses hergelaufene Volk, das Vornehmen den Platz nähme, diese bürgerlichen Bastarde«.[154] Freundschaft war von dieser Seite nicht zu erhoffen: Neidisch sah man auf Wilhelms Schwiegersohn Heinrich von Bülow, der als Gesandter nach London gehen sollte; würde Alexander gar ein neuer Unterrichtsminister sein?

Diese Gedanken mochten ihn bewegen, als er die Kutsche bestieg, um endgültig nach Berlin - insgesamt 28 Jahre nach seiner Abreise - zurückzukommen. Es war dies nicht die Heimkehr eines distinguierten Aristokraten. Ein arbeitsamer Kenner der Realien, 57jährig, ein Mann der angewandten Wissenschaften, mittellos, unbehaust, fortschrittsgläubig, dem rationalen Geiste und den unbegrenzten Möglichkeiten praktischer Wissenschaft vertrauend, ein Bürger mit bedenklichen Linkstendenzen, polyglott, nationale Engstirnigkeiten ohnehin verachtend, nimmt er Wohnung beim Hofzimmermeister Glatz, eine Treppe hoch, »Hinter dem Neuen Packhof 4«, keine feine Wohngegend. Gab nicht seine gedrückte Stimmung - wie oft bei Menschen seiner Seelenhaltung - Anlaß zur Hoffnung auf einen Aufschwung, auf eine Erhöhung des Selbstverständnisses in irgendeine Wertrichtung - bei Alexanders Temperament auf Geltung, Ehre, Einfluß und Ruhm hin? Schimmerte nicht auch über der Kargheit Brandenburgs und seinen dürftigen Kiefern die Morgenröte schönerer Ausbildung geistigen Lebens? Glänzte nicht im Schloßpark Tegel, von Schinkel für seinen Bruder erbaut

> »... ein stilles weißes Haus
> Aus stillen grünen Kronen«?

Sind nicht

> »Im Haus ... Gemach und Saal
> Gefüllt mit Glanzgestalten«?[155]

War Berlin, die Hauptstadt Preußens, nicht mit der Neuen Wache, dem Schauspielhaus, der Singakademie geschmückt? Schadow war Direktor der Berliner Akademie der Künste; sein Schüler Rauch, sollte er nicht bald innigster Freund Alexanders werden? Die Singakademie leitete Karl Friedrich Zelter, der Maurermeister, Alters- und Duzfreund Goethes. Chamisso war Vorsteher der königlichen Herbarien, nachdem er auf dem russischen - von Kotzebues Sohn Otto Astawitsch geführten - Forschungsschiff »Rurik« drei Jahre lang auf den Spuren Georg Forsters die Flora des otaheitischen Inselparadieses, insbesondere aber diejenige Alaskas und der Behringstraße studiert hatte. Noch lebte Achim v. Arnim in Berlin. Und die Universität, von seinem Bruder Wilhelm begründet, begann nicht ihr junger Ruhm über Preußens Grenzen hinauszustrahlen? Humboldt mochte die Chance sehen, in dem von Theologen, Philosophen und Philologen beherrschten Feld den Naturwissenschaften Bahn zu schaffen. Lebte neben Hegel, Schleiermacher und Savigny nicht auch der berühmte Arzt Hufeland in der aufstrebenden Hauptstadt? Die Chemie war durch Mitscherlich, Begründer der theoretischen Chemie, Entdecker der Kristallisomorphie, vertreten. Leopold v. Buch verhalf im Vulkanismusstreit der neuen Weltschöpfung gegen die Theorie des Neptunismus, des Entstehens alles Physischen aus dem Feuchten, zum Siege. Schinkels Plan zum Bau einer Sternwarte für den Astronomen Johann Franz Encke lag dem König zur Genehmigung vor. Die Chirurgie sollte durch die augenärztliche Operationskunst Karl Ferdinand von Graefes über Deutschlands Grenzen hinaus bekannt werden. Noch lag Dämmerung über den unendlichen Ebenen der Experimental- und Erfahrungswissenschaften, ein silberner Glanz jedoch mochte dem Ahnenden die aufsteigende Zukunft ausmalen: Das Säugetierei war entdeckt; aus anorganischen Stoffen der Harnstoff in Göttingen von Wöhler synthetisiert; die Triadenlehre, die Kenntnis der Ähnlichkeit chemischer Elemente, als Vorläufer des Mendelejew'schen periodischen Systems erarbeitet; Borsigs Lokomotive wird ihre Preisfahrt im Wettbewerb gegen das englische Modell gewinnen. Die Berliner sehen die ersten Pferdeomnibusse vom Gaslicht beleuchtet »Unter den Linden« entlangfahren. Sanitäre, hygienische Vorstellungen beginnen Wirklichkeit zu werden:

man wünscht mehr als nur eine einzige Bedürfnisanstalt in ganz Berlin.

Gauß telegraphierte in Göttingen nicht nur elektromagnetisch mit Weber auf einer in Deutschland erstmalig gebauten Drahtleitung, sondern entwarf die Ausgleichsrechnung und entwickelte die nichteuklidische Geometrie. Die industriell hergestellte Stearinkerze löste die luxuriöse Wachskerze ab, erhellte besser und billiger die Studierstube der Gelehrten und Wissenschaftler als das blakende Unschlitt- und Talglicht. Bald wird sie durch die Petroleumlampe ersetzt werden. Zucker, aus Westindien importiert, bisher in verschließbaren silbernen Dosen vor dem Zugriff des Dienstpersonals und der Kinder verwahrt, wird als Genuß- und Nahrungsmittel allgemein zugänglich: Weite Felder Mitteleuropas sind mit Zuckerrüben bebaut. Preußen gab die Gewerbe frei, nicht ohne sie zugleich mit einer Steuer zu belegen. Krupp goß in Essen den ersten Stahl; die Arbeiter beginnen sich in Gewerkschaften zusammenzuschließen: Gegen den Anspruch der Bürger, des Volkes konnte sich eine Gesinnung: »Der Mensch lebt nicht vom Brot allein« nicht mehr durchsetzen. Man wünschte, die elementaren Bedürfnisse des materiellen Lebens nicht mehr von denen verachtet zu sehen, die sie für sich selbst leicht befriedigen konnten. Die angewandten Wissenschaften und ihre technischen Nutzanweisungen lagen in der Wiege, winzig, kaum daß Alexander v. Humboldt sie sehen konnte; die Verbreitung der naturwissenschaftlichen Revolution über die ganze Erde aber war das vorzubereitende unaufhaltsame Ziel. Humboldt gedachte in Berlin »ein schlechtes Glück zu erleben«; die Verhältnisse waren ärmlich, die geringen Mittel mußten praktischen Bedürfnissen zugewendet werden. Ahnte Alexander, daß seine Nation zukünftig eine Periode wissenschaftlichen Glanzes erleben sollte, während Schatten sich auf den Forschungsgeist Frankreichs senken würden? War nicht eine Frucht von Humboldts Aufenthalt in Paris das Hineinnehmen der wissenschaftlichen Traditionen und Erkenntnisse Frankreichs nach Deutschland?

In Paris hatten die Droschkenkutscher salutierend an den Schirm der Mütze gefaßt: »Ah, chez Monsieur de Humboldt«, wenn ein Besucher die Adresse Alexanders nannte. Die Berliner zogen »mit Tigerkrallen und Berliner Gassenkoth auf jeden los, der sich erfrecht... ein Individuum... öffentlich... zu rühmen«.[156] Trotz aller heimatlichen Ehrungen hat Humboldt, verwöhnt durch das romanische Pathos französischer Bewunderung, nicht nur vor wissenschaftlicher, sondern auch literarischer Leistung, die Lust des Berlinischen »verwegenen Menschenschlages«, den Hervorragenden herunterzureißen und nicht anzuerkennen, nie ganz verwunden: »Schäm Dy, Berlin, Dy hebb' ick dick und satt, Du bist un blyfst 'n Barenstadt« schrieb er auf eine Mappe botanischer Kollektaneen für den KOSMOS. Frankreich aber hätte sich vor einem Mann wie Alexander von Humboldt tief verneigt.

Als er 1827 aus Frankreich zurückkehrte, waren die Berliner Salons zu nebulösen Reservaten eines imaginären Kultes des Mittelalters geworden. Rahel - Varnhagens Frau - war eine der wenigen Inseln des Freisinns im Meere der Reaktion und Demagogenverfolgung. Hier nun, in dieser Umwelt, finden wir Humboldt, seine Sammlungen, Notizen, Apparate ordnend; bald empfand er sich selbst als »antediluvianisch«. Seine Kammerherrenuniform nennt er »eine lächerliche Kleidung«. Mit Ancillon, dem Erzieher, der ihn als »enzyklopädische Katze« [157] aburteilt, ihn aus der Gunst des ihm anvertrauten jungen Kronprinzen verdrängen wollte, wußte er gesellschaftlich »auf dem Fuße feinsten... schonungsvollen Benehmens« zu stehen - was seinem geschmeidigen Charakter ein Leichtes war. Denn niemandes Gunst war ihm je ganz gleichgültig. Wie sollten ihm die Auszeichnungen Friedrich Wilhelms III. nicht behagen, die für seine Rückkehr in Aussicht gestellten Beziehungen zu den höchsten Kreisen der Gesellschaft seine Eitelkeit nicht befriedigen? Einen »Schalksnarren von Kammerherr«, einen Fürstendiener nennt ihn die fortschrittliche bürgerliche Opposition, und verurteilt die Höflingsdienste ihres uneingestandenen Protagonisten mit mokanten Bemerkungen.

Noch während der Russischen Reise - 1829 - schreibt er, die

flachen Einöden von der Kurischen Nehrung bis Petersburg charakterisierend: »Wenn Schinkel dort einige Backsteine zusammenkleben ließe, wenn ein Montagsclub, ein Cirkel von kunstliebenden Judendemoiselles und eine Akademie auf jenen mit Gestrüpp bewachsenen Sandsteppen eingerichtet würde, so fehlte nichts, um ein neues Berlin zu bilden, ja, ich würde die neue Schöpfung vorziehen, denn die Sonne habe ich herrlich auf der Nehrung sich in das Meer tauchen sehen.«

Seine Spottlust über die Unwürdigkeit und Unfruchtbarkeit seines höfischen Umganges ist ungebrochen. Seine Satiren auf die Behörden: »Entschlußunfähigkeit charakterisiert deutsche Ministerien«,[158] seine bissigen Ausfälle gegen die Gesellschaft kennen wir durch Varnhagen; er hat das Unwürdige seiner Stellung oft beklagt. Entschuldigte etwa sein Ausharren am Hofe die zu Vertrauten geäußerte Wahrheit »in ganz Europa gäbe es keinen Ort mehr, wo Hof und Adel so völlig geistlos, roh und unwissend seien und es sein wollten, wie in Berlin«[159]? Klagte man zu Recht, daß Alexander durch untertäniges Pflichtbewußtsein an die Person eines unbedeutenden, befangenen Königs gefesselt, stets weich, diplomatisch, Unebenheiten ausweichend, den Fortschritt, die geistige und wissenschaftliche Freiheit, die Ziele seiner Jugend eher gehemmt, wenn nicht verraten habe? Jetzt, es war Herbst 1827, treffen wir ihn in einer Periode tiefen Zweifels. Wie könnte ihm die Gespaltenheit seiner Zeit, einer »bejammernswürdigen Epoche«, schwankend zwischen einer spekulativen Philosophie, industrieller Fortentwicklung und den Erkenntnissen moderner Naturforschung verborgen geblieben sein? Wie sollte ihn nicht Mutlosigkeit befallen im Anblick seiner materiellen Abhängigkeit von einem linkischen, an der »Grazie der Verlegenheit« leidenden Brotgeber, nicht Müdigkeit angesichts seiner Erniedrigungen durch die Hofschranzen? Wir sollten erwarten, daß an der Schwelle des 60igsten Lebensjahres die Zeichen der nachlassenden Vitalität, die dahinschwindenden Lebensfreuden im langweiligen und drückenden Berlin, die Sehnsucht nach Paris sein Selbstvertrauen empfindlich einschränken würden.

Es wird ewig unverständlich bleiben, aus welchen Traumbildern und Dämonen, aus welchem Material das Wesen Humboldts zusammengegossen sein mußte, um diesen Tiefstand seiner Existenz zum Vorabend seiner vornehmsten Leistung zu erhöhen: Sympatisch-schüchtern steht er vor einer Wandtafel neben zwei Planigloben am Vortragspulte; durch seine lange Abwesenheit vom Vaterland im Gebrauch der deutschen Sprache ungeübt, beginnt er vor »Kappen und Mützen«, vor Professoren und den Prinzessinen, vor Gneisenau, Schinkel, Rauch, vor Fürsten und Handwerkern, Männern und Frauen, vor dem König und dem Maurermeister, beginnt er vor aller Welt - unentgeltlich - gegen die herrschende Naturphilosophie offen anredend, den Umschwung der Zeiten zu verkünden: Dies ist nicht mehr ein schamhaftes Andeuten der beginnenden Mündigkeit der Menschen durch empirische Erkenntnis. Hier wird entschieden der Schritt von den vorherrschenden geisteswissenschaftlichen, poetischen und künstlerischen Interessen zu jener quantitativen Betrachtung der Dinge getan, die den materiellen Fortschritt der Menschheit fest ins Auge faßt und die Naturforschung zum Wegbereiter neuer politischer Entwicklungen machen wird. »Nie« - so schreibt Bunsen - »habe ich einen Menschen in anderthalb Stunden so viele interessante und neue Ansichten mit Tatsachen vortragen gehört«.[160]

Warum war die Wirkung der Humboldtschen »Kosmosvorlesungen« so unbeschreiblich? Kunst und Literatur, auch die Musik beherrschten in den zwanziger Jahren des vorigen Jahrhunderts das öffentliche Kulturleben. Nicht nur die Damen fanden sich in musisch dilettierenden Zirkeln zusammen. Vorbei waren die Zeiten, in denen ein Prinzenerzieher mit seinem Zögling zu Markus Herz' physikalischen Vorlesungen die Treppen hinaufstieg. Die geistvollen Jüdinnen, die in ihren Salons Berlin revolutioniert hatten, waren alt geworden. Jetzt trafen sich dichtende Staatsbeamte im »Tunnel über der Spree«. Staegemann, Hitzig und Holtei haben die Literatur, Schelling und Wolf die spekulative Naturphilosophie weiter getrieben. Ein allgemeiner Unmut an derartigem verworrenen Tiefsinn, kulinarischer Spekulation und publizistischem Selbstgenuß begann sich breit zu machen. Die stickige politische Atmosphäre des späten Biedermeier bedrückte die aufgeweckteren Köpfe des Bürgertums, die Bevölkerung Berlins begann unruhig zu werden, es wurde gefährlich, abends allein auf die Straße zu gehen.

Folgen wir dem Berliner Chronisten[161]: »10000 prostituierte Frauenzimmer, 12000 Verbrecher, 12000 laitierende Personen, 18000 Dienstmädchen, 20000 Weber (die bei ihrer Arbeit sämtlich ihr Auskommen nicht finden), 6000 Almosenempfänger, 6000 arme Kranke, 3-4000 Bettler, 2000 Bewohner der Arbeitshäuser, 700 Bewohner der Stadtvogtei, 2000 uneheliche Kinder, 2000 Pflegekinder, 1500 Waisenkinder, das ist fast der vierte Teil der Einwohner der ganzen Hauptstadt.« Und da hinein das Licht der Naturwissenschaft, ihr Optimismus, ihre Erkenntnis, daß die hoffnungslose Lage dieser Menschen nicht schicksalhaft ist; eine brennende Lunte nähert sich dem Pulverhaus, noch ohne das Poltern von 1830: der Vormärz beginnt sich vorzubereiten. Bettina von Arnim fertigte Caroline Bardua, die feinfühlige Malerin des Biedermeier, auf deren Angstruf: »... Wenn wir keine feste Religion mehr haben, ist doch unser ganzes Leben nichts« mit einem Achselzucken ab: »Ich weiß nicht, was Sie noch wolle. Sie habbe Ihr Minche, und's Minche hat Ihr Carlinche - ich weiß nicht, was Ihr noch extra geschmorte Äpfel wollt!« Das Unbehagen an einer Kultur des gepflegten Innenlebens, der empfindsamen Hochentwicklung der eigenen Individualität, eine Bedenklichkeit gegen die Idylle kommt auf:

»Kleines Haus, in deinen engen Räumen,
Find ich immer neue Seligkeit,
...
Ist's auch eine steile schmale Treppe,
Doch das Hündchen gar so freundlich bellt!
'S öffnet sich das Pförtchen und ich trete
In die liebe kleine Zauberwelt!«[162]

Die Fürsten hatten sich korrumpiert, den begeisterten Opfern des Volkes waren unglaubwürdige Worte, niederdrückende Taten gefolgt. Am Gendarmenmarkt, bei Stehely, summt die Kaffeemaschine. Journalisten, Künstler, Literaten lesen die für sie nicht zensierten ausländischen Zeitungen, es gärt in Deutschland, Mißernten steigern die Not.

Noch hatte der Laienverstand keinen Anteil an den Ergebnissen der angewandten Naturforschung, die Kluft zwischen strenger Wissenschaft und Volksbildung schien unüberbrückbar. Und nun Humboldts »prächtig reiches Naturwundercollegium«[163] in der Singakademie. Ein realistischer Wundermann stößt die literarische Bildung, das Selbstgenügen am Wort vom geistigen Thron der Gegenwart. Das naturwissenschaftliche Interesse, die Vorstellung, Natur zu verstehen, um sie zu beherrschen, kommt in die tieferen Schichten des Volkes bis zu den Handwerkern, den Arbeitern hinab. Frauen nehmen erstmals öffentlich an Vorlesungen über Realwissenschaften teil, hören Angaben über »Gestalt, Dichte, innere Wärme, Magnetismus der Erde und Polarschicht«, über die »Natur der starren Erdrinde«. Es mag sein: nicht alle nahmen aus dem Füllhorn des Angebotenen, der »Geographie der Pflanzen«, »Atmosphäre«, »Wärmeverteilung der elastisch flüssigen Umhüllung der Erde« fortwirkende Einsichten mit nach Hause; aber Humboldt tröstete sich: »... wenn sie nur kommen, damit tun sie ja schon alles Mögliche.«[164] Von diesen Vorträgen, die ein Aufsehen bis nach Ostpreußen hin erregten - das Poem eines Königsberger Offiziers auf die Geburt eines Prinzen »in einer Humboldtschen Vorlesung gedichtet« bezeugt es - geht ein gerader Weg durch das Herz des Volkes, der Bürgerschichten, geht zu den aus der Hefe der Nation abstammenden zukünftigen Naturwissenschaftlern, zur angewandten Forschung, zur technischen Kultur, zur Industrialisierung, der »einzigen Hoffnung der armen Leute«[165], zu den Arbeiterbildungsvereinen und deren Wahlspruch »Wissen ist Macht«. Sagte Humboldt nicht: »Mit dem Wissen kommt das Denken, und mit dem Denken der Ernst und die Kraft in die Menge«?[166]

In der Dämmerung jener Wintertage eilte er zum Katheder des öffentlichen Saales, in der Diktion ständig sicherer, zwei bis drei kleine Zettelchen vor sich ausgebreitet, trug er »mit Anmut und

Würde« frei über »physische Weltbeschreibung« vor, die Gesamtschau des Lebens und die Einheit der Natur umfassend, doch durch Maß und Zahl, durch »numerische Ergebnisse« gesichert, ein neuer Praeceptor Germaniae. Wie antwortet ihm der Königsberger Astronom Bessel auf seine Ideen über eine zweckmäßige Bildung der Jugend, über die Errichtung eines chemisch-mathematischen Seminars in Berlin, eine »école polytechnique«?: »Wenn Sie dahin gelangen, das mathematische Wissen bei uns zu verbreiten, so leisten Sie etwas sehr Großes«. Und Bessel fährt fort: »Allein das Vorherrschen der (alten) Sprachen muß aufhören, wenn die beste Richtung des Geistes nicht unbenutzt bleiben soll.«[167] Wir hören das Grollen gegen das jahrtausendealte pädagogische Prinzip der Prägung des Geistes durch die alleinige Kenntnis der »Form der Sprache, der Rede und des Denkens«.

Sonntags aber sitzt Alexander im Sofa seiner kränkelnden Schwägerin Caroline im Schloß Tegel, steht vor den kalkweißen, gipsernen Antiken, spricht in der Arbeitsstube seines Bruders; sein Blick streift die Bücherwand voller Grammatiken, Lexika. Wie heißt es in der stetig zunehmenden Reihe der Titel: »Über das vergleichende Sprachstudium in Beziehung auf die verschiedenen Epochen der Sprachentwicklung« und »Über den Nationalcharakter der Sprache«. Auf dem Schreibtisch des nach Carolinens Tod immer eingezogener lebenden Bruders Wilhelm liegt das in einsamen Studien mehr und mehr anschwellende Manuskript »Über die Verschiedenheit des menschlichen Sprachbaues und ihren Einfluß auf die geistige Entwickelung des Menschengeschlechtes«. In unerbittlicher Selbstdisziplin arbeitete Wilhelm, die Druckbuchstaben an die Linien des Schreibpapiers anhängend, um das Zittern der Hand zu überwinden, unseliger Anteil der Parkinson'schen Krankheit, am Obertitel des 400 Seiten starken Konvolutes »Über die Kawisprache«.

Nach Wilhelms Tod - 1835 - wurde es gedruckt, Alexander, nunmehr unwilliger Berliner, schrieb das Vorwort dazu.

»... Im Grunde muß jede Hauptmaterie für
einen Autor nur das Vehikel und das Pillen-
silber und der Katheter sein, um darin über
alles andere zu reden.«

Jean Paul

Achtes Kapitel

Oranienburger Straße 67 und Schloß Tegel

Unauslöschlich hat sich dem Autor - als Knaben - die goldgestickte Sentenz auf dem blauen, aus Seide gefertigten Banner eingeprägt, das vom Lehrerkollegium und den Schülern des Humboldt-Gymnasiums zur Feier des Saekulums nach dem Abscheiden Wilhelms, vier Jahre vor Beginn des zweiten Weltkrieges, am Tegeler Grab entrollt wurde:

»Bilde Dich selbst und dann wirke auf andere
durch das, was du bist.«[168]

Erhoben durch das gemeinsame Singen der schönen Ode des Horaz »Integer vitae scelerisque purus...« fühlte sich die unbefangene Jugend mit diesem Kernspruch Wilhelm von Humboldts auf dem rechten Wege und wohlberaten, wenn sie, eigenen Neigungen nachgebend, die in grüne Pappdeckel gebundenen Heftchen jener verdienstvollen, im Ullstein-Verlag für 3 Groschen herausgegebenen naturkundlichen Reihe über alle Gegenstände der empirischen Wissenschaften - »Wege zum Wissen« - voller pubertärer Zukunftsvisionen durchlief. Die jedem Bändchen aufgedruckte Erinnerung Bacons »Wissen ist Macht« wollte Tieferdenkenden, in Ansicht des glänzenden Bannerspruches, jedoch eigentümlich und widersprüchlich erscheinen: in der eigenen Brust aber begann das strahlende Wort Fortschritt heller zu leuchten.

Gewiß, der Mythos ließ Hephaistos, den um Liebe betrogenen, rußigen Diener der vielvermögenden Industria hinken; ließ Prometheus durch List das im Rindermagen verborgene mekonische Opferfleisch dem Menschen zubringen, Zeus und den Göttern damit zukünftiglich nur die Knochen belassend: Wer wußte, daß sich hinter der Reinheit prometheischer Absicht Luzifer verbarg, der Bringer des Lichtes? Die Welt schien sich den begeistert Voranstrebenden durch Addition zu erschließen, nicht durch Gleichnisse. Das auf aller Technik lastende Gesetz, zum verzehrenden Brand zu werden, sollte es auch für das wärmende Feuer gelten? Prometheus enthüllte uns die Gründe für das Sein; verloren jedoch die Fähigkeit, Zukünftiges zu sehen! Seine folgenreiche philanthropische Tat wurde zur Wurzel all unserer Verwicklungen. Wir vernehmen den Nachklang seiner vollmundigen Rodomontaden in den pelagianischen Doktrinen des verflossenen Jahrhunderts: Ein ungebändigter Optimismus, Bruder des Fortschritts, sah die Menschheit zum Guten bestimmt und fähig jeder Vervollkommnung. Vergessen die Erbsünde, verdrängt das mit dem Bauch gewußte Wissen um die Bindung zwischen der Tat und dem Bösen: Kosten nicht alle großen Dinge viel?

★

Bedeutende Männer, die - durch Genie oder Tatkraft, durch ihre Fähigkeit, in kritischen Augenblicken exemplarischen Belastungen standgehalten zu haben - das Schicksal ganzer Richtungen der Zivilisation und Menschheitsgeschichte bestimmt haben, sind nicht eben häufig. Unser märkisches Bruderpaar war solch ein Allbeweger.

Hob Wilhelm, fest in sein Deutschtum eingebunden, in seiner Reformidee des selbstbestimmten, personalen, auf ein Dienen abgestellten Bildungszieles eigentümlich gescheitert, für eineinhalb Jahrhunderte die Idee »edlen Griechentums«, wie er es verstand, vor die dazu aufgewühlte und entgegenstrebende Seele des Vaterlandes, so war es Alexander, der die allgemein verfügbare Fertigkeit, die immer fortschreitende rationale Tätigkeit von Paris in die geschickten Hände seiner Landsleute empfahl.

Die Häuser der Oranienburger Straße grenzten an eine schmale, von Hofbediensteten, Handwerkern und Arbeitern bewohnten Gasse im »sibirischen Viertel« Berlins. Selten war das Geräusch eines Wagens zu vernehmen, der vor dem etwas zurückliegenden Postwagenhof verhielt. Die No. 67 bezeichnete ein fleischfarben gestrichenes Haus, ein Stockwerk hoch, das einstmals dem Vater Theodor Körners gehört hatte. Sieben mehr hohe als breite Fenster machen die erste, von Alexander bewohnte Etage aus. Eine rechts gelegene Toreinfahrt führt zur ausgetretenen Treppe: »Seifert«, seines Dieners Name, steht auf dem Emaille-Schildchen unter der Glocke. Das ist alles. Erst an der Etagentür findet sich eine kleine Tafel: Alexander v. Humboldt.

Durch einen Vorsaal, der gegen die Treppe durch eine Glastür abgeschlossen blieb, vollgestopft mit hochformatigen Büchern, astronomischen Fernrohren, Naturalien und einer Vogelsammlung, trat der Besucher in einen mehr länglichen als breiten, von drei gardinengeschmückten Fenstern erhellten Raum, den in der kalten Jahreszeit ein weißer Ofen, auf dem ein staubiger Adler seinen letzten Platz eingenommen hatte, angenehm erwärmte. Denn Alexander liebte von seiner Orinocozeit her die Wärme, wenngleich es ihm im vorgeschrittenen Alter bei erschöpften Mitteln nicht selten am Holze mangelte.

Einfache, zehnreihige, bis zur Decke reichende Repositorien faßten kaum die eigenen und zugeeigneten Bücher, letztere oft kostbar gebunden. Eine an die Bücherrücken gelehnte Leiter diente dem leichteren Zugriff. Auf einem derben Tische mit kräftigen Beinen und zwei Schubladen lagen, rechts neben dem Globus zusammengerollt, in gefälliger Unordnung Karten fremder Länder, die sich nach unten zu auf zwei Unterteilungsbrettern ausbreiteten. Vor den Fenstern waren auf einem kleineren, gleichfalls mit Büchern und Karten bedeckten Tische einige Gegenstände der bildenden Kunst angeordnet. Hier stand ein gedrechselter Lehnstuhl, mit einfachem grünen Tuche bezogen. Zeitweilig vervollständigte ein in seinem warmen, durch einen Glasdeckel geschützten Kasten verwahrtes Chamäleon, sechs Zoll lang, und ein schwarzer Papagei die Einrichtung. Über breite, weißgescheuerte Dielen, einen rechteckigen Smyrna-Teppich überquerend, gelangte man vor die Türe zum Allerheiligsten, zum Arbeitszimmer, das uns durch Hildebrandts Aquarell und dem danach gefertigten Öldruck hinlänglich vertraut ist.

An den beiden Fenstern des Arbeitszimmers sind einfache, weiße Musselin-Gardinen aufgesteckt. Davor das Bureau aus Birkenholz mit verschließbaren Schubkästen und eingesenkter, von einer Tucheinlage bedeckten Schreibfläche, so daß bei bequemer Anordnung der zur Arbeit notwendigen Quisquilien nichts herabfallen konnte. Die umherstehenden festen Pappkartons, teils wohlverschnürt, teils geöffnet, enthalten Exzerpte, Kollektaneen, Briefe, Miszellaneen. Auf dem russisch-grün bezogenen Biedermeiersofa muß der Besucher niedersitzen. Alexander selbst, bei nachlassendem Gehör, nahm mit vorgerücktem Alter auf einem Stuhl rechtwinkelig dazu seinen Platz ein, wohl des besseren Verständnisses wegen.

In dieser bescheidenen Mietetage erhob er sich des Sonntagmorgens aus seinem bettbreiten Schlafalkoven, um auf dem sandigen Fuhrweg durch die Jungfernheide nach Tegel zu eilen: Begrünte Parkufer, vom schilfumwachsenen Havelsee benetzt, begrenzten das von breitschattigen Bäumen umgebene Schloß seines verstorbenen Bruders. Gewiß, hier hatte er seine Kindheit verlebt. Aber der vom Freunde Wilhelms, von Schinkel, zu griechischer Klarheit emporgerichtete viertürmige Landsitz hatte nichts mehr mit dem »Schloß Langweil« seiner Jugend gemeinsam. Eine nicht eben hohe, aber weitläufige, von weißen, dorischen Säulen unterteilte Halle empfing den Besucher, der durch die Pforte der ausschwingenden vorderen, vom alten Baukörper verbliebenen Seite eintrat. Der Fußboden war mit roten Steinen belegt. Unterbrochen wurde

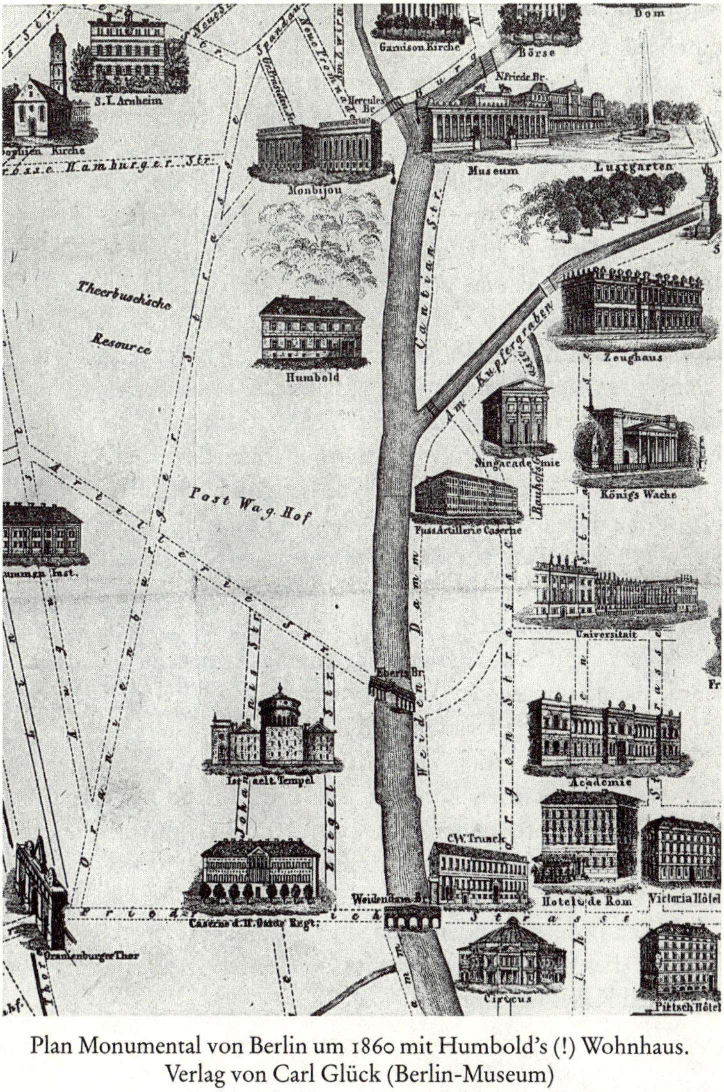

Plan Monumental von Berlin um 1860 mit Humbold's (!) Wohnhaus.
Verlag von Carl Glück (Berlin-Museum)

diese rechtwinkelige, selbstverständliche Würde atmende Ordnung durch einen runden, mit schönen Reliefs gezierten Brunnen aus honigfarbenem pentelischen Marmor, in dem der Sage nach, in grauen Vorzeiten, der Heilige Kalixtus ertränkt worden sein sollte.

Nach dem Garten zu, in der geräumigen Bibliothek und dem angrenzenden Cabinet, in einem den Winden Notos und Lips geweihten Südwestturme gelegen, hatte einst der Hausherr gearbeitet. Sieben Domestikenzimmer, eine geräumige Küche, Bad, Speisezimmer, dienten der Versorgung der Herrschaft. Auserlesene antike Torsen aus parischem Marmor, das Schönste an weiblichen Körpern, was seinerzeit von griechischer Kunst bekannt war, schmückten Wilhelms einstigen Arbeitsraum, »Gemach und Saal« mit jener edel aufschäumenden Sinnlichkeit aufladend, die späteren Biographen soviel unnötiges Kopfweh machen sollte.

Abgüsse klassischer Werke stehen in der durch die ganze Tiefe des Hauses hindurchgehenden Halle. Zwei mit Löwenpranken gezierte weiße Bänke laden ein zum Verweilen und Nachdenken. Das Treppenhaus, ein architektonisches Kabinettstück hohen Ranges, führt rechter Hand zum Mittelgeschoß. Hier findet sich der von den Wohn- und Schlafräumen der Familie aus leicht zugängliche Antikensaal, vor dessen Wänden ein anderer Teil der schönen Sammlung von Abgüssen und antiken Bildwerken aufgestellt ist.

Nahebei liegende Hof-, Wirtschafts- und Gärtnergebäude geben dem wohl bemessenen Landsitz jene gemächliche Behaglichkeit, die uns Nachgeborene noch heute eigentümlich anspricht. Die ohne soziales und politisches Risiko bezogenen Einkünfte vergangener Zeiten verwandelten sich in Gemälde, Statuen, Bibliotheken mit köstlichen Ledereinbänden und in den Prunk der Gärten. So entfaltete sich dieses herrliche Ambiente am Tegeler See, dessen Zauber Gottfried Keller beschreibt:

»Im Hause sind Gemach und Saal
Gefüllt mit Glanzgestalten,
Die in vergangener Tage Strahl
Die stumme Wache halten.«

Alexander v. Humboldts Wohnhaus Oranienburger Straße 67 vor dem Abriß 1895. (Märkisches Museum, Berlin-O)

Um dann fortzufahren:

> »Laß hinter dir was trüb und wild
> Der du dies Haus betreten.«

In diesen Räumen - still atmendes Biedermeier - begrüßte nach dem Tode ihrer Mutter Caroline nun die Tochter Gabriele, vermählt mit dem preußischen Botschafter in London, von Bülow, den aus Paris heimgekehrten Alexander in familiärer Bequemlichkeit.

Aber wenden wir uns dem Bruderpaare zu, über dessen Wesen Gentz sagt, es bestehe »in einer totalen Gleichgültigkeit gegen alles Mögliche«.[169] Brachten Alexander und Wilhelm deswegen - jeder für sich - mehr Wirkungen hervor als ein Ballsaal voller spektakulärer Feldherren? Wahlverwandtschaftlich den in so unterschiedlichen Richtungen sich fortentwickelnden Charakterzwängen folgend, und dennoch das Jahrhundert brüderlich im Arme.

Kant, Hegel, Schelling, vielleicht Marx versinken in dem bisher als ewig geltenden Menschheitszustande, dem der Kultur. Und dann - Milliarden heraufflutender hungriger Mäuler fordern Nahrung; die Aufklärung, nach solchen Siegen, blickt in ihr leeres Zukunftsbild: Das Künftige ist nicht mehr logische Folge der Vergangenheit; die materiellen Lebensbedingungen wachsen nicht mehr aus natureingebundenen Ressourcen; sie werden synthetisiert.

Der von Alexander herbeigeredete Fortschritt öffnete die Pforten des 19. Jahrhunderts. Menschenrechte, Gewaltenteilung, Naturbeherrschung durch Wissenschaft und Technik, Toleranz und Menschheitsverbrüderung, der auf der Autonomie der Vernunft ruhende Überbau der westlichen Zivilisation galt für ewig errichtet. Man fragt nicht mehr nach der Herkunft des Bösen, nach der Endlichkeit des Seins. Die historiosophische Utopie schwebt frei »auf der Fläche der Tiefe«[170]: Körperlichkeit und Tod, Geschlecht, Fortpflanzung und Aggression, kurz, alle Bezüge zum Biologischen, der Bezug auf die egoistischen Gene, fehlen in erstaunlicher Vollkommenheit. Der Boden war bereitet für die Bauten der Naturwissenschaften. Die angewandten Wissenschaften waren vom Nutzen der eingeschlagenen Richtung bis zur Unerschütterlichkeit überzeugt. Wurde doch die Handgreiflichkeit ihrer Resultate, die alle Früchte der Erde uns zu bequemem Genusse anbietet so offenkundig, daß sie entschlossen auf eine wissenschaftliche Aufklärung ihrer eigenen Voraussetzung verzichten konnte. Was fragt schon der homo faber, der alles machen kann, was er machen will, nach den Folgen seines Tuns.

In diesem Bewußtsein einer planetarischen Revolution, durch Anlage, seine Lehrer und Jugendfreunde, durch seine Umwelt, den mitempfundenen Ausbruch des Jahrtausendjahres, des Jahres 1789, mit solchem Ideen-Material zum Bersten gefüllt tritt Alexander, der »Beinahe-Franzose«, in seine Bahn.

Doch starke Gegenkräfte wuchsen in Deutschland heran: Schien nicht Kant, schien nicht Hegel die Flachheit des naturwissenschaftlichen Fortschrittglaubens der französischen, der englischen Zivilisation überwunden zu haben? Entwickelte nicht Hegel in seiner

Berliner Rektoratsrede inmitten des preußischen Aufbruchs den Wert der formalen, an der griechischen und lateinischen Grammatik gewonnenen Bildung? Hatte diese ungeheuerliche, pädagogische Tat der Sophisten, die drei Fakten der Grammatik, der Rhetorik und der Dialektik als neue Techne in die Erziehung einzuführen, dem Menschen jene Strukturgesetze, die von der Form der Sprache, des Redens und des Denkens ausgehen, bewußt gemacht?

War man nicht stolz darauf, durch Hinzufügung einiger philosophischer Kenntnisse, der Mathematik und der Realien, einen ganz dem reinen Denken, alle Nützlichkeit abweisenden allgemeinen Bildungskanon zu besitzen? Und beherrscht diese Formel der perikleischen Kultur, die Beschäftigung mit der Forschung »nur um der Bildung Willen«, dies Hineinnehmen des Quadriviums, der Arithmetik, Geometrie, Musik und Astronomie, in das System der sieben Freien Künste nicht noch heute als Maxime die höhere Bildung der gesamten zivilisierten Welt? Ihre Nützlichkeit bewies sie, indem sie praktisch dem Staatsaufbau diente.

Denn - wir folgen Wilhelm v. Humboldt -: »... dem Staat ist es ebensowenig als der Menschheit um Wissen und Rede, sondern um Charakter und Handeln zu tun.« Wir ahnen, warum eine solche Kultur auf tätliche Feindschaft treffen muß, wenn es dem Aufbruch in ein egalitäres Arkadien gilt. Zu gerne förderte Friedrich Wilhelm III. diese scheinbar absichtslosen humanistischen Studien. Schienen sie ihm doch geeignet, den Drang nach geistiger Betätigung, der schon zerstörerisch genug zu den Wirren der Zeit beigetragen hatte, an friedlichen Zielen zu üben. Das Ideal einer vita contemplativa, jener asketische Zug deutschen Gelehrtentums schien heraufzukommen, der, geschmückt mit der edlen Sprache des Humanismus, bis in unsere Tage leuchtet.

Da geschah etwas nicht Vorhergesehenes: Der Aristokrat aus dem Schloß Tegel, von Schiller treffend charakterisiert: »Gemeine Naturen zahlen mit dem, was sie tun, edle mit dem, was sie sind«, jener Ideenlehre, die Stil schafft, Strenge, Distanz und Rangordnungen. Wilhelm also betrat, 42 Jahre alt, fast durch eine Seitentüre und allen unerwartet die Staatsbühne. Zwar nur für einen kurzen Auftritt, genauer für 16 Monate. Aber seine Heroentat, als Sektionschef der Abteilung für Kultus und Unterricht in Preußen, ein von Dichtern, Philologen und Philosophen erfundenes idealisches Griechenland in eine - durch seine Nachfolger fast zum Scheitern gebrachte - Bildungsreform gegossen und halb verwirklicht zu haben, sollte von da an für 150 Jahre ihren Platz behaupten, mit unabsehbaren Folgen für Deutschland und Europa.

Tief hatte die französische Revolution, hatte Napoleon den Acker der aufgeklärt-absolutistischen Feudalstaaten umgepflügt. Die Ständeordnung, die traditionellen Herrschaftsformen waren überrollt vom fortschrittlichen Prinzip der zusammengefaßten Volkskraft diktatorial ausgehobener Massenheere. Der dritte Stand wollte die politische Frucht der Aufklärung ernten, der Anruf des emanzipatorischen Prozesses war unwiderstehlich geworden. Stein und Hardenberg retteten mit ihren Reformen die preußische Monarchie, Metternich dämpfte durch konservierendes Öl den Irrtanz sich überschlagender Sturmwellen, Europa für 40 Jahre Frieden schenkend. Das revolutionäre Potential drängte kraftvoll nach oben; alte statische Wertungen wollten durch wissenschaftliche, fortschrittliche Technologien ersetzt werden. Ein mutativer Sprung riß die westliche Welt, riß Preußen in fortwährend beschleunigtem Tempo zu neuen Ufern menschlichen Zusammenlebens, zu neuen staatlichen Ordnungen, zu Nationalstaat und Sozialismus: Europa wurde endgültig das Schicksal des Planeten. Dachten daran unsere Brüder am birkenholzenen Teetische im Blauen Salon des Tegeler Schlosses? War doch die Blüte deutscher Gelehrsamkeit dem Rufe auf die noch nicht trockenen Katheder der Friedrich-Wilhelms-Universität gefolgt: Schleiermacher, Savigny, Hufeland, Fichte, Niebuhr, Thaer für Agronomie und Klaproth für die Chemie waren die Basis für die zukünftige Weltgeltung der von Wilhelm neugegründeten Hochschule.

Vorbei, vorbei. Rasch hatte es Schwierigkeiten mit Hardenberg, des Königs alleinverantwortlichem Staatsminister, gegeben. Der

König war nicht bereit, einer Reform der Regierungsspitze zuzustimmen, die ein gleichberechtigtes Kollegialsystem aller Minister und Sektionschefs mit dem Recht zum unmittelbaren Vortrag beim Monarchen zum Inhalt gehabt und Wilhelm gleiche Rechte wie Hardenberg gegeben hätte. Zwar stellte Napoleons Sturz und der Wiener Kongreß Wilhelm neben Metternich, neben Talleyrand, - diesem Ungeheuer an Weltklugheit, Bezauberung und Teufelei, geschmückt mit der erlesensten Küche Europas - jedoch fand er sich, gleichrangig im geistigen Vermögen, wie stets als zweiter Mann neben dem schwerhörigen Hardenberg, nie aber im inneren Kreis der eigentlichen Entscheidungen.

Unermüdlich schrieb er Memoranden, Eingaben über »Preßfreiheit«, den »Deutschen Bund«, »Über den Zustand der Verwaltung« und »Die Deutsche Verfassung«, schrieb sich in erstaunlicher Verkennung seines Einflusses und seiner Möglichkeiten - letztlich auf das höchste Staatsamt abzielend - aus dem Herzen des Königs heraus, aus der Kanzlei Hardenbergs, der ihn stets nur als geschickten Assistenten und diplomatisches Ausführungsorgan sehen wollte: der Minister antwortete auf seine in vier Jahren geschriebenen 150 Briefe kaum zweidutzendmal.

Reizbar und seltsam isoliert saß er im quirligen Wien, im Wirbel der diplomatischen Feste, Bankette und Amouren. Während die Kerzen in den Sälen entzündet wurden, die zauberhaftesten Frauen ihr geschmücktes Bild, hundertfach von glänzenden Spiegeln zurückgeworfen, in den Augen ihrer beredten Verehrer wiederfanden, lehnte er im grauen Schlafrock, ein rasch alternder Endvierziger, im weichen Sessel unter der grünen Arbeitslampe seines Studierzimmers und besserte an seiner Agamemnon-Übersetzung, 82 Seiten stark mit breitem Rand, die er 18 Jahre zuvor unter dem Einfluß Goethes und Schillers in Jena begonnen hatte. Nur langsam - seine Frau fuhr derweil mit den Töchtern nach Rom - trat er den ihm dann zugesprochenen Gesandtenposten in London an - eine Verbannung. Immer noch nicht sah er das Unwürdige seiner Lage. Reichte nach kaum 6 Monaten diplomatischen Dienstes, der mehr der Betrachtung der Elgin'schen Parthenon-Friese im Britischen Museum als seiner diplomatischen Aufgabe gewidmet schien, sein Rückberufungsgesuch ein, ohne vitalen Instinkt, ohne zu spüren, daß die Uhren der Geschichte gegen ihn liefen.

Der Platz Hardenbergs blieb ihm also verwehrt. Fünf Jahre nach dem Wiener Kongreß entließ der König seinen »schwierigen Untertan« aus dem Staatsdienst. Seltsam kühl, als ginge ihn dies alles nichts an, kehrte er in sein Tegeler Schloß zurück, zu seinen Marmorbildern, Büchern, seinen geliebten Bäumen, als hätte er sie nie verlassen:

> »Jung hab' ich der Gesellschaft Haß geschworen,
> viel Jahre wider Willen drin verloren.« [171]

Dies ist das Echo, das wir aus Tegel vernehmen, mit kalter Stimme und leise gesprochen. Man will der häßlichen Wahrheit nicht ins narbige Gesicht sehen, dabei bleibt der Ton vornehm, affektvoll die Gebärde.

Wie dankbar und wie warm dagegen sah Nichte Adelheid, junge Gemahlin des Obersten v. Hedemann, Wilhelms und Carolinens zweitälteste Tochter, ihrem Pariser Onkel Alexander entgegen, der zögernd seine endgültige Rückkehr nach Berlin vorbereitete. Hatte er doch im Handumdrehen bewirkt, daß ihr Mann vom König einen außerordentlichen vierwöchigen Urlaub erhielt. Mußte es sie nicht freuen, daß ihr Vater, daß der in Ungnade gefallene Wilhelm, wieder zur königlichen Tafel gebeten wurde? Alexander vermochte, daß die königlichen Herrschaften mehrfach zu Gast in Tegel waren, das nunmehr fertig umgebaute Schloß und die darin bewahrten Kunstschätze zu bewundern. So hoch stand Alexander in der Gunst des Hofes, daß Wilhelms zweiter Schwiegersohn, Freiherr von Bülow, Gesandter in London wurde.

Ein ungleiches Brüderpaar also saß sich am Teetische gegenüber. Vielleicht war dieser geschmückt mit einem wehmütig-herbstlichen Dahlienstrauß, gezogen aus Samen, die Alexander - 1803 - an den Botanischen Garten von Berlin geschickt hatte; das Abendrot eines gelebten Lebens schien sich auf beide zu senken. Doch blickte Alexander frischer, unerschöpfter. Aber das Neue, die vor nichts Halt machende Rationalität, das, was Schiller dem Abendland als »Entgötterung der Welt« deutlich gemacht hatte, war es Gegenstand ihrer mündlichen Verhandlungen?

War dies Neue, Ungeheuerliche - erahnte Vorbedingung einer allgemeinen Umwälzung - war es Wilhelm deutlich? Ahnte der für eine technische Welt ohne Transzendenz, für eine humane Existenz kämpfende Alexander, in der die Wohlfahrt Ziel des Gesamtdaseins sein sollte, daß mit dem Verfall der Metaphysik, Ethik und Logik, daß mit dem Eindringen der Wissensstrahlen von allen Seiten ins erwachende Hirn der Menschheit die halkyonischen Tage für immer vorbei sein könnten? Daß der technische Charakter der Wissenschaft, der Trieb zum Gegenstande etwas Dämonisches, Zerstörerisches in sich trägt? »Der Wurf nach dem Positiven ist eine tödliche Versuchung für die Kultur«.[172] Wilhelm wußte es, das Ebenbild Gottes war aus dem Himmel gefallen; Magie und Religion welkten dahin, waren nicht mehr kraftvolle Hilfen, dem Veränderlichen und Fließenden das Sein zu bewahren und damit die eingeborene Furcht aller Erdenkreatur mit fester Hand zur Transzendenz zu leiten.

Würde die neue Mythe, die sedierende Fortschrittsontologie, durch dinosaurierhaftes Wuchern einer ethikfreien Naturwissenschaft sich nicht selbst vernichten? So hätte im Blauen Salon der in griechischer Ideenwelt lebende Tegeler Schloßherr zum empirische Gegebenheiten wie Tempelbausteine zusammentragenden, dereinst in der eher proletarischen Oranienburger Straße zur Miete wohnenden Bruder sprechen können. Zu Alexander, der mit der Geburtszange der Rationalität dem Naturverständnis zu einer anthropopenetristischen Tendenz, einer allumfassenden Einheit zu verhelfen suchte. Doch vielleicht werden die Brüder nach Carolinens Tod nur über das Wetter, ein wenig über den Hofklatsch, über die miserabilia vitae geplaudert haben. Zu weit lagen ihre Auffassungen auseinander; nur ein die äußere Form wahrendes Verhältnis konnte daraus mit verhaltender Mühe erwachsen. Wir hörten es, Neid, auch Gleichgültigkeit scheinen Wilhelm schon in jüngeren Jahren nicht fremd gewesen zu sein, ruhend unter der glatten, so vieles Widersprüchliche verbergenden Oberfläche seines Daseins.

Der Biograph ist im Falle Wilhelms in einer nicht eben beneidenswerten Lage. Es gelingt schwer, diesen bedeutenden Menschen anschaulich zu machen. Sein Briefwechsel mit Schiller zeigt ihn als umständlichen Schulfuchser. Seine kunstästhetischen Erörterungen sind kein Manna und seine spekulative Grammatik scheint in ihrer Dürre vom Charakter der Streusandbüchse des Heiligen Römischen Reiches genährt zu sein, auf der er sein Tuskulum errichtete. Um ihn ist eine Leere von Harsch und Einsamkeit. Als »durchaus egoistisch und herzlos, ein vortrefflicher Arbeiter und voll Kenntnisse, aber ohne Gefühl« beurteilt ihn Niebuhr.

Von außen gesehen ein Kind des Glücks, hielt er Distanz zur munteren Schwatzhaftigkeit des Volkes. Stets zurückgenommen verhehlte er keineswegs seine Abneigung gegen die lärmende Fröhlichkeit der unteren Stände. Selbst die anspruchsvolleren Redouten und Soirées dansantes der gesellschaftlichen Crème vermochte er nicht zu begreifen. Jedoch machte seine kalte, aber fein berechnete Höflichkeit auf jedermann gewaltigen Eindruck. Seine Selbstbeherrschung war vollständig, seine Zeitgenossen rühmten die Schärfe seiner analytischen Klugheit, von der er sowohl als Diplomat wie in den Salons glänzende Beweise gegeben hatte.

Die Griechen, dies war seine Ansicht, hätten den Wert des Menschen als Individuum als erste erkannt. Ein über gebeugten Sklavenrücken emporschreitendes Sichbewußtwerden, einer nicht in allen Zuständen glücklichen, stets aber außerordentlich bevorzugten griechischen Minderheit gab seinem Bildungsbegriff, seiner Sehnsucht nach einer reineren Welt der Antike die Richtung. Seine Bestimmung schien ihm: »Den Weg zu suchen, der mich, nur mich zum höchsten Ziele führt.« Eine Auffassung, die recht wenig Empfindlichkeit für die Masse der Menschheit erkennen läßt. Jede Beziehung zur tätigen Existenz, zur Erwerbsarbeit war ihm abgelöst durch eine Bildungstheorie, der er unbefangen das eigene Ich zur Folie gab. Und er ging damit ins Große, in die Schulen, Gymnasien und Universitäten; ein neuer Weltschöpfer »dem Universum die wahre Harmonie zu bringen«. Kann ein Leben einen Trieb höher treiben als mit dieser wahrhaft dämonischen intellektuellen Kosmogenie?

Dieser Homunkulus aus der Ehe zwischen Aufklärung und Idealismus wuchs nicht zur Wirklichkeit, sondern zur »Idee der Natur«, die er als Symbol verstand, zur Chiffre des »Ursinnes« empor und nicht zur meß- und wägbaren, auch widersetzlichen und unbändigen, aber faktischen Realität in der Zeit. Wir wissen: trotz aller Künstlichkeit hat dieses Ideengebilde ein unendliches Leben und immer frische Köpfe wachsen dieser Hydra nach. Man greift nach »sicherem Wissen«, womit denn der Garten Eden hereinbricht, ein statisches Paradies, wo bei ewiger Gegenwart nichts mehr wird. Man zieht, unter Realitätsverachtung, dem Streben nach kritischer, jede Hypothese falsifizierender Wahrheitssuche ohne Bedenken ein Neues Jerusalem vor. Das rauschhafte Gefühl, mit der Geschichte im Bunde zu sein, überspült die für den Erkenntnisfortschritt unentbehrliche kritische Attitüde. Der kategorische Imperativ der Evolution jedoch bedient sich des Prinzips von »trial und error«: Irrtümer sind die Quelle des Fortschrittes. Wir kommen weiter durch Versuch und Mißlingen. Die Dogmatiker aber glauben, die unumstößliche Sicherheit der Erkenntnis auf ihrer Seite zu haben; sie ziehen aus beliebigen Tatsachen beliebige Schlüsse. Diese den conversational occupations Zugewandten mit ihrer »Mitleidsethik im Großen, bei durchgehender Gleichgültigkeit gegen das menschliche Individualschicksal«[173] und völligem Fehlen von Humor sind Wilhelms Enkelkinder: sie sind die Idealisten der Neuzeit.

Der durch Wohlstandsgesellschaft und Muße möglich gewordene Versuch der Selbstverwirklichung - ein durchaus aristokratisches Anliegen - fördert die Ausbildung luxurierend antithetischer, zugespitzter Ideen und führt zur explosiven Entladung. Wie man denn sagt, daß das Idealistische und das Revolutionäre nahe Verwandte sind. Wir beginnen zu ahnen, daß der Marxismus eine Nachlese des gleichen deutschen Idealismus ist, den Wilhelm so anders verstand. Auch Marx bietet uns eine gesellschaftliche Ontogenese an, ergibt sich einem unbedingten Optimismus - dem Zwillingsbruder der Aufklärung - und ist unerschütterlich überzeugt, die Befreiung des perfektiblen Menschen ausführen zu können. So wie Wilhelm v. Humboldt sich zumutete, die Wissenschaften zu restaurieren und ein neues »griechisches« Menschheitsideal zu errichten. Daß beide philosophischen Systeme sich dann in der Überzeugung von der natürlichen Güte des Menschen treffen, haben wir erwartet.

Und eine andere Verwandtschaft tritt hinzu: Der erkennenden, auf Irrtum und Erfahrung sich gründenden Naturwissenschaft stehen beide Ontologien, nennen wir sie »Religionen«, wenn nicht feindselig, so doch gleichgültig gegenüber. Als unwidersprochen animistische Systeme können sie sich weder mit der Wahrheit noch mit der objektiven Erkenntnis vereinigen. Das angeborene metaphysische Bedürfnis des Menschen aber, jene gebieterische Angst, die uns zwingt, den Sinn des Daseins zu erforschen, dürfte der idealistischen Bildungstheorie Wilhelms zur Dauer fortgeholfen haben. Fragen wir also: Worin liegt die Gewalt der Idee Wilhelm v. Humboldts, ein gewaltiger Ausbruch disponiblen Sprengmaterials in seiner Epoche? Lassen wir ihn selbst sprechen: »Mir heißt ins Große und Ganze wirken, auf den Charakter der Menschheit zu wirken und darauf wirkt jeder, sobald er auf sich und bloß auf sich wirkt.« Er sucht nach einer »Idee«, um die Einheit der Welt aufzuzeigen; ist überzeugt, »daß, wenn ich mich verändere, auch das All eine Wirkung erfahren muß«. Wer vernimmt hier nicht erstaunt die Stimme des dialektischen Materialismus, umständlich verkleidet und mehr intuitiv erfühlt als mit Schärfe ausgesprochen?

Es mutet eigentümlich an: Wir erkennen in der Vielfalt gewaltiger philosophischer Theorien, Mythen und Religionen, wir erblicken in allen animistischen Erklärungsversuchen stets ein uns verwandtes Antlitz. Wir glauben die große Ökonomie der Natur zu verstehen, die auf ähnliche Reize, die auf gleiches ängstliches Befragen durch den emporgekommenen Raubaffen stets nur eine Antwort zu geben vermag; die in erhabener Eintönigkeit stets den gleichen Basis-Raster reproduziert: Die offensichtliche Verwandtschaft aller religiösen und philosophischen Erklärungssysteme besitzt demnach eine chromosomale Unterlage. Die Sinnfrage stellen zu lassen ist nur ein Trick der Evolution, die mit diesem eingeborenen Bedürnis nach Metaphysik das Überleben der menschlichen Rasse spielerisch erprobt. Aber hinter diesem allen steht die große Gleichgültigkeit der Dinge. Sinnfragen, Alternativen haben nur Bedeutung in Richtung auf Ziele. Aber die Natur kennt keine Ziele.

Wilhelm von Humoldts scheinbar schnell durchgreifende Bildungsreform senkte Gleichmut und Ruhe in die Herzen der durch die Französische Revolution, den napoleonischen Dämon, die preußische Bauernbefreiung, die Gewerbefreiheit, Städteordnung, den Freiheitskrieg freudig erregten Massen von Berlin bis hin in die letzte Dorfschule des ostpreußischen Woymans. Sie fuhr bereits geschnittene Halme in die nur zu bereiten Kornkammern einer verängstigten Volksseele. Die Verbindung zwischen Natur und Mensch, kreatürlichem Verfallensein und der Ausrichtung der Seele auf das überzeitlich Absolute - die Idee also - war wieder hergestellt. Ein unfaßliches Bild: Als entschlossener Praktiker handelnd, alle »Ideen zu einem Versuch, die Gränzen der Wirksamkeit des Staats zu bestimmen«[174] in ihr Gegenteil verkehrend, sie souverän mißachtend, geht Wilhelm von Humboldt, ein Revolutionär, voran. Es war seine Heroenstunde.

Die Mäkelsucht hat nicht geruht, den Ruhm, der Wilhelm durch dieses Jahrhundertwerk zugewachsen ist, und seinen Lebensentwurf, wenn nicht herabzuziehen, so doch ins Unheimliche, ja Krankhafte zu versetzen. Leicht ließe sich ein Ziergärtlein aller Eigenheiten und Besonderheiten dieses sonderbaren Mannes anpflanzen; auch eine *galerie des glaces*, wo ihm aus jeder Nische das Bild seines Bruders Alexander entgegentritt, so als könnte er sich nur dann selbst erkennen, wenn jener ihm gegenüberstünde.

Große Tugenden haben nicht selten entsprechende Fehler zu Geschwistern. Die Klugheit fordert, die Schattenseiten unseres Daseins zu bedecken. Dringen sie jedoch übermächtig empor, so können sie Befreiung in Sublimierung und verschwiegenem Tun suchen. Wilhelms ergreifende Selbstanalyse, die er als 64jähriger, an fortschreitender Schüttellähmung Leidender, 4 Jahre vor seinem Tode - in Sonettform - begann, mag neben anderem hier angeführt sein.

»Auch Menschenbusen ist reich angebauet,
Mit Geist genährt, von Dichtung sanft bethauet,
Und sich erfreuend lieblich üpp'ger Fülle.

In meiner Brust es ewig falb nur grauet,
Und daß aus Leere trostlos Leere quille,
Bewirket tödtende Gedankenstille.«

Da aber zur wahren Erkenntnis eines Charakters auch seine Fehler gehören, ja, da erst große Fehler den großen Menschen vermuten lassen, müssen wir sorgsamer hinsehen. Dove, ein feiner und einfallsreicher Stilist, dessen hier dankbar gedacht sei, Alfred Dove, verborgen in der auf drei Bände angelegten großen wissenschaftlichen Biographie Alexander v. Humboldts von 1872, charakterisiert an anderer Stelle den Erben des Landsitzes Tegel als »Egoist, wiewohl in edelster Gestalt, Epikuräer, wenn auch von feinstem Korn«.[175] Dieser epikureische Egoismus, eine genußreiche, gleichmütig sich gebende Heiterkeit verwirrt auch den Wohlmeinenden, betrachtet er Wilhelms vom äußeren Schicksal verwöhnte Ordnung des Daseins. Sein ältester Sohn, wie er Wilhelm benannt, mit dem sich viele väterliche Hoffnungen verknüpft haben mögen, stirbt ihm neunjährig in Rom in »kaum 36 Stunden«, wohl an Malaria. Wie reagiert Wilhelm auf solch ein familiäres, existentielles Ereignis? In einem Brief an Schiller, dem er den Tod meldet, sucht er der »tödlichen Vernichtung ein Ideelles abzugewinnen«. Er findet angesichts der Cestius-Pyramide, wo der so jung Abgeschiedene ruht, die Kraft, »den Zwiespalt des Geschicks ... selbst noch zu einer neuen Quelle, wenn nicht des Glückes, doch des Genusses selbst im Schmerz zu machen«.

Der immer todesfürchtige und hypochondrische Gentz, dem dieser Brief vor Augen kam, erschrickt angesichts der Gletscherkälte, die im Hinscheiden des eigenen Fleisch und Blutes noch etwas Ideelles abzugewinnen sich zwingt: »So über den Tod zu sprechen ist nur einem gespensterartigen Menschen wie Humboldt gegeben ...«. Gehen wir weiter. Mit Brinkmann, dem langjährigen Vertrauten begeisternder Tage in Jena, überwirft er sich. Ein unbedachtes Wort genügte, sich gegen den alten Genossen frühlingsgrüner Stimmungen und Entwürfe im Innersten zu erkälten. Alexander und Gentz wollten vermitteln. Wie antwortet der damals 23jährige Wilhelm: »Zürnen und Bösesein ist mir eben so fremd, wie das um Verzeihung bitten.«[176] Mit der Gleichgültigkeit eines Menschenverächters, Ablehnung jeglicher Reue, den neben ihm Strebenden ohne eigentliches Interesse, nur als Gegenstand der Beobachtung, als bloßen Hervorbringer eines Echos in seiner erstarrenden Brust auffassend, endet dieser erschütternde Brief: »Sollte auf meine Zuneigung nicht viel zu rechnen sein, so ist gewiß auch meine Abneigung nie zu befürchten.« Hier wird nicht nur eine »raffinierte Kunst des Umganges« erprobt; es wird uns Wilhelms erklärte Absicht deutlich »mit dem Menschen gleich als einem Instrument spielen zu können«.

Verpflichtungsgefühle, selbst Menschen seines engsten Lebenskreises gegenüber, lagen außerhalb seiner Möglichkeiten. Seine gleichmütige, sich selbst genießende Eigenliebe, »...das Leben leicht zu tragen und tief zu genießen«, die scheinbar gewählte »Charakterschwäche«, fand jedoch kein inneres Behagen. Eine tiefe Verstimmung warf lebenslange Schatten auf das Dasein des unabhängigen Aristokraten, dem bequeme Mittel jeden gewünschten Freiheitsraum eröffneten: »Ein in der Tat impertinentes Glück«, wie er es selbst empfand.

Wir hören ihn klagen »mit Ideen schwanger zu gehen, die ich zum Gegenstand eines Aufsatzes, ...oft eines bedeutenden Werkes machen wollte«;[177] und nie wurde etwas fertig, wirklich abgeschlossen.

»Seit Jahren strebe ich hervorzubringen,
was tief verwebet mir im Busen lieget;
den ernsten Vorsatz Trägheit nicht besieget,
doch wollte nie bis jetzt das Werk gelingen.«[178]

Erschrocken berührt unser Fuß den Saum eines Ozeans, den wir uns anschicken mit dem Fingerhut auszuschöpfen.

★

Diese vorausgeschickten Einlassungen über den Schloßbesitzer am stillen Havelsee sprechen auch von Alexander, dessen Abbild uns aus jeder Wendung, die der Lebensweg Wilhelms nahm, gegensätzlich vertraut anblickt. Eine Ahnung des Gegensatzes, ein Gefühl der Bedrohung durch diesen robusten, unablässig produktiven Bruder ist immer gegenwärtig. Der Wille zur Selbstbehauptung gegenüber der Realität des Weltzugewandten, des umarmenden, tätigen und schaffenden Orinocomannes verstärkt sich, wenn dieser sich anschickt, nicht nur die Strohpuppe einer »Idee«, einer »symbolischen Natur«, sondern einen Wärme, Hoffnung und Fortschritt verheißenden KOSMOS emporzuschichten. Alexander, so sieht Wilhelm mit dem sicheren Blick der Feindschaft, ist aus »auf die Tätigkeit, die außer sich etwas hervorbringt«. Er nimmt genetische Gewißheiten unserer Zeit vorweg: »Was nicht im Menschen ist, kommt auch nicht von außen in ihn hinein.« Er weiß, daß er und sein Bruder, aufgewachsen im gleichen Milieu, behütet und von denselben Lehrern mit gleicher Ideenmasse unterwiesen, »seit frühester Kindheit wie entgegengesetzte Pole auseinandergegangen« sind und daß dieses Auseinanderstreben naturgegeben und nicht Resultat äußerer Einwirkungen war.

In solch düsteren Stimmungen muß Wilhelm mit dem Selbstschutz seines Intellektes, dem »Leben in Ideen«, gehadert haben. Gemüt und Charakter schienen unter der Selbstbildung als Lebensziel erstickt. Und so fand er sich als großer Mensch, aber immer im zweiten Glied, während die Willens- und Tatmenschen schon auf und davon gegangen waren.

Wir dürfen es getrost geprüfteren Urteilen überlassen, ob Rivalität, ja Haß auf den glücklicheren, zu seiner Zeit berühmteren Bruder die Feder Wilhelms führte, als er seinem Sekretär Ferdinand Schulz zu nächtlicher Stunde jenes seinen Bruder Alexander grausam aburteilende Sonett vom 8. November 1834 diktierte:

»Wer nichts als ewig totes Wissen treibet,
niemals Gedanken zur Idee verbindet,
nie, was der Busen tief ergreift empfindet
der doch nur in der Menschheit Vorhof bleibet.

Er gegen alles Höhere sich sträubet,
das Menschlichste vor ihm in nichts verschwindet
und was sein Scharfsinn wahr und fein ergründet,
doch nur der Dinge Äußeres umschreibet.

Drum wählet, geistig stets mit ihr zu wohnen,
er sich die trockenste der Nationen,
die niemals hoher Dichtungssinn beseelet,

da nie Begeisterung den Busen schwellet
und nie ein Dunkel grübelnd wird erhellet,
das zu durchdringen tiefre Sehnsucht quälet.«[179]

Alexander, der das Vorwort zur Auswahl der bis zum Abscheiden seines Bruders auch der engsten Familie unbekannt gebliebenen Sonette schrieb, rückte dieses Sonett Nr. 1043, fünf Monate vor Wilhelms Tod diktiert, nicht mit ein. Er, der Naturwissenschaftler, dabei mit sich und der Welt in Eins Gesetzte mochte das genetisch erzwungene Müssen der konstitutionellen Anlage erahnt haben. Dennoch übergab er die Sonette, diese Resultate egozentrischer Selbsterkenntnis bei Fehlen aller mittleren Töne dem erstaunten Publikum: Der Anspruch der Gesinnung, das Harte, das Ganze des brüderlichen Lebensstils, hier war es ausgesprochen. Übersteigerte Empfindsamkeit und Kühle in einem Atem, die Unempfindlichkeit gegen das menschliche Einzelschicksal, die Bewußtheit, ein Herr zu sein bei zartestem Feinsinn. Wilhelms Sonette, eine biographischen Quelle hohen Ranges, bringen es rein an den Tag; ihren Kunstwert wollen wir kompetenteren Urteilen überlassen. Diese distanzierende, Wilhelm sein Leben lang einhüllende aristokratische Gebärde; dieses jähe Hochtreiben anspruchsvoller Ziele finden ihre Ergänzung in jenen sonderbaren, zwei Bände füllenden Briefen an Charlotte Diede, einem nunmehr alten und verarmten ehemals aber wohl recht munteren Pfarrerstöchterlein aus der Göttinger Studentenzeit, von der Alexander, die Schwäche seines Bruders schonend, meinte: »Mein Bruder hätte der guten Frau weniger schreiben und mehr geben sollen«; ein für Alexander sehr einnehmendes Bekenntnis.

Diese Briefe finden ihr Pendant in der merkwürdigen Versdichtung

›Die Griechensklavin‹

»Doch da ich einmal dich im Bett umfassen,
nackt unter dir mich dienstbar strecken muß,
gehorsam reichen mit den tränennassen,
angstbleichen Lippen dir der Sklavin Kuß,

am ganzen, armen Leib gewähren lassen
dich, wo du suchen willst, der Brust Genuß
und dulden endlich, daß die Kraft der Lenden
du in mein Innerstes darfst herrisch senden.« [180]

Krampfhafter Reizhunger und Gefühlskälte, ein Hang zur philosophischen Reflexion, eine zähe Konsequenz und genaue Berechnung im Durchhalten des Lebensstils lassen in den letztgenannten Versen den Psychosadismus Wilhelms, das Wurzelwerk dieser Herrennatur erkennen. Berglars herausragender Studie muß hier gedankt sein. Wir begreifen: »An der Ferse... kitzelt es jeden, der hier auf Erden geht: den kleinen Schimpansen, wie den großen Achilles«.[181]

Doch wenn wir zu Wilhelms Gegenbild, zu Alexander, zurückkehren, so geschieht dies am hübschesten, wenn wir Wilhelms Brief, geschrieben am Vorweihnachtsabend des Jahres 1790 anfügen, wo er für die ferne Caroline, seine Braut, ein gemeinsames, zukünftiges Lebensprogramm entwickelt. Hier gewinnt Alexander, der von ihm nie allzu günstig Beurteilte, als sein Gegenpol aus natürlicher Anlage Gestalt: »Mein Bruder geht mir seit ein paar Tagen sehr durch den Kopf... mir kam schon lang vor, als verführte ihn manche kleine Eitelkeit, vorzüglich aber die, Menschen bei ihren Schwachheiten leiten zu können ... Vorzüglich zeigt er so wenig Gefühl innerer Würde.« Gleichwohl lobt er ihn: »Aber doch (fand ich) Wärme, Fähigkeit zu jeglicher Aufopferung und große und starke Anhänglichkeit.«

Von Alexander vermissen wir - sehen wir von dem ihm zur Natur gewordenen Höflichkeits- und Lobesritual ab - jegliche gehaltvolle Äußerung zum Entwicklungsgange seines Tegeler Bruders. Es war jedoch nicht nur seine geistige Richtung, sondern zugleich seine körperliche Erscheinung, sein Biotonus und persönliches Tempo, die zu einer von Wilhelm immer, von Alexander kaum ausgesprochenen Gegensätzlichkeit, ja Rivalität Veranlassung gaben. Alexanders »zehnfach größere innere Freiheit«, sein »leichter schneller Ideengang«, seine Hervorbringungen von gefälliger Grazie erschreckten, bedrückten Wilhelm, der dem Leben nur schwer Resultate, Werke abzutrotzen vermochte.

Hören wir ihn, wenn er angesichts des brüderlichen, heraufdämmernden Reise-Ruhmes ausbricht: »Man kommt der Natur darum nicht näher, wenn man aus der zivilisierten Welt herausgeht.« Es ist nunmehr ein tröstliches Bild, die Statuen der Tegeler Dioskuren vor der Berliner Universität als getreuen Abglanz der sinnenden und tätigen Möglichkeiten menschlicher Existenz auf ihren Sockeln zu erblicken.

Alexander wurde nach seiner Rückkehr von der Südamerikareise der sich immerfort ausbreitende, auch kompilierende Forscher. Seine Vielseitigkeit zog unendliche Wissensgebiete, seine geistige Beweglichkeit stets umfassendere Provinzen der Gelehrsamkeit an sich. Er war ein Sammler bedeutender Naturgegenstände, verstand Unmengen faktischen Wissensstoffes popularisierend vorzutragen, in genau auf das Interesse der Leser, der Leserinnen berechneten, phantasiereich ausgeschmückten Rührgeschichten und faßlichen Aufsätzen zusammenzustellen. Er empfand hier als Künstler, der zu gestalten, abzuscheiden und den literarischen Effekt wohl abzuschätzen vermochte. Wobei Varnhagen, später Buschmann amanuensisch Alexanders leichtflüssige stilistische Beweglichkeit, Anschaulichkeit und Gewandtheit des Ausdrucks hilfreich unterstützten.

Es fügt sich zu diesem Bilde, wenn wir Wilhelms wohlverständigen, sparsamen, streng seinen Vorteil bedenkenden Haushaltersinn den selbstzerstörerischen Altruismus Alexanders entgegenstellen, der wohl immer, so auch bei ihm, einem verständigen Pessimismus entwächst. Wo Wilhelm zur Sparsamkeit rät, das mütterliche Erbe aufzubewahren empfiehlt, es zu verdoppeln ihm rät, die südamerikanische Reise deshalb aufzuschieben wünscht, um alsbald von den Zinsen ohne Angreifen des Grundstockes die Kosten begleichen zu können, gibt Alexander sich als edler Verschwender. Seine Antwort auf die brüderlichen, wohlüberlegten Beschwörungen mußte denn, alle Bedenken dieser Art beiseite schiebend, folgerichtig lauten: »...dazwischen könne der bittre Tod kommen und dann sei es jammerschade, das Kapital nicht genossen zu haben.«[182]

Alexander also brach aus. Jener zurückgenommen sich gebende Lebenskanon war nicht der seinige. Entfernte ihn schon die Ausbildung in der Kameralisitik von seinen Standesgenossen: seine ernstgenommenen naturwissenschaftlichen Studien, seine unüberwindbare Liebe zur genauen, meßbaren Beobachtung der erkennbaren Wirklichkeit, alle Vorbehalte gegen »die blauen Dinge jenseits des Grabes«, gegen die »Naturträume, die Pest dieser letzten Zeiten«, mußten ihn bei den Freiherrn, Grafen und der Hofkamarilla fremd, ja gefährlich erscheinen lassen. Wer wohl aus jenen Kreisen, ausgenommen Alexander, hätte Hardenbergs Ansinnen, ihn zum Minister zu machen, Gesandtschaftsposten anzunehmen, je abgelehnt? Weltklüger als jene, ja als sein Bruder, mochte er die Vergeblichkeit allen Bemühens in der Welt erkannt haben. Auch wünschte er nicht seinen Namen mit dem Scheitern der in ihn gesetzten politischen Hoffnungen verbunden zu sehen.

Wilhelm bedachte mit Schiller in Jena den Plan einer »Menschenkunde«, einer »vergleichenden Anthropologie«, die sich aus der Charakteristik aller wirklichen Erscheinungen des Geistes zusammensetzen sollte. Es kam aber nichts zustande. Alexander dagegen verhandelt zur gleichen Zeit mit Goethe über das Konzept zu einer »Welt-Physik«: Die vergleichende Erdkunde, das Riesenwerk KOSMOS sind Früchte dieser im ersten Tau des Lebens leicht hingeworfenen Gedanken.

Zu dem in regsamer Tätigkeit voranschreitenden Naturforscher stellte sich für den Herausgeber der »Horen« nur schwer ein reines Verhältnis her. Wilhelm, der aristokratische Diplomat und Sprachgelehrte aber war für Schiller stets »achtungswürdiger« als Alexander. Nach Schillers Tod verstummte Wilhelms Stimme mehr und mehr. Alexander aber fuhr fort in der Produktion, Überblicke, Anschauungen, neue Resultate gebend, ein unermüdlicher Arbeiter. Aus der Kutsche heraus, die ihn - später - nach Sibirien führte, wünscht er innigeren brieflichen Austausch mit seinem Bruder: das Echo verhallte im trauernden Schloß Tegel: Caroline war im 63. Lebensjahr ihrem Krebsleiden erlegen. Wilhelms Antwortbriefe waren nur ein karges Rinnsal, eine dürre Wüstensteppe durchziehend. Vollkommen verschieden auch waren die beiden Brüder in ihrer Art zu arbeiten:

»Am liebsten ich mein aschgrau Hauskleid trage,
Als Zeichen innerlich zufriedner Stille,
Es wird mir so bedeutungsvolle Hülle,
Und zeigt, daß ich nach Putz und Schmuck nicht frage.

Denn wie ich das Gewand nur um mich schlage,
Daß einfach es der Glieder Bau umquille,
Zieht sich auch meiner Brust Empfindungsfülle
Einsam zurück vom laut umrauschten Tage.«[183]

Arbeitete Wilhelm also vorzüglich allein, im aschgrauen Hausrock, einsam im wohlgeordneten Studierzimmer, so produzierte der Bruder, im mündlichen Austausch sich entwickelnd und sammelnd, durch ausgebreitete Korrespondenz mit Gleichstrebenden sich belehrend, in ununterbrochenem, dahinfließendem Strome. Es entsprach nicht seiner Art, Resultate der Forschung in der Stille der Arbeitsstube zu belassen. Er wünschte die Ergebnisse - auch diejenigen anderer, wirkungsvoll und durch einflußreiche Gönner - der Öffentlichkeit zugänglich zu machen. Wo jemals hören wir von Neidgefühlen des königlichen, stets verschuldeten Kammerherrn Alexander gegenüber seinem durch Familie und Besitz begünstigten Bruder, der sich seinerseits abschätzig - »er steht in der höchsten Gnade« - Caroline gegenüber vernehmen ließ, als der Unvermählte dem bettlägrigen, erkrankten König in Potsdam stundenlang vorlas. Schwang Eros seine Geißel oft streng über den noch jugendlich aufgeregten Freund Schillers, so spürte Caroline, schon als Wilhelms Braut, daß »Frauen kaum je Einfluß« auf ihren zukünftigen Schwager nehmen konnten. So hat denn auch nie ein zartes Verhältnis Alexanders Herz leidenschaftlich beschäftigt.

Starb Alexander in franziskanischer Armut, seine Schulden der Munifizens eines sehr gnädigen Königs hinterlassend, so erwarteten Wilhelms Erben 600 000 Thaler.

Das ambivalente Temperament Alexanders neigte mehr zu Lebenseinsichten, wie sie uns aus einem Brief ansprechen: »Wie erfinderisch wird der Mensch durch politischen Zwang, lauter Strickleitern, Löcher-Scharrer, Verkleidungen, um an die frische Luft zu kommen ...« Zu dem im Reich der Ideen Lebenden gehörte zur Ausbildung der eigenen Person, zur Vervollkommnung seiner selbst die weibliche Frau: Schiller nannte Caroline denn auch »idealisch«; was immer von den tiefen Brüchen dieser seltsamen, mit acht Kindern gesegneten Ehe uns besser verborgen bleiben mag.

Der weltmännisch ironische, allseits gelehrte und dabei elegante naturkundliche Kosmopolit mußte im seiner Deutschheit gewahrwerdenden Cercle der Caroline von Dacheröden durchaus unzeitgemäß wirken: selten romantisch, in vernünftigem Maße melancholisch, aber nie sentimental - ein spöttischer junger Brecht. Mit einer ganzen Welt, mit Gymnasiasten, mit dem Bartkünstler Rieder und Fabrikarbeitern im brieflichen Verkehr sich austauschend: der spätere Bewohner der Oranienburger Straße 67. Der unter Marmorbildern sich ergehende Schloßherr lehnte schon eine Korrespondenz mit der »Fliegennatur« Rahel Varnhagen kalt ab. Wo der eine - scheinbar gradlinig - bis zum Starrsinn sich steigert, wird dem anderen der Mangel an Unverbindlichkeit, das rasche Tempo seines Voranschreitens als Unbeständigkeit, als »ehrgeizige, ausgebreitete Vieltuerei« vorgehalten. Schätzt jener mit vorrückendem Alter den abgezirkelten Tageslauf, das pünktliche Zubettgehen, so fliegt die Hand des anderen, die schnellere, die stählerne Cement-Patentfeder nutzend, in der sanften Helle der neuen Moderateurlampe noch im Morgengrauen über das Papier. Bleibt der mit nicht immer vorzeigbaren Mietwohnungen sich Behelfende, im 58. Lebensjahre, aus Anlaß seiner Übersiedlung nach Berlin erstmals eigene Möbel erwerbende Alexander dennoch eigentümlich seßhaft, so lebte der durch Schloß und Ländereien Begünstigte selten länger an einem Orte, sehen wir von den wenigen Altersjahren ab.

Wollte der »feurige Gneisenau« zur klassischen Kühle des preußischen Unterhändlers in Wien und Paris »nie Vertrauen fassen«, so konnte Du Bois-Reymond - bekannter Berliner Physiologe - die Wärme, das Zutrauliche des Kosmographen nicht genug rühmen. Aber hören wir das eindeutige Zeugnis Wilhelms hierzu: »Es ist eine der wundervollsten Erscheinungen in der moralischen Welt, daß mein Vater und meine Mutter nur zwei Kinder gehabt haben, die, in dem sie doch im ganzen durchaus dieselbe Richtung haben, eigentlich bloß in Gedanken und geistigem Beschauen der Dinge leben, dann auf einmal in größere Verschiedenheit und Gegensätze ausgehen, als Menschen in verschiedenen Weltkörpern sein könnten«.[184]

Genug; selten hat die Natur die Würfel nach so verschiedenen Seiten geworfen. Hier hohe, schier unerschöpfliche Lebenskraft, biblisches Alter, Weltzugewandtheit und frischer Genuß einer unermüdlichen Tätigkeit, dort frühe Erschöpfung, die Starre der Parkinson'schen Erkrankung, letztlich einsamer Stoizismus.

★

Im Anfang war das Wort! Und die Schriftgelehrten, begünstigt durch einen jahrtausendealten Vorsprung, haben die den Naturwissenschaftlern ärgerliche Angewohnheit beibehalten, von sich selbst als den Intellektuellen zu sprechen, als gäbe es sonst keine faßbaren Intelligenzen, und die Naturwissenschaften seien ein Arbeitsfeld für Köpfe untergeordneten Ranges. Woher kommt es, daß Literatur, Philosophie, Religion hinein bis in Karl Poppers »Kritischen Rationalismus«, die überkommenen Formen unserer Kultur tiefer durchdringen als die doch unser Jahrhundert beherrschende naturwissenschaftliche Kultur, die in allen strittigen Punkten stets Sieger blieb?

Wie kommt es, daß Alexander - zumindest bei uns - eher ein Schattendasein führt, während uns Wilhelms Echo noch von der bescheidensten Gesamtschulgründung aus dem entlegensten Winkel des Vaterlandes entgegenhallt? Ist denn die Erkenntnismacht der Naturwissenschaften nicht überwältigend? Wie kommt es also, daß sich gerade aus diesem Ordenskreis der »Kultur«, mit dem Begriff der idealistischen Humanität und der Verwirklichung des Geistes identifiziert, die Maschinenstürmer und Kulturpessimisten rekrutieren, die mit der öffentlich vertretenen Auffassung, der Mensch lebe nicht vom Brot allein, sich ethisch auf der Höhe der Zeit fühlen und die anderen doch ungespeist lassen? Heißt, sich mit Literatur und Philosophie zu beschäftigen, eine leisure-class-Haltung annehmen? Verknüpft sich der »Bildungsbegriff« in unserer Zeit fortwirkend mit dem Odium des Parasitären? Die Adressen unseres märkischen Bruderpaares, ihre wissenschaftliche Richtung und ihre menschlichen Qualitäten bis hin zu ihrer Physiognomik können zu besserem Verstehen verhelfen.

Es ist bisher wenig darauf geachtet worden, ob die unterschiedliche Bewertung philosophisch-literarischer oder empirisch-naturwissenschaftlicher Leistungen nicht nur Ausdruck der beliebig in der gleichen Person austauschbaren Willensanstrengung und Willensrichtung sein könnte, oder ob es sich hier um Begabungsresultate zweier unterschiedlicher menschlicher Veranlagungstypen handelt. Gehen wir unter diesem Aspekt Bildsammlungen bedeutender Theologen, Juristen, Philosophen und Lyriker durch und auf der anderen Seite Portraits berühmter Naturwissenschaftler, Chemiker, Biologen, Ärzte und Erfinder, so kontrastieren die Physiognomien des Erasmus, Spinoza, Kant, Nietzsche doch seltsam mit den vom phrenologischen Gesamteindruck her weniger interessanten Gesichtern eines Darwin, Pasteur, Bunsen oder Robert Koch. Die alte Streitfrage, wie es mit der Durchsetzung der angewandten Naturwissenschaften im 19. Jahrhundert zur Ausbildung zweier wissenschaftlicher Kulturen kommen konnte, ließe sich - vielleicht - in biologischen Kategorien beantworten.

Das Neue, das sich gegen alle Renaissancen vergangener Jahrhunderte abgrenzende Ereignis, ist die Entgötterung der Welt und die technische Daseinsordnung mit der enormen Zunahme der Bevölkerung der Erde und der daraus folgenden Oekonomisierung aller Verhältnisse. Dies ist die Richtung der Weltenwende, die seit drei Jahrhunderten unaufhaltsam abläuft. Erst die von allen metaphysischen Bindungen befreite Ratio unternahm es, die menschliche Gesellschaft zu verwandeln. Die Naturwissenschaft sollte als exemplifizierte Vernunft die neue Göttin sein. Mit berauschendem, blutig rotem Fanfarenstoß vorangehend, in eine Zukunft der Freiheit, Gleichheit und Brüderlichkeit: der Fortschritt. Welch süßes Wort! Wer hört es nicht gern! Und welch düstere Lasten wälzt er nicht an folgenschwerer Unerbittlichkeit, an todeskalter Niewiederholbarkeit auf die sich entleerende Hülse humanitärer Menschlichkeit.

Dann aber, da die Masse sich erhob, jedoch nur die Technik der Masse Ordnung geben kann, die Naturwissenschaft schlechterdings allein die Nährmutter aller Industria ist, mußte notwendig im Zeitalter der Masse der Glaube an die Naturwissenschaft alle religiösen Hoffnungen auf sich ziehen. Und hier eben mußte sie versagen. Sie blieb ein Begriffsnetz zur Beherrschung der Natur: das »Verstehen« mußte sie den Hoffenden schuldig bleiben. Wir sind unfähig, unsere Sehnsucht mit irgendeinem Zeitpunkt der Zeit zusammenfallen zu lassen. Es ist unabdingbar wahr: der »alte Bund« der animistischen Ideologien ist für ewig zerbrochen. Und die Naturwissenschaft, der Exekutor dieses Urteils kann den nach einer Heilslehre dürstenden, aus einem Traum erwachenden Milliarden menschlicher Hoffnungen nichts vorweisen als leere Hände und die Gewißheit ihrer totalen Verlassenheit in der teilnahmslosen Unendlichkeit des Universums, aus der, wie es scheint, ein Zufall sie emporspie. Der Mensch jedoch, im raschen Aufsteigen seiner technischen Vervollkommnung, von einer stets an Beschleunigung zunehmendem kulturellen Evolution fortgerissen, dieser Mensch vermochte nicht, seine biologische Vergangenheit im gleichen schwindelnden Tempo nachzuziehen.

Stammesgeschichte und Geistesgeschichte bewegen sich mit sehr unterschiedlichen Geschwindigkeiten in Richtungen, von denen man fürchten darf, daß sie bereits von der Wurzel her divergieren. Denn nichts kann uns darüber hinwegbringen: dem Menschen ist ein unausrottbares Bedürfnis, ein zwanghaftes Müssen nach Transzendenz eingeboren, ein unzähmbarer Trieb, Angst und Verlassenheit einzubringen in das Gefühl der Notwendigkeit und Unvermeidbarkeit seines Daseins. Ein Trieb, der so stark und dringend wie Hunger und Liebe seine Erfüllung fordert, so daß keine andere Erklärung bleibt: dieses gebieterische Bedürfnis ist in unserem genetischen Code verzeichnet, ist chromosomal fixiert. Dieses Sinn-Suchen muß in der langen Anthropogenese des Menschen unlösbar verknüpft worden sein mit dem Schicksal der Horde, der Sippe. Das Bedürfnis auch des frühen Hominiden, das Fatum, über sich selbst hinauszugehen, sein eigenes Leben für diese Gruppe, diese Gesetze, dieses mythische Ideal, das zugleich Herrschaftsgewalt beibringt, zu opfern, muß damit notwendig im Verständnis eben dieser Horde ideell überhöht werden. Der Selektionsvorteil für diese Zusammengesellten mag so groß gewesen sein, daß der Cro-Magnon am Ende der Eiszeiten den Neandertaler auszurotten in die Lage kam. Die Höherentwicklung nicht nur der abendländischen Menschheit könnte leicht als Folge dieses Genozides gedacht werden.

Und die Alternative? Auf diese pubertäre, erwartungsvoll drängende Frage gibt es nur eine Antwort: Es gibt keine Alternative. Dieses Seufzen nach Synthese ist infantil. Wir müssen die Welt im klaren Lichte der Wirklichkeit sehen. Und dieses Licht hat mit Humanitarismus nichts zu tun.

Dies aber ist die Position Alexanders: Die Naturwissenschaft, kaum drei Jahrhunderte alt, aus der Gegenüberstellung von Erfahrung und Logik geboren, hat ihren Platz durch ihren Nutzwert, den Komfort, den sie zu bieten vermag, in der Praxis menschlich materieller Vorstellungen vollständig erobert. Sie dehnt sich allseitig aus; sie verbannte religiöse Leerformen, den abgestorbenen Anspruch trockenästiger Philosopheme mühelos in die finstersten Winkel als Religions- und Philosophiegeschichte. Tritt machtvoll auf, eine neue Heilslehre, entschlossen endlich das goldene Zeitende zu verkünden, die Welt auf ein Ziel hingerichtet, nämlich als eine vollendete, als eine bleibende auffassend.

Auf der anderen Seite aber, »eine andere Kultur«, sehend, steht Wilhelm. Denn mit dem irrationalen Entschluß zum Glauben an die Vernunft, dem »Jetzt haben wir die Wahrheit erreicht« wird das Eindringen neuer Ideen dogmatisch verhindert. Und mit diesem utopischen Anspruch, gegen alle Logik, alle numerischen Erfahrungen, löst sich die Wissenschaft von ihrer Wurzel, die da heißt »die Dauer ist im Wechsel«; die da heißt, daß das Sein sich nur erhalten kann im fortwährenden Wandel und Verzehr des Stoffes. Aber von allen Ideen ist der endzeitliche Wunsch, die Menschen vollkommen und glücklich zu machen, am gefährlichsten: »Der Versuch, den Himmel auf Erden zu verwirklichen, produzierte stets die Hölle«.[185] Und steht der Tegeler Philologus damit nicht auf dauerhafterem Boden? Man gebe sich keinen Illusionen hin: Die Naturwissenschaft, nach solchen Fortschritten, hat ihren Platz zwar im materiellen Alltag der menschlichen Gesellschaft erobert; und diese verzehrt freudig all ihre Reichtümer. Im Geiste des Menschen, in der Tiefe seiner diluvialen Seele aber ist sie trotz mancher Schönheit und Größe der Gedanken, nicht akzeptiert worden. Es bleibt dem Menschen jene Angst, die ihn auch im Schaukelstuhl einer technologisch vorfabrizierten und vorgewärmten Epoche zwingt, den Sinn des Daseins zu erforschen.

Darum die nicht eingestandene Eifersucht, das bohrende Gefühl der Zweitrangigkeit des homo faber vor geistiger Arbeit ohne Absicht auf praktische Zwecke, die Ehrfurcht vor dem Wort, vor der spielerischen Formulierungs- und Ideenkraft sonst schwächlicher Intellektueller. Er ahnt, der Macher, daß die Kraft neuer Ideen, Ideologien, geboren in einer schlechten Gelehrtenstube oder im weißen Schloß am Tegeler See, zusammengeballt im Unverständnis der Massenmenschen, Äonen zu sprengen vermag.

Es gibt also die zwei »Rassen«; zwei Möglichkeiten, sich zu verwirklichen; zwei Geistesverfassungen, die einander nicht nur bekämpfen, sondern die gewöhnlich, was schlimmer ist, nebeneinander bestehen. Zwei unterschiedliche Lebensformen und Persönlichkeitstypen, oft in seltsam amalgamierenden Verbindungen, die in ihren reinen Ausdrucksformen einander sehr fremd sind, zwei Kulturen, die sehr verschiedene Sprachen sprechen und sich nie begegnen: Alexander und Wilhelm, Oranienburger Straße und Schloß Tegel, Naturwissenschaft und griechenähnlicher Bildungsbegriff, die Idee: »Gott werden, Mensch sein, sich bilden, sind Ausdrücke, die einerlei bedeuten«; sie sind nicht ineinander zu binden. Denn mit dem wissenschaftlichen Fortschritt sich verbünden, heißt überholbar zu werden: »Tout ce qui se perfectionne par le progrès périt aussi par le progrès« - alles was durch den Fortschritt besser wird, geht auch unter durch den Fortschritt (Pascal). Wissenschaft und Technik können niemals wertneutral sein, und zu ihrer Humanisierung beitragen zu wollen ist Scharlatanerie und Gaukelspiel.

Denken wir: lang ist es her, daß wir sie verließen, obschon wir im Vorstehenden immer ihrer gedachten; erinnern wir uns unserer beiden im Schlosse zu Tegel Tee trinkenden Geschwister: da sind sie leibhaftig, die beiden Kulturen, der sinnende und der unternehmende Bruder.

Lebten die Brüder ihr Leben nicht in einer forcierten Haltung, formten ihr Dasein nach einem bestimmten Stil? Und daß sie diesen Stil bis zum Tode durchhielten, ist es nicht Beweis genug für die Annahme, daß eine grundsätzliche Korrektur außerhalb ihrer Willensmöglichkeiten lag? Die Sammlungs- und Forschungsarbeit Alexanders, beinahe ein Zwang, seine Kenntnisse auf immer weitere Wissensgebiete auszubreiten; die Vielseitigkeit und sich nach allen Seiten mitteilende Gelehrsamkeit; das Bedürfnis, konkreter Wissensstoff - gesammelt in Kollektaneen und Pappkisten - mit durchaus künstlerischer Gestaltungsabsicht flüssig popularisierend einem breiten Publikum vorzulegen; seine unerschöpfliche Produktivität; das immer vielbeschäftigte, ein wenig hypomanische Temperament; die Fähigkeit, sich allen Lebenslagen rund schwingend einzufügen; der Blick für das Praktische, Reale; die liebenswürdige, gesellige, dankbar sich gebende und gutherzige Art, schnell und in jeder Lage Kontakt zu bekommen bei ausgesprochener Abneigung gegen alles stark Systematisierende, theoretisch Konstruktive, Übersinnliche, die sich in den volkstümlichen Kosmos-Vorlesungen unmittelbar gegen den »pestilenzialischen« Hegel ausdrückte: all das mochte dem gemessen und trocken antwortenden Wilhelm wenn nicht fortwährend gegenwärtig, so doch als von ihm nicht Nachvollziehbares empfunden werden. Er fühlte sich zu Schiller, dem scharf Urteilenden, von nächtlichen Fieberschüben des tuberkulösen Lungen-Katarrhs zu gesteigerten Produktion angestachelten, philosophisch-abstrakten Dramatiker zu gleicher Größe und Härte der Gesinnung hingezogen. »Agamemnon«, eine Tragödie von Verrat und blutigem Ehemord, reizte ihn zu jahrzehntelanger Übersetzung; und nicht etwa eine heitere Komödie des Aristophanes. Dankbarkeit - betrachten wir diesen Punkt genauer - Dankbarkeit, so mochte er ahnen, drückt den Empfangenden; und er fand Gründe, sich davon frei zu machen. Die ihn flehentlich um Unterstützung angehende Göttinger Jugendfreundin, Charlotte Diede, Adressatin jener 250 »Briefe an eine Freundin«, bewilligte er die erbetenen 100 Thaler nur, um sich der »unbedingten Ergebenheit eines weiblichen Gemüts« zu versichern. Stark erlebte er den Gegensatz zwischen sich und der Welt. Wandelte kühl durch die Empfänge, Ministerien, Verhandlungen, oft ohne Rücksicht sich äußernd, häufig ohne inneren Rapport. Gern flüchtete er sich in die Stille des schönen, geräumigen Palazzo Tomati am Fuße der spanischen Treppe, erging sich auf nächtlichen, einsamen Spazierwegen. Die diplomatische Bescheidenheit der Stelle als Vertreter Preußens in Rom störte ihn nicht im geringsten. Konnte er doch hier, während sechs Jahren, durch ein Gehalt, das er - ein immer genauer Rechner - auf 3400 Thaler wohl zu schrauben verstand, auf beinahe einträgliche Weise seine präformierten Einsichten in die Antike bestätigt finden. Ein edles, sorgenfreies, aus der preußischen Staatskasse bezahltes Humanistendasein mit Equipage und Reisekostenzuschuß floß gleichförmig, beinahe schattenhaft, dahin: es waren die stillsten, die glücklichsten Jahre seines Lebens.

Alexander, kaum von seiner südamerikanischen Forschungsreise zurückgekehrt, begann unmittelbar sein Reisewerk herauszugeben, nie nachlassend veröffentlichte er gemeinsame Untersuchungen mit seinen französischen Naturfreunden, bedeutende, ja richtungsweisende Arbeiten. Die »Ideen zu einer Physiognomik der Gewächse« erschienen. Die deutsche Ausgabe des »Essai sur la géographie des plantes« mit dem schönen Titelkupfer, den Thorvaldsen 1805 in Rom zeichnete, als Alexander dort seinen in inneren Traumwunschwelten versunkenen Bruder besuchte, ward abgeschlossen.

Wilhelm endlich, nach all diesen Anrufen, nach langer produktiver Stockung antwortete mit einem ungewöhnlich rasch, binnen sieben Tagen geschriebenen, 500 Zeilen starken Huldigungsgedicht »An Alexander v. Humboldt«. Sonst aber, an der Größe seiner Absichten gemessen, gemessen an der Muße, die ihm sein Dienst gönnte, bleibt beim römischen Residenten Preußens alles in Andeutungen, im Fragment stecken. Ein umfassend geplantes Werk »Latium und Hellas« kam über 20 Seiten nicht heraus. Wir hören ihn klagen »...über die große Sehnsucht nach einer wichtigen Arbeit«. Er leidet an diesem steten Entgleiten, findet bei großangelegten Entwürfen »...deren Details ein Menschenleben gefordert hätten... keine Handhabe und keine Form...«; »möchte etwas machen, möchte Ideen entwickeln, durch welche die innere Absicht der Menschheit weiterrückte«.

Schiller, sein vertrauter Freund, hatte den »Wallenstein«, »Maria Stuart«, »Wilhelm Tell« fertig gemacht. Fast war Wilhelm, der an seinem Unvermögen, zu produzieren, litt, Weimar dadurch verleidet. Nun aber saß er in Rom, während sein Bruder als gefeierte Berühmtheit aller Akademien von Paris bis Berlin durch Europa zog, das Reisewerk zusehends förderte, von Tatendrang überlaufend, bereits eine asiatische, eine russische Expedition vorbereitete.

Wilhelm, durch Realität und Gegenwart verwundet und abgestoßen, ergeht sich in Empfindungen melancholischer Idyllik. In langdahinfließenden Briefen ergießt sich sein Mitteilungsdrang an seine Frau, die - schwanger im 5. Monat - Rom und ihren Mann floh. Die nach Thüringen und von hier nach Paris umherreist; dort das inzwischen verstorbene Neugeborene, das Wilhelm nie gesehen hatte, begrub, um erst nach fast einem Jahr der Abwesenheit wieder ihren Platz als Hausherrin des Palazzo Tomati einzunehmen. Wir vernehmen von Wilhelm über diesen ungewöhnlichen Urlaub, von diesen Amouren kein Wort.

Varnhagen, unerschöpflicher Born delikatester Informationen, berichtete über diese Intermezzi der Humboldtschen Ehe mit unnachahmlicher Feinheit: »Mit größerer Grazie war noch niemand verheiratet.«

Ob bei Wilhelm, diesem zarten Hyperästhetiker von geringer sthenischer Qualität, die auf Realisierung drängenden Triebkräfte wirklich - und ohne Erschöpfbarkeit - so stark entwickelt waren, wie Kaehler es uns in seiner bedeutenden biographischen Darstellung glauben machen will, möchte man eher bezweifeln. Man möchte eher an das Gegenteil denken: an den Versuch der lebhaften erotischen Phantasietätigkeit eines Mannes von hoher ethischer

Gesinnung, ein Versagen zu verbergen. Sieht doch die Nachwelt dem großen Manne gern kleine Schwächen, nie aber einen abartigen Charakter nach.

Es ist nicht ohne Reiz, den Versuch zu unternehmen, die schwierigen Fragen der Ästhetik biologisch zu beantworten. Reine Denker, Idealisten, Despoten und Fanatiker, Kants und Robbespierres wird man vergeblich in Boudoirs und Alkoven zu finden suchen. Geht man hier weiter, liest man Wilhelms Canova-glatte, sieben Großoktav-Bände füllenden Briefe an seine Monate, mehrfach jahrelang von ihm abwesende Frau, könnte man versucht sein, die Gegenposition zu beziehen und Carolinen ihr gestohlenes Glück an Burgsdorffs Seite in Paris herzlich zu gönnen: Blieb ihr am heimischen Tische versagt, was ihr anderswo reicher gedeckt ward?

Doch verlassen wir »des Mondes abgekehrte Seite«, und kehren zurück zur griechischen Wissenschaft, wie man sie am Ausgang des Rokoko, im Klassizismus, am Beginn des 19. Jahrhunderts verstand, zurück zum Lichte Griechenlands, in dessen Dunstkreis Alexander und Wilhelm erzogen worden waren, in derselben häuslichen Umgebung sich entwickelt hatten. Jenes Griechentum, an dem alle neuen Denkanstöße des Subkontinents, die Renaissance und die Reformation, der Idealismus und zugleich sein Schattenbild, der Kulturpessimismus sich emporgerankt hatten; und welches bis in den heutigen Tag hinein seinen stillen Glanz über Europa leuchten läßt.

Der gequälte Aufschrei der Naturwissenschaftler, die sich im Verständnis der Eliten weiterhin als ungebildete Spezialisten abgetan fühlen, die selbst im Sozialismus schmeckbare naturwissenschaftsfremde Essenz, beide zeigen, welch schweren Weg die positivistische Wissenschaft der Fakten und Dinge bei der Durchsetzung ihres Anspruchs als führender, allgemein anerkannter Kulturfaktor noch zu bahnen hat. Hilfsmittel dazu sind die Demokratie; und wirksamer noch helfen die Massen. Sie gehören zur Technik wie der Einzelmensch zur theoretischen Lebensform. Masse und Technik bedingen sich gegenseitig, so, wie ohne Steuerung und

Selektion, der in immer größeren Dimensionen betriebene Straßenbau die Zunahme der Automobile bedingt. Nach allem Gesagten aber können wir nicht erwarten, daß die schöngeistige Bildung auch unserer Zeit, die theoretische Lebensform, »als irrationalistische Unzucht des Denkens und geistige Verwahrlosung erkannt werden« wird.

Alexander, von der Verstärkerwirkung seiner von der südamerikanischen Reise an seinen Bruder zur Presseveröffentlichung gerichteten Berichte her ein Kenner der Propaganda, weiß, daß Ruhm, wennschon ephemer, daß »Menschheit« jedoch durch Reklame gemacht werden kann. So finden wir ihn bemüht, die von ihm unterstützte Industrialisierung und damit Ethisierung des Massenlebenswertes zu fördern. So interessiert er sich für die Probleme des Weltverkehrs, entwickelt Pläne für die Durchstechung des Isthmus von Panama. In die gleiche Kategorie ist das Gespinst seiner sich über den Globus spannenden Isothermen und Wetterbeobachtungsstationen einzuordnen. Die Erfindung des elektro-magnetischen Nadeltelegraphen durch seinen Göttinger Freund Gauß ermöglichte weltweite Kommunikation. Womit man denn die Existenz der im Gegensatz zum eigenen Wohlleben unterentwickelten und notleidenden Völker erst ins Bewußtsein Westeuropas holte. Bald war Europa vom Sproßpilz eines dichten Eisenbahnnetzes überzogen. Der rasche und regelmäßige transatlantische Liniendampfschiffahrtsverkehr ist so zu sehen. Durch die Popularisierung der Naturwissenschaften, in der Alexander, wie seine Kosmosvorlesungen ausweisen, unübertroffen war, durch das Verständnis der Technik als Selbstwert, durch die Industrialisierung und die massenhafte Gütererzeugung bekommt der Humanitarismus seinen das Antlitz der Erde bestimmenden Anspruch. Wir sollten darüber nachdenken, inwieweit biologische Kategorien Richtung und Beschleunigung dieses rasenden Vermehrungsprozesses beeinflußt haben.

Anders als die geistige Vorherrschaft beanspruchenden Intellektuellen stammen die Naturwissenschaftler häufig aus kleinen Verhältnissen. Zwar findet jede Revolution ihren Mirabeau; Rutherford aber, ein »Shakespeare im Zeitalter der Naturwissenschaft«, war der Sohn eines ungelernten Arbeiters. Erst der genetische Druck dieser breit emporgekommenen Massen - als Multiplikationsfaktor - dieser von der Natur mit unerschütterlichem Optimismus, Ideenreichtum, schneller Tatkraft und kontaktfreudiger, sozialer Einstellung begabten Menschen, hilft dem Sozialismus, der letzten der von Plato bis Hegel entwickelten Ontologie zur Wirklichkeit. Alexander war eine in menschlich große Dimensionen gehobene Entsprechung dieses Typus.

Wilhelm - wir wissen bereits - wie unberührt er, Elegien auf Rom dichtend, nach dem Tilsiter Frieden im zusammengebrochenen Preußen über die Feinheiten attischer Eloquenz und Demosthenes sich auslassend an den napoleonischen Wirren vorbeischritt. Sicher, er nahm die Teuerung von 1809 zur Kenntnis, als ein Pfund Rindfleisch vier Sgr kostete, bei einem täglichen Landarbeiterlohn von zwei bis drei Sgr, die Schuldner aber 15% Zinsen zu zahlen hatten. Selbst als er, aufgeschreckt durch den drohenden Verlust seiner Güter in Tegel und im Thüringischen, zögernd nur das zur »ruhigen Freude und heiterem Genuß« beanspruchte Rom verließ, selbst als er das Weihnachtsfest und den Anbruch *seiner* Heldenzeit als Preußischer Kultuschef und das Neujahr 1809 bei Goethe verbrachte, war selten von den Leiden der Nation, sondern nur vom »literarischen Heil Deutschlands« die Rede. Aus den Dichter- und Gelehrtenstuben Weimars brach er auf, als Sektionschef für Kultus und Unterricht, sein Griechenbild, die mit religiöser Gewißheit geglaubte Dreiheit vom »Guten, Wahren, Schönen«, seine eigene, elitäre, hochmütig isolierende und abstrahierende Geistigkeit in schier eherne Formen zu gießen. Mit solch strengen Forderungen bewegt sich Wilhelm in der Gesellschaft der Hochbegabten, die ihren Mangel an Unmittelbarkeit des Gemütes und Wärme des Herzens durch distinguierte Gesellschaftsformen in exklusiven Zirkeln, dem »Erfurter Tugendbund« z. B., in dem er seine Frau kennengelernt hatte, verbergen.

Im Niedergange Preußens, bei Armut, Hunger, Not, Vertreibung, der Ablösung des Rokoko und Klassizismus durch das heraufziehende Maschinenzeitalter war dies der seltene Augenblick, wo Realisten, wie Alexander, vor tauben Ohren predigen und das Zeitalter nur noch vom Unmöglichen Abhilfe erhofft. Abgeschafft wurden die auf der Linie Alexanders liegenden lebensnahen Bergakademien, Ackerbau-Institute, Tierarzneischulen und das Collegium medico-chirurgicum, die in Richtung auf Tüchtigkeit, bloße Stoffaufnahme, praktischen Nutzen und Demokratie zielten. Durch die Vielfalt der dorthin führenden Vorberufe und Vorschulen waren sie für Außenseiter eher durchlässig und konnten eine Art Volksbildungscharakter nicht immer verleugnen. Mit einem Federstrich warf Wilhelm als »Minister des Geistes« aus dem Verständnis der Aufklärung alle Möglichkeiten einseitiger Spezialisierung heraus. Er verurteilte die Mittelschule als Abrichtungsstätte für die Bedürfnisse des praktischen Lebens. Sie lief seinen Vorstellungen von der Heranbildung des griechenähnlichen Deutschen zuwider. Ein herrischer Idealist, überzeugt von der *Einheit* der Bildung, verordnete er über die drei Stufen Elementarunterricht, Gymnasialunterricht, Universitätsunterricht einen gewaltigen Anspruch auf menschliche Persönlichkeitsbildung, auf »menschliche Energeia…, die Darstellung der unendlichen Menschheit in der notwendig begrenzten Individualität«. Dies war sein Beitrag, den Pegel des Menschseins vor dem Absinken zu bewahren.

Den Elementarunterricht muß man sich - z.B. in Tegel im Schatten des Humboldtschen Schlosses - um 1786 - so vorstellen: Neben dem Lehrer Kahrs, der zugleich Küster war, wofür er jährlich 7½ Scheffel Roggen, 11 Brote und 10 Eier bezog, beherbergte das Schulhaus mit vier Stuben den Pferdehirten, Gänsehirten, Nachtwächter und Feldhüter. Die vierte Stube war des Schulmeisters Wohnung und Schulstube, und da er von Beruf Schneider war, diente sie ihm zugleich zur Werkstatt. Als die Zahl der zu unterrichtenden Kinder auf 30 anstieg, mußten sie während des Unterrichts stehen, wie denn überhaupt »die Winterschule nicht gehörig gehalten werden konnte, da seiner Frau Niederkunft«[186] bevorstand.

Der Reformplan Wilhelm v. Humboldts, gewachsen aus Schleiermachers »Gelegentlichen Gedanken über Universitäten im deutschen Sinn« und Wilhelms »Königsbergischem Schulplan« von 1809, sollte in schirmender Absonderung die Vollentfaltung der Individualität, die idealistische Typenbildung als hinführenden Weg zum wahren Humanismus herauf führen. Und was niemand von dem asthenischen, in schwächlicher Versunkenheit an römische Altertümer und Aktenfabrizierung verloren scheinenden Schloßherrn erwartet hatte: Wie in einer Trance, ohne Prioritätsrangeleien und Intrigen, ohne bürokratischen Reibungsverlust, rauschhaft, voller Schwung, ohne Ermüdung schien das Jahrhundertwerk - wie die Nachwelt es sah - in die Tat umgesetzt. Es blieb sogar Zeit und Kraft für ein zartes Verhältnis mit einer Königsberger geist- und lebensvollen beauty, Madame Motherby, Frau eines angesehenen Arztes, deren bedeutende Qualitäten im Nachhinein Ernst Moritz Arndt verstrickten und den berühmten Chirurgen Dieffenbach ruinierten. Natürlich, wie könnte es bei Wilhelm anders sein, ertrank dieser »unendliche Roman« in Fluten von Biefen und bald deutlich störendem Mißverhalten.

An den Zwängen unserer Massengesellschaft ist Wilhelms Wurf nicht zu messen. Seine Idee vom Menschen trat unter historisch-soziologischen Voraussetzungen zutage, die vom Humanitarismus unseres Industriezeitalters weitgehend frei waren. Aber sie würde sich kaum so zählebig zur Geltung gebracht haben, wenn sie nicht den innersten Wünschen großer Teile des Volkes entsprochen hätte. Wobei denn ratiomorphe Strukturen, ohne Inanspruchnahme geistiger Hilfsmittel, gleichsam ohne sich erkennen zu geben, Richtung und Dauer des geltenden Bewußtseins verwirklichten: Die antike Kultur und der Humanismus wurden mit Libido besetzt. Wilhelm, der diesen Geniestreich auf dem Verordnungswege von oben nach unten und in erregendem Tempo ausführte, konnte zwar später, als er die Dinge hatte aus der Hand geben müssen, schreiben »alles würde unendlich besser gehen, ohne daß der Staat sich einmischt«. Es ging aber besser; es ging sehr gut. Das preußische System der Gelehrtenschule trat seinen Siegeszug über die anderen deutschen Länder an; der Nutzeffekt für Verwaltung und Wirtschaft war evident: Der locker geheftete Flickenteppich des Deutschen Reiches wurde durch einige Nadelstiche fester zusammen gehalten.

Alexanders Urteile zur Gymnasialausbildung gehen in eine andere Richtung. Die Jugend sieht er hier zur Selbstzufriedenheit und naseweisem Aburteilen dressiert, die Knospen des jugendlichen Geistes in heißem Wasser abgebrüht, Keim und Triebkraft schien verloren, an Wachstum nicht zu denken. Er wünschte auf die *Ausbildung zur Tätigkeit* Einfluß zu nehmen. Er wollte die Gegenwart ergreifen, zu bessern war sein Ziel. So auch müssen wir seinen - eine Zeitlang von preußischen einflußreichen Militärs unterstützten - Plan zur Gründung einer höheren technischen Lehranstalt in der Tradition des Pariser Polytechnikums verstehen. Immerhin wurde an der Berliner Universität ein Seminar für Mathematik und Chemie eingeführt. Die Kriegsschule, vertreten durch den Major von Radowitz, setzte für diese Zwecke zwei weitere Planstellen durch. Dennoch vermochte selbst der offenbare militärische Nutzen die Widerstände nicht zu besiegen.

Völlig merkwürdig ist, daß es ohne erkennbare Industriealisierung in Deutschland bereits in den dreißiger Jahren des vorigen Jahrhunderts möglich war, in den angewandten Naturwissenschaften eine hochrangige Universitätsausbildung zu bekommen. Zum nicht geringen Erstaunen mußte Frankreich, mußten die Anglo-Amerikaner zwei Generationen lang zusehen, wie deutsche Ingenieure und Chemiker, wie Siemens und Ludwig Mond, ohne Konkurrenz sich im Vereinigten Königreich Vermögen erwarben, als hätten sie es in England mit einem unzivilisierten Kolonialgebiet zu tun, wie denn auch während der Arbeit am KOSMOS das Borsig'sche Etablissement in Berlin zur bedeutendsten Lokomotivfabrik der Welt geworden ist.

Es drängt sich der unzeitgemäße Verdacht auf, daß soziale und partikularistische Gegebenheiten der damaligen Zeit, bislang als Hemmnisse dargestellt, der Wissenschaftsentwicklung eher förderlich waren: Der Druck nämlich eines Bildungsbürgertums mit neuhumanistischen Neigungen auf die einzelstaatlichen, in ihren Wissenschaftsinteressen autonom organisierten und zum großen Teil protestantischen, d. h. den Naturwissenschaften und der Leistungsethik geöffneten Landesuniversitäten. Diese Universitäten konkurrierten lebhaft untereinander, wobei ihnen eine erstaunlich erfolgreiche Kommunal- und Sozialpolitik der Städte und nach den napoleonischen Kriegen Modernisierungswünsche von allen Seiten zu Hilfe kamen. Auch begann sich der Typ des Wissenschaftlers als bürgerliches Berufsbild herauszuheben, wiederum gefördert durch eben jenen Regionalismus, der aus Konkurrenz- oder politischen Gründen die Mobilität der Wissenschaftler eher begünstigte. Diese bürgerlichen Tendenzen nahmen die oberen, unverändert bestehenden gesellschaftlichen Ränge kaum wahr, empfanden sie eher als ridicul oder lehnten sie ab. Diese bourgeoisen Strömungen waren aber seltsam geduldet durch das Königshaus. Und alles geschah unter dem weiten monarchischen Mantel, wo dann allerdings manch Verstecken möglich wurde. Wie anders hätten sich solche Strebungen einer sozialen und kommunalen Selbstverwaltung, hätte sich der Fortgang der naturwissenschaftlichen Forschung erklären lassen? Und dies bei schwachen Herrschern und vielleicht gerade bei solchen, wo die Dinge als über den Parteiungen stehend sich erwiesen. Hätte sich sonst in Berlin P. C. W. Beuth 1821 mit dem Prototyp einer frühindustriellen Technikerschule etablieren können? Wie sonst hätte die Techniker-Elite im Modernisierungsprozeß Preußens eine Schlüsselrolle übernehmen können. Denn Preußens Großmachtrolle im 19. Jahrhundert beruhte mit auf seiner vorausgeeilten Industriealisierung und auf der Qualität der theoretischen Ausbildung, dem Ideenreichtum und dem Leistungsvermögen der Gewerbeinstitut-Absolventen. Es gab sogar Stipendien in der Beuth-Schule, die vom Staat bezahlt wurden, und diese waren mit 300 Thalern im Jahr dotiert. Das entsprach dem mittleren Gehalt eines Lehrers und war mehr, als 80% der steuerpflichtigen Bevölkerung verdiente. Auch wurden Reisestipendien für England, Belgien, Frankreich und die U.S.A. gewährt. So war es denn ein preußisches Paradox, daß unter dem Absolutismus und der speziellen Berliner Orthodoxie, über die Alexander zu klagen hatte, in der ersten Hälfte des 19. Jahrhunderts gerade der Monarchie die Aufgabe einer unbewußten, nicht gewünschten Innovation und der technischen Ausbildung der unteren Stände zufallen mußte. Wer denkt schon an dieses wenig bekannte Bildungspreußen, das nicht auf den Wegen Wilhelm v. Humboldts vorankam, sondern einem praktischen Kulturideal folgte, welches endlich zur Zerstörung der monarchistischen Regierungsform führte. Offenbar lebte - entgegen den Verlautbarungen der Öffentlichkeitsorgane, der Zeitungen und der das überlieferte Wort beherrschenden Intellektuellen - offenbar lebte herauf bis zu professoralen und Akademikerkreisen der »kleine Mann« »bon und propre«, bei langsam steigendem Wohlstand.

Man ist versucht eine Parallele zu unserer Zeit zu ziehen: Napoleonische Kriege - Armut - Emporsteigen, und dem Kollaps nach 1945: wiederum Zerstörung, Not, Aufwärtssteigen, - später Unzufriedenheit.

Wäre diese preußisch-deutsche technische Explosion, dies Industriewunder *auch* eine Wirkung der preußischen Bildungsreform, so könnte man diesen, der gepaarten Zweiheit und dem Andenken Wilhelms bei heimlicher und immerfort ausdauernder Gegenwart Alexanders gewidmeten Exkurs mit den Schlußworten der »Lehrjahre« beenden:

> »Du kommst mir vor wie Saul, der Sohn Kis,
> der ausging seines Vaters Eselinnen zu suchen,
> und ein Königreich fand.« [187]

★

Wilhelm bestätigt uns durch seine Hinwendung zum »Deutschtum«, zum preußischen Staate, daß die Befassung mit Altertümern, mit der Philologie und den Geisteswissenschaften auf das Vaterländische zurückführt. Womit erstaunlich syntop eine bestimmte Vorstellung von Stil, Haltung, Treue, Inpflichtnahme, Leistung und Distanz, aber auch Intoleranz und ein Zug zum Unmodernen verknüpft waren. Wie denn - alles eingerechnet - humanistisches und naturwissenschaftliches Wertempfinden des Begriffes »Zeit« weit auseinandergehen: Für den Geisteswissenschaftler hat die abgelaufene Zeit sein Arbeitsmaterial bereits aufbereitet. Aus den abgesenkten Gewölben der Vergangenheit holt er den Stoff, mit dem er sich in der Gegenwart einzurichten hat. Für den Naturwissenschaftler dagegen nimmt die Zeitkurve einen ansteigenden Verlauf. Er blickt vorwärts und hat die Zukunft eigentlich im Blut; wozu auch eine gewisse Feindseligkeit gegen das Vergangene gehört.

Während Wilhelm, was den Geisteswissenschaftlern fast stets gelingt, das Sein in der Zeit empfand und von dort her beruhigt war, konnte Alexander dies nicht glücken. Er mußte die Machbarkeit der Zukunft bedenken, wie sie sich ihm in der Experimentaltechnik, im Sachzwang, in der Wirtschaft anbot. Überzeugt von der Annahme, daß Fakten den Ideen überlegen seien, bedachte er, in kleinen, geprüften Stufen voranschreitend, mit enger Optik stets auf das Nächstliegende gerichtet, seine Absichten. Bei dieser, in Richtung auf das allgemeine Menschheitsglück unternommenen Arbeit hätten ihn, der jetzt und sofort zu handeln und abzuscheiden hatte, »Ideen« nur in Zweifel stürzen können. Wird nicht auch der Staatsmann, gesättigt von allzu tiefer Geschichtskenntnis, unfähig zu rascher Tat und notwendiger Entscheidung?

So finden wir denn auch die positiven Wissenschaften als Bundesgenossen der Autorität: Der Umgang mit Fakten, das Bewältigen der Stoffmassen fördert die intellektuelle Subordination; wie schon Metternichs Adlatus, Friedrich v. Gentz, gewußt hat.

Wollten die bisherigen Ontogenien einfach nur dauern und in der

Transzendenz überleben, so ist die von Alexander vertretene naturwissenschaftliche Kultur nicht nur auf schnelle, praktisch verwertbare, die Gegenwart befriedigende Resultate aus, sondern sie ist auch - sich ständig »selbst in Frage stellend« - nicht auf Dauer angelegt. Sie wünscht das Risiko des Denkvorganges möglichst kurz zu halten und gewinnt dabei die Qualität, dem Nichts und der in ihre Hand gelegten Selbstvernichtung ins Auge zu blicken: Auch schimmern hier anthropologische Gegebenheiten durch: »Das Gehirn ist als Totschläger angelegt.« Die Faszination des Grauens ist die Faszination der Wahrheit: es offenbart sich der Weltgeist. Doch wann in seiner langen Phylogenese war der Mensch nicht gefährdet? Er hat sich daran gewöhnt, mit dem Untergang zu leben.

Als einst, auf seiner Südamerikareise, Alexander, ein seine Absichten störendes Anschwellen des Orinoco befürchtend, die eingeborenen indianischen Träger zu Gewaltmärschen antrieb, verweigerten sie ihm nach zwei Tagen den Gehorsam: Der Anführer trat vor ihn hin und sagte: »Unsere Seelen sind zurückgeblieben. Wir müssen warten, bis sie unsere Körper wieder einholen.« Kein Philosoph hätte die unterschiedliche Ablaufgeschwindigkeit zwischen natürlichem, beharrendem Evolutionsfluß und dem Überbau durch die technische, auf raschen Zugriff angelegte Kultur klarer ausdrücken können. Unser abendländisches Problem liegt hier offen zutage. Wir wünschen den Rationalismus der Nahziele, das möglichst größte Glück für die möglichst größte Zahl in der kürzest möglichen Zeit. Wird aber die Masse der Fakten und experimentellen Daten zu groß, beginnt die Last der dadurch verwandelten Zustände unsere Freiheit zu erdrücken. So wie auch das Menschsein in der Massenhaftigkeit der eben durch die Faktenschöpfung, durch Technik möglich gewordenen quantitativen Menschheitsexplosion zu ersticken beginnt.

Immerhin, Demokratie, industrielle Produktivität und Wohlstand, dieser uralte Menschheitstraum schienen auf den Weg gebracht. Nur ein Hindernis, der Mensch selbst, stand noch zwischen diesem Traum und seiner Realisierung. Und so ist es nur folgerichtig, wenn mit einigem Abstand dieser Versuch, gleiche Freiheit und gleichen Wohlstand für alle zu verwirklichen, sich mit voller Kraft gegen die Sprache richtete als Träger der Mythen, als das Reich der Ideen, der nicht auf Zahlen und Codewörter begründeten technischen Kommunikation, als formale und denkerische Plattform, als offener Raum zur Gymnastik des Geistes, in dem sich menschliche Strukturerkenntnis und Freiheitsanspruch zugleich verwirklichen. Wer die Axt an diese magische Wurzel menschlicher Existenz legt, hat den letzten Schritt getan, die jenseits der Welt geborgenen Werte menschlicher Kultur zu zerstören.

Wir vernehmen die Stimme Wilhelms, des in der Starrheit einer fortschreitenden Parkinson'schen Erkrankung erkaltenden »Weisen von Tegel«, und lesen, verborgen in einem so abgelegenen Text wie dem nach seinem Tode veröffentlichten Vorwort »Über die Verschiedenheit des menschlichen Sprachbaues...«: Die Sprache »...ist selbst kein Werk (Ergon) sondern eine Tätigkeit (Energeia). Ihre wahre Definition kann deshalb nur eine *genetische* sein. Sie ist nämlich die sich wiederholende Arbeit des Geistes, den artikulierten Laut zum Ausdruck der Gedanken fähig zu machen«.[188]

In diesem Sinne verstanden ist Sprache ein Instrument der Herrschaft. Hierarchien spiegeln das Ordnungsbild der Natur wider. Ohne Notwendigkeit keine Evolution: Die biologische »Masse« schwämme noch dumpf in den Urmeeren des Algonkiums. Werden die Dinge ihren Lauf nehmen, den keine menschliche Macht mehr aufzuhalten vermag?

★

Wir kennen die Lithographie des 45jährigen Alexander nach einem eigenhändig gezeichneten Selbstportrait: Seltsam verhalten blickt der sonst immerwährend heiter sich gebende Kosmograph uns an: Was sah er bei seiner Selbstprüfung? Sah er Wilhelm in seinem Studiersaal über Ideen brütend, noch ruhend im Selbstverständnis der nicht reflektierenden Lebensgewißheit des Ewigen, der Sicherheit des Überlebens des Menschheitsgeschlechtes? Oder sah er das unheimlich Moderne des fortschrittlichen Empirismus der Naturwissenschaft? Erschreckten zukünftige geistige Not, existentielle Angst und das universal verbreitete Gefühl einer unabwendbaren Katastrophe den allzeit optimistisch sich Gebenden: »In welchem Zustande verlasse ich die Welt, die ich 1789 erlebte und mitfühlte«,[189] schrieb der 84jährige an Varnhagen, den unermüdlich Sammelnden, Bewahrenden.

Der Deutsche Geist, die Tiefe, der Drang zu den Müttern, die spekulative Systemsucht hatten kapituliert vor der französischen, der westeuropäischen mechanistischen Denkart: Die Philosophie, herabgestürzt vom Piedestal des Königtums, mußte die Herablassung, mit der sie die Naturwissenschaften bislang mißbraucht hatte, bitter bezahlen, kärglich genährt im dunklen Stübchen eines unbeachteten Historismus ihrer Erweckung harrend. Die technokratische Gesellschaft hatte keinen Platz mehr für die Philosophie. Die Grübeleien der Humanisten, der Philosophen wirken angesichts des Nachdenkens über die subjektive Interferenz der Quantenphysik, über das Penrose Theorem*, angesichts der Sternstunden der molekular-biologischen Erkenntnis der Doppelhelixgestalt der egoistischen Gene wie altmodische Marotten. Dies ist nicht das Zeitalter der Wertungen, welches allein das technisch Machbare einschränken kann. Sind die Strukturordnungen und Dimensionen, die Freiheitsgrade unseres Denkvermögens genetisch kodifiziert? Auch das mag Alexanders Spiegelblick andeuten: Nie ganz gelöst vom ästhetischen, man darf sagen künstlerischen Bedürfnis, die Harmonie des Ganzen zu *einem* Bilde zu formen, waren ihm die Objekte der Erkenntis auch gleichzeitig Gegenstände zur Erhöhung des Naturgefühls: die »Ansichten der Natur«, ja den fünfbändigen Kosmos darf man getrost als eine Anleitung zum Genuß der Naturwunder »von den Nebelflecken bis zu den Mooren« auffassen.

Würde es gelingen den Bogen zum Universalismus zu spannen, zu der ihm in unbestimmten Umrissen »über ein halbes Jahrhundert

vor der Seele schwebenden Idee zu einer Weltphysik«? Diesen Halbzirkel zu zwingen, zum jenseitigen Ufer der strengen, nüchternen, auflösenden Rationalität der empirischen Naturwissenschaften, hin zum Universalen? Sollte die hypomanische Kraft, die von einem Staunen erregenden Biotonus getragene Vitalität, sollte all' dies nicht Himmel und Erde vermählen? Sieht man es so, Alexander v. Humboldt und Wilhelm, Oranienburger Straße und Schloß Tegel, wären dann einer Utopie zuliebe vereint.
Es ist gut, dieses Schlößchen Tegel zu haben, in seiner besonnten Einfachheit und weißen Würde.

Wir verlassen »dieses stille Haus« mit der gewissen Empfindung, die *Dauer* leibhaftig gesehen zu haben, oder ihr Abbild. Wir fühlen uns auf dem Königsweg des Unaufhörlichen und beginnen zu verstehen, wie sauer es dem tätigen Handeln wird, wenn es sich gegen den sich selbst konsumierenden Fortschritt anstemmen muß.

Und Alexander?
Seine Wohnung - bald abgerissen. Die Sammlungen und Bücher zerstreut und verbrannt. Das »flüchtig aufgeführte Lehrgebäude längst eingestürzt«[190] die »Thatsachen« über ihn hinweggegangen. Ständig unterwegs, wo war er angekommen? Bis auf sein Sterbebette war er einer philosophischen Naturkunde im Geiste eines Universalismus gefolgt, versuchend »die Welterscheinungen als *ein* Naturganzes aufzufassen«. Ist dieser Gedankengang ohne Widersprüche? Ist unser Los bestenfalls ein »erfülltes, weil mit Leere gesättigtes Werden«? Lächelt aller Optimismus mit falschen Zähnen? Aber die vom Homo sapiens oft benutzten Hilfskonstruktionen Wilhelm v. Humboldts, eines als Ontogenie sich anbietenden Idealismus oder einer anderen messianischen Eschatologie hält für die Menschheit größere Überlebenschancen bereit als Alexander v. Humboldts durch warmen Küchengeruch und bequemes Wohlleben führender Saumpfad. Öffnet sich seine letzte Tür doch schrecklich zur objektiven Erkenntnis als alleinigem Quell authentischer Wissenschaft: Der Mensch ist für diese eisige und verlorene Welt nicht gemacht; er stürzt in das Nichts.

Es ist eine Schaudern machende Einsicht: Dem Menschen genügt nicht zu arbeiten, reicher im vollen Wortsinne zu werden, glücklich zu sein, eine Zukunft vor sich zu sehen - er muß auch beten, seinen metaphysischen Hunger stillen. Dies ist der Punkt, den der Humanitarismus, der uralte Traum eines universalen Sozialismus als abschließendes Resultat menschlicher Entwicklung nicht zu ersetzen vermag: Die Vertreibung des in Unbefangenheit lebenden Menschen aus dem Paradiese im Übergang des letzten Glacials; der durch die Wandlung des Biotops notwendige Sturz einer mit hohen menschlichen und künstlerischen Werten ausgestatteten Jäger- und Sammlerkultur zum gedrückten, durch die Last regelmäßiger Arbeit in einem engeren humanen Freiheitsraum sich bewegenden Ackerbauern: »mit dem Pflug kommt die Knechtschaft«.

Dennoch, wir leben ja. Wie klingt die gelassene Stimme des Uralten aus der Oranienburger Straße im Widerstreit der Diadochen: »...Jahrhunderte sind Sekunden in dem großen Entwicklungsprozesse der fortschreitenden Menschheit. Die ansteigende Kurve hat aber kleine Einbiegungen, und es ist gar unbequem, sich in einem solchen Teile des Niederganges zu befinden.«[191] Wenn überhaupt jemand, werden die Naturwissenschaftler aufgerufen sein, den grandiosen, vom Buch der Bücher geforderten Entwurf zu einem apokalyptischen Ende zu bringen: Durch objektive Erkenntnis die Erde sich untertan zu machen.

Woraus dann eine Biochemie der Ethik abzuleiten sich erübrigen wird.

* Zu S. 199: Penrose-Theorem: Gravitatorischer Zusammenbruch; das Licht kann das Gravitationsfeld nicht mehr durchdringen: Ein »schwarzes Loch« entsteht, den Ort eines Weltkörpers anzeigend, dessen Volumen fast Null, dessen Dichte nahezu unendlich ist.

»Es ist nichts mehr zu hoffen, das Spiel ist
vollkommen verloren zu geben. Ich bitte Sie,
geben Sie es auf, an oder für den König zu
schreiben, schreiben Sie fürs Volk.«

ALEXANDER V. HUMBOLDT
an Bettina v. Arnim

NEUNTES KAPITEL

Innere Emigration

Carolinens Samowar im Tegeler Blauen Salon stand lange schon verwaist, keine familiären, keine liebevollen Gespräche mehr, die Alexander mit dem Gefühl innigsten Behagens genossen hatte: »Nie in meinem Leben bin ich so geliebt worden, ... die Erinnerung an diese Zeit wird niemals verblassen ... liebe Li...« Denn letztlich war er, der Umgetriebene und stets sich Geschäftiggebende - allein. Vorbei auch das Unbehagen, die Rückerinnerungen an das Paris des Bürgerkönigs, das ihn, je mehr die Zeit vorrückte, eher bedrückte als belebte. Alexander mußte sich aus den bourgeoisen Miasmen der Ära des Louis Philippe, aus aufsteigender Schwermut lösen.

Lange hatte er die Kleider des Directoire getragen: »Blauer Frack, vergoldete Knöpfe, gelbe Weste, Hose aus gestreiftem Material, weiße Krawatte, umgeschlagene Stiefel, das letzte Paar in Paris, das bis 1822 überlebte...« und auf dem Kopfe »ein schwarzer, abgenutzter, müde blickender Hut«[192]. Die Seinemetropole wurde ihm »langweilig und eintönig«. Sein König, Friedrich Wilhelm III., weithin nur als Ehemann der »preußischen Titania« bekannt, der »einzigen, großen Dekoration« dieses gedemütigten Landes, wie Gentz tiefsinnig vermerkte, der Königin Luise, die Alexander als äußerst »selbstsüchtig, verschlagen und versteckt« empfand - dieser Monarch also, der 43 Jahre lang regieren sollte, hatte Humboldt am goldenen Zügel der Abhängigkeit an seinen Hof gebunden, den »unerzogensten von ganz Europa«.

Wir kennen die Gründe, die ihn aus Paris im Mai 1827 in die »Einöde Berlins« zurückgeführt hatten.

Aber es bleibt ein Rest: Frankreich, die persönliche Freiheit, die ihm stets gegenwärtigen Ideale der Französischen Revolution tauschte er ein gegen Orthodoxie und Junkertum; alles erwartete er von einem mehr gewünschten als vorhandenen »Keim fortschreitender Entwicklung«.

Betrachten wir das Schauspiel aus der Nähe: Ein beinahe 60jähriger hat sein Vermögen im freigewählten Exil, in Paris, aufgezehrt. Der Austausch mit den besten Köpfen seiner Zeit, die Gewohnheit des aristokratischen Umgangs, der geistvollen Konversation und genügende, wenn auch stets zu knappe Mittel für ein dezentes Mäzenatentum zur Verfügung zu haben, waren ihm angenehme Lebensbedürfnisse geworden. Ein Mann noch des 18. Jahrhunderts, von einer angeborenen »satirischen Munterkeit«, durch selbst auferlegte Verpflichtungen tätig, ja von Geschäften beinahe erdrückt, mit einer unstillbaren Neigung und Fähigkeit ausgestattet, sich Freunde zu schaffen, steigerte er sich mit fortschreitendem Alter zu einem auf naturwissenschaftliche, geistige Zwecke gerichteten Altruismus. Ehrgeizig bis zur Eitelkeit muß er feststellen, daß seine eigenen Mittel zusammengeschmolzen, die Konten leer, Kredite immer schwerer zu beschaffen sind. Schließlich emigriert er in seine Geburtsstadt.

An Feinden, an denen er seine spitze Zunge wetzen konnte, mangelte es am Berliner Hofe nicht. In den geselligen Verkehr der Stadt jedoch wurde er mit überschwenglichem Entgegenkommen einbezogen. Dem alten Generalfeldmarschall v. Gneisenau war er willkommen, natürlich den alten Freunden, der Rahel Levin, dem Arzte Ephraim Beer; jeder wollte den »Walfisch der Gelehrsamkeit«[193] sprechen hören. Denn er sprach gut - nicht nur über Dinge der Wissenschaft; auch Skandälchen und dem Stadtklatsch gewann er Seiten ab, »woran Scharfsinn, Witz, Ironie, Erfahrung, Gedächtnis, Universalität und endlich ein klein Bischen Bosheit mit verschmitzter Bonhomie versetzt sich zeigen konnten«. Er hörte August Wilhelm v. Schlegels Vorträge in der soeben - 1827 - fertiggestellten Singakademie über »Theorie und Geschichte der bildenden Künste«, eine voll aus dem Geist der Romantik schöpfende literarisch-philosophische Darstellung des Gegenstandes. Ein wohl als Kompliment an den soeben aus Paris zurückgekehrten Alexander gedachter Hinweis Schlegels, die »Naturerkenntnis ... sei der charakteristische Zug der Bildung des Zeitalters«, muß Alexander wie ein Wetterleuchten am naturphilosophisch verfinsterten Himmel erschienen sein. Kurz, Schlegels äußerer Erfolg, sein von ihm später abgeschwächter Naturhinweis wurden mit Veranlassung für die 16 »Kosmosvorlesungen«, vom Dezember 1827 bis April 1828 in der Berliner Singakademie: Der Atem einer neuen Zeit, zunächst noch ein Lüftchen, wehte über die Köpfe der Zuhörer, über den König, die Prinzen, das ganze gemischte Publikum, und nicht zuletzt über die Spitzen, Rüschen, Schleifen und Federn an den Hüten der zahlreich erschienenen Damen. Ein zum gesellschaftlichen Ereignis gewordener saekularer Vortragszyklus über Naturgegenstände, über Strahlen, Südhimmel, Sonnenflecken und Interferenz-Phänome verwahrte sich gegen eine »Naturphilosophie ohne Kenntnis und Erfahrung«. Humboldt reichte vom hohen Katheder der Gelehrsamkeit herab dem Laienpublikum, dem Volke die Hand; eine Geste, die erst 100 Jahre später mit Bruno Bürgels »Vom Arbeiter zum Astronomen« und Wilhelm Bölsches »Liebesleben in der Natur« ausklingen sollte.

Der Anspruch der schönen Literatur, der Künste und der Philosophie als Alleinträger kulturellen Interesses war erschüttert: die Romantik sinkt hinab. »Alexander ist wirklich eine puissance« muß Bruder Wilhelm an Goethe melden. Und die Kosmos-Medaille, ihm im Namen der Zuhörer überreicht, »Illustrans totum radiis splendentibus orbem«, ist sie nicht eine Huldigung, welche die Epoche zu ihrem Ruhme, mit aufwachender Erkenntnis den vorwärts wehenden Fahnen darbrachte? Aus diesem Verständnis heraus arbeitete Humboldt bis zu seinem Tode am KOSMOS, einem aus der enzyklopädischen Kraft des vergangenen Jahrhunderts erblühenden Werk, das, wenn schon nicht gelesen, so doch von jedermann besessen werden mußte. Unter eine beherrschende Leitidee gestellt war ihm die Naturwissenschaft jenes einigende Band, das Europa, das die durch Philosophen und »Kultur« in ganz heterogene Stücke getrennte Menschheit wieder zusammenführen mußte.

Wir kennen den Lebenston in Alexanders populärsten Werken: die Wörter »Wunsch - Reiz - Glück - Zauber - Schmerz - Entsagung - Sehnsucht«: es ist die Melodie des deutschen Idealismus, die hier angeschlagen wird. Dies erinnernd, drängt sich uns ein anderer Kosmos herauf: die sorgsam gesammelten und mit hohem Anspruch vorgetragenen Materialien »Zur Geschichte der Farbenlehre«, »Die Fragmente über die Natur«, »Über Granit«, »Die Metamorphose der Pflanzen«. Ja, einen Roman »über das Weltall« plante der Weimarer Olympier. Dies ist Alexanders magnetische Nadel, mit der er die Naturwissenschaft in den bislang mit Kunst und Literatur ausgefüllten Kulturfahrplan jedes Gebildeten einführt, »den Genuß der Natur durch tiefere Einsicht in ihr inneres Wesen (zu) vermehren«. Humboldt war der Meinung, das diejenigen Völker, die in der allgemeinen industriellen Tätigkeit zurückstehen, unausbleiblich von ihrem Wohlstande herabsinken; die Ökonomisierung aller Verhältnisse bricht an. Er glaubte, daß es eine glückliche Verkettung gäbe, nach der das Wahre, Erhabene und Schöne mit dem Nützlichen wie absichtslos in ewige Wechselwirkung tritt. Welch Irrtum!

Wenn wir nach der - notwendigerweise irrationalen - Wurzel des Ruhmes suchen, der sich so verschwenderisch im zweiten Drittel des 19. Jahrhunderts auf Humboldts Schultern senkte, greifen wir sie hier mit Händen: Nicht die von ihm gesuchten Schwierigkeiten der Reisen in entlegene Länder, nicht die - ihm bewußte - Pflege, Verwaltung und Organisation der einmal erreichten Größe war der Born seines Ranges: als Repräsentant des naturwissenschaftlich erwachten 19. Jahrhunderts wurde er als faßbarer Ausdruck dieser epochalen Zäsur im Bewußtsein des Publikums zum Träger des Universalgeistes. Es sagt sich leichthin, »Ruhm ist der Schatten der Vortrefflichkeit«. Wenn dem so ist, muß doch mehr mit Humboldt gewesen sein, als manche glauben.

Im Glanze der Humboldtschen Sonnenstrahlen allgemeiner Anerkennung und emotionaler Anhebung erwärmte sich auch die eher trockene Natur des Königs, dem Alexander, eher ein Freund denn ein Kammerherr, stets mit löblicher Nachsicht gedient hat: Die Naturforscherversammlung, zu deren Präsidenten Humboldt bestellt war, konnte 1828 in Berlin stattfinden. 463 eingeladene Gäste kamen sechs Monate nach den »Kosmosvorlesungen« zum abendlichen Tee ins Schauspielhaus: Humboldt wünschte die aus dumpfen Bierkellerversammlungen zur 7. Tagung Deutscher Naturforscher und Ärzte emporgestiegenen, zahlreich erschienenen Gelehrten in persönlichem Umgang und freiem Gespräch aufeinander wirken zu lassen. Dies schien ihm der Hauptgewinn eines solchen Unternehmens. Die wissenschaftliche Veranstaltung atmete Alexanders glückliche und leichte Hand: »... die Bewirthung war reichlich; Musik und Gesang unterbrachen öfter die lebhafte Unterhaltung«[194]. Der Prototyp jener Mammutkongresse war geboren, von denen Humboldt später als »großen gastronomischen Anstalten für die wandernden Naturforscher« sprach, »wo vielfach, unter Gelagen, die gelehrte Eitelkeit Befriedigung findet«.[195] Humboldts Kongreßvorausplanung war mustergültig. Seine Fähigkeit, organisatorische Notwendigkeiten zu erkennen, der rasche Blick, sofortiges Handeln geben dem biedermeierlichen Ambiente der Zusammenkunft einen Zug ins Moderne: Die Presse wurde informiert, Tagungsstipendien gewährt, Quartierbeschaffung geregelt, Empfangsbüro und Sitzordnung; an alles war gedacht. Sogar die Aufteilung in Sektionen, nach Interessenrichtung und Fachdisziplinen war programmiert: Der erste Schritt zur arbeitsteiligen Spezialisierung der Naturwissenschaft war getan.

Seine Festansprache war ein Meisterstück vorausgreifender und zugleich besänftigender Rhetorik: Die progressivsten Ziele wurden angesprochen - »das Bild des gemeinsamen Vaterlandes« - die Aufweichung einer bisher unangefochtenen »Gesamtschau« der Natur durch die Aufforderung, »sektionsweise ausführliche Vorträge über einzelne Disziplinen zu halten«, gefördert; und alles wußte er so in Watte zu hüllen, daß der Monarch geschmeichelt, der Polizeipräsident beruhigt, die gelehrte Welt ahnungslos blieb.

Staatsrat von Kamptz, stockkonservativ, dessen Schriften auf dem Wartburgfest von den Studenten neben Schnurrbart, Haarzopf und Korporalstock verbrannt worden waren, ging Arm in Arm mit Oken, dem in Jena relegierten naturphilosophischen Demagogen, dessen Erscheinen er zunächst hatte verhindern wollen, zur Mittagstafel. Der starre, schwierige, abweisende Göttinger Mathematiker Gauss fuhr vergnügt in Humboldts Kutsche durch Berlin zum Champagner-Frühstück, das sein Bewunderer ihm gab: Etwas Triumphales muß durch Humboldts Seele gezogen sein, das Widerstrebende vereinigt, Feuer und Wasser versöhnt und dennoch die Wahrheit nicht gedemütigt zu sehen. Schmeichelte ihm diese Genugtuung? War sein lawinenartig anschwellendes Mäzenatentum, ein im kleinsten bewährter, sorgfältig stilisierter Altruismus tragfähig genug, den Gewichten seiner Doppelexistenz standzuhalten?

Nach den Kosmos-Vorträgen, nach der Staunen erregenden Naturforscher- und Ärzteversammlung werden große literarische Pläne entworfen. Der Verleger Cotta lockt den stets um »die Prosa des Lebens« verlegenen Humboldt mit 5000 Talern Honorar für die - »ganz frischen« - Vorlesungsmanuskripte. Alexander widersteht. Er konzipiert Größeres: Die enzyklopädistische Idee des auslaufenden 18. Jahrhunderts, eine »Physique du Monde« wird sich zur »physischen Weltbeschreibung«, zur Idee des KOSMOS fortentwikkeln.

Doch weiter, noch steht er nicht stille: die russische Reise folgt unmittelbar auf diese grandiose Wissenschaftsschau: 15 340 Kilometer legt der 60jährige in 261 Tagen zurück, alles im Frack, weißer Halsbinde und »rundem Hut«[196], - einmal in neun Tagen 1000 Preußische Meilen. 12 244 Pferde wurden gewechselt. Ein Koch, sein Diener Seifert, zwei Berliner Gelehrte, Ehrenberg als Botaniker und Biologe und Rose für die mineralogisch-chemischen Arbeiten und die Verfertigung des Reiseberichtes begleiteten seine Exzellenz, Alexander v. Humboldt, Träger des Adlerordens. Sein Reisewagen ist speziell für diese Unternehmung gebaut. Graf Cancrin, der in Hanau geborene russische Finanzminister, händigt ihm bei Beginn der Reise 20000 Rubel zum persönlichen Gebrauche aus, von denen Humboldt, an den Ruf seines Namens denkend, ohne Zögern - wenn auch bedauernd - 7050 zurückgibt. Cancrin wird darüber erstaunt gewesen sein. Rauschende Empfänge in Petersburg, Moskau, Diners »à quatre Couverts« mit dem Zaren Nikolaus I., vor allem mit dessen Gemahlin, Charlotte, der Tochter des Königs von Preußen. Man behandelt ihn mit der »edelsten Hospitalität«. Damit sich dem Zarewitsch diese Erscheinung deutlicher einprägt, wird dem elfjährigen Thronfolger, dem späteren Alexander II. gestattet, ihm ein Bankett zu geben.

Beabsichtigte Akademievorträge scheitern an der überschäumenden russischen Gastfreundschaft; alle Sammlungen, Bibliotheken öffnen sich ihm. Die russische Nation ehrt sich selbst, indem sie den großen Mann fürstlich empfängt; seine wissenschaftliche Aufgabe, die wenig bekannten Räume des transuralischen Rußland zu erforschen, in derben und feinsinnigen, immer aber großmütigen Umarmungen fast erstickt. Am Ende dieser Reise steht ein vom Zaren geschenkter Zobelpelz »5000 Rubel wert«, wie Humboldt stolz vermerkt, und eine kostbare Malachitvase, auf 35000 Rubel geschätzt: Wir finden sie wieder auf Hildebrandts Aquarell des Humboldtschen Studierzimmers, links neben seinem Schreibtisch stehend. Alexander benutzte sie als Papierkorb. Überraschend schnell, kaum 24 Monate nach der Rückkehr, erschienen in zwei schmalen Oktavbändchen erste »Fragments ... asiatiques«. Zwölf Jahre danach wird der zusammenfassende, alle jemals erschienenen Veröffentlichungen berücksichtigende Reisebericht, wegen seiner »fast vollständigen Beschreibung der Mineralien« des Zarenreiches von russischen Forschern noch in den letzten Jahrzehnten unseres

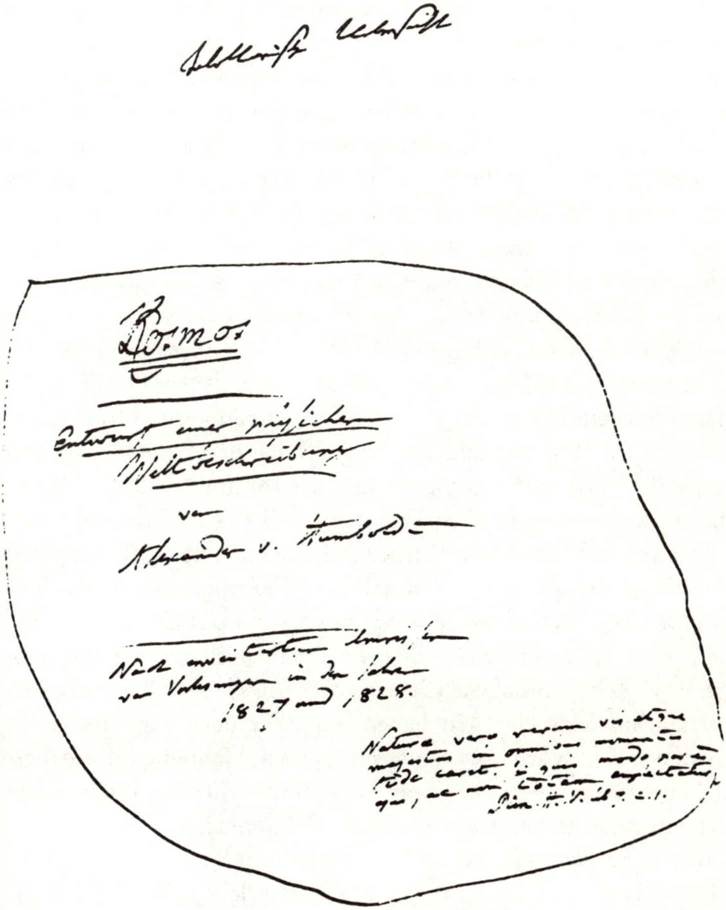

Alexander v. Humboldts eigenhändiger Titelentwurf zum Kosmos
(Handschr. Abt. Preuß. Kulturbesitz Berlin)

Jahrhunderts ehrend erwähnt, in drei Bänden mit fünf Karten herauskommen.

Nicht ganz drei Jahre waren nun seit seinem Eintreffen in Berlin vergangen. Es senkt sich fortan über sein Leben ein kaum noch gestörtes Gleichmaß, jener Rhythmus von Lektüre, Hofdienst, nächtlicher Arbeit, unterbrochen von gelegentlichen Ausflügen nach Paris, den »Pendelschwingungen«[197] mit dem König nach Paretz, Lieblingssitz des Königs und Luises, nach Potsdam, ab 1838 mit dem »Dampfroß«; und die immer mit wehklagender Wonne eigenhändig versorgte gewaltige Korrespondenz. So werden wir ihn für die nächsten 30 Jahre finden, sich als 60jähriger bereits in seinen Briefen »antediluvianisch«[198] empfindend. So tritt er, ironisch von seiner allmählichen »Versteinerung« sprechend, als alter Mann hinter der Maske des ewigen Jünglings - der er vom Temperament her sein Leben lang blieb - hervor. Eben jener »Urmensch«, wie wir ihn in Erinnerung behalten nach der berühmten Daguerrotype, die Biow 1847 anfertigte. Oder wie wir ihn von dem schönen, in seinem 89. Jahr für amerikanische Verehrer gemalten Bild Julius Schraders her kennen, vor dem Chimborazo sitzend, Notizblock und Bleistift haltend. Die Gestalt leicht gebeugt, jedoch elastisch und federnd, das belebte, eher kleine, presbyope blaue Auge - »die Augen einer klugen Frau« - so geht er ganz nach der im imperialen Stile der Zeit gesprochenen Sentenz Virchows in die Erinnerung des 19. Jahrhunderts ein: »So haben wir Alexander von Humboldt gekannt. Sein Körper war unter der Last der Jahre und der Arbeit gebeugt. Aber sein Geist war hoch aufgerichtet und sein Auge schaute noch immer leuchtend in die Welt hinein.«

In welche Welt und welche Zukunft sah er? War nicht das Leben für ihn abgeschlossen, war nicht Großes geleistet, der Nachruhm gewiß? Lief nicht sein Name um den Erdball? Ja, da waren noch Notizen, Exzerpte, Kollektaneen, geordnet, gut verpackt in viereckigen Kartons, zehn, fünfzehn davon stapelten sich in seiner Arbeitsstube. Geld - er konnte es noch immer nicht zusammenhalten. Seifert, sein Diener, mußte ihm schon einmal 20 Thaler borgen.

Aber war da nicht ein verlockendes Angebot, aus den Tagen der »Kosmosvorlesungen«, von Cotta, jenem Verleger, den Alexander gern als »ein sonderbares Gemisch vielseitiger Thätigkeit und lästiger Geschäftsverwirrung« charakterisierte? Reizte es ihn nicht, die Arbeit am »Entwurf einer physischen Weltbeschreibung« fortzuführen? Hatte er nicht Freunde, die ihn mit großem »Talent der anmuthreichsten Schreibart«[199] unterstützten? Wissenschaftler, die ihm halfen, rieten, am Manuskript bessern konnten?

Hatte er nicht bewiesen, daß er die Fähigkeit »... die Menschen bei ihren Schwächen leiten zu können«, mit feinster Distinktion für das Kollektivwerk von 13 Wissenschaftlern, für die Abfassung und Herstellung seines südamerikanischen Reisewerkes zu nutzen verstand? Eine Begabung, die Wilhelm an seinem Bruder hart tadelte, da sie »so wenig Gefühl innerer Würde« verrate. Er hatte sie ausgenutzt, diese Qualität seiner Begabung, sein Genie der Symbiose. Hatte er nicht 50 Maler, Zeichner, Kupferstecher, Kartographen und Schriftkünstler in Paris dirigiert? Wollte er nicht mit der Frau seines botanischen Lehrers Willdenow »alle Schusterbuden von ganz Paris durchwandern«, um den Jugendfreund durch dieses Liebeswerk an die Redaktion der sieben botanischen Quartbände der »Nova genera« des Reisewerkes zu binden?

Wir sehen also Alexander auch in Berlin an dem Netze spinnen, »die ganze materielle Welt, alles was wir heute von den Erscheinungen der Himmelsräume und des Erdenlebens, von den Nebelsternen bis zur Geographie der Moose auf den Granitfelsen« wissen, einzufangen, sich den redaktionellen Apparat aufzubauen, um den »tollen Einfall«, »des Werks meines Lebens«[200] zu schreiben. Eine Arbeit, von der er wußte, daß sie »auf die Massen« wirken müsse, daß sie »eine Epoche der geistigen Entwicklung der Menschheit darstellen« sollte. Am Krankenlager seines Bruders in Schloß Tegel faßte der 66jährige diesen Entschluß. Zehn Jahre später erschien der erste Band des KOSMOS. Messen wir Preußen an der Welt, an Paris, Humboldts geistiger Heimat, so mußte Berlin ihm immer als Exil erscheinen. Wir haben von seiner Hand die entsetzlichsten Beispiele seiner Vereinsamung. Er lebte in Berlin - allem äußeren Glanze zum Trotze - im Untergrund, führte ein Doppelleben. Am Tage auf den goldenen Stühlen des Schlosses, spöttisch, geistreich, ein maître de plaisir bei festlichen Empfängen, kämpfte er um seine Stellung in der Nähe des Königs, unaufhörlich mit dem Monarchen das höfische Hin und Her von der Hauptstadt nach Charlottenburg, in die böhmischen Bäder vollziehend. Von seinen Feinden als Speichellecker und Tartuffe verachtet, für die Einsichtigen eine »unvergleichliche Erscheinung ... den Hofmiasmen, die das Herz verhärten, unangefochten die Stirne«[201] bietend. Freunde - es fiel schwerer sie zu finden. Noch lebte Freiesleben, der frühe Mentor Alexanders auf der Freiberger Bergakademie. Gay-Lussacs kaltsinnige Kritik an den Jugendirrtümern der Arbeit »Über die Zerlegung des Luftkreises« hatte er, unnachahmlich, in lebenslange Zuneigung verwandelt. Der Chauvinismus Aragos, des Astronomen und Physikers, konnte die 20 Jahre inniger Freundschaft in Paris, durch einen vertrauten und gelehrten, mehr von Alexander forcierten Briefwechsel weitergeführt, nicht irreleiten: Hier wachsen Grenzen des menschlichen Verständnisses empor; Humboldts Charakter beginnt undeutlich zu werden, die Zwecke solchen Handelns verschwimmen. List, nicht Wohlwollen; steht nicht ein Schatten hinter mancher »wunderbaren Zweiseitigkeit seines Wesens«? Ein hohes Ziel - der Ruhm - läßt es ihn die Toten loben und die Lebenden boshaft streicheln? Quellen diese Sprünge zwischen »unerschrokkener Wahrhaftigkeit in der Sache und kleinlicher Behutsamkeit im persönlichen Verhältnis« aus freier Willensäußerung? Oder müssen wir in tieferen Temperamentsschichten nach den Gründen dieser oftmals mesquin wirkenden Haltung suchen?

Dennoch hatte er Freunde, wo er sie wollte. Wir kennen sein Talent zur Freundschaft. Noch als 60jähriger gewann er Varnhagen von Ense zum Vertrauten. Oder belauerten sich der noch heute unterschätzte Tagebuchschreiber, Autographen und Klatschgeschichten sammelnde, keineswegs unbedeutende Varnhagen - Chronist einer Epoche - und Humboldt, der den »theuren Freund«

anfleht, einen kritischen Blick in seine Manuskripte zu werfen. Der ihm Zeitungsausschnitte - Varnhagens Sammelwut geschickt berechnend - Briefe, Materialien zu seiner Biographie zusendet und ihm im Gespräch, in stundenlangem Vorlesen der noch tintenfrischen Kosmoskapitel die Sonnenseite seiner Existenz vorweist, dabei im verschwiegenen Briefwechsel mit Varnhagen - für die Nachwelt berechnet? - jedoch ein anderes Bild seiner Person vorbereitet, nämlich das Portrait eines liberalen Freigeistes, der sich aus dem Schlosse des Königs, wo ihm die Tafel bereitet ist, vernehmen läßt: »Dazu der heitere Anblick von vier Kronprinzen und Thronfolgern, einem lendenlahmen blassen, einem versoffenen Isländer, einem blinden, politisch-wütigen, einem eigensinnigen geisteslahmen - das ist die künftige monarchische Welt.[202]« Womit denn Friedrich Wilhelm, Wilhelm I., der spätere deutsche Kaiser, Prinz Karl und Prinz Albrecht charakterisiert sind.

Und versuchte das Unvereinbare in einer ungeheuren Wolke nicht so sehr tief als breit angelegter Produktivität einzuhüllen und fruchtbar zu machen. Nehmen wir die Fähigkeit, sich jenen unbeugsamen Fortschrittsglauben zu erhalten, die Zuversicht in die fortwirkende Kraft der Zeit zu bewahren, das nie ermüdete Durchhalten seiner Grundkonzeption: durch populäre Verbreitung naturwissenschaftlichen Wissens die Bausteine einer besseren Welt gegen Orthodoxie und Adelsprivilegien bereitzustellen. Diesen Ausbrüchen manischer Hochstimmung und Begeisterung für das Konkrete, einer oft zu schnellen Entschlossenheit und zugleich dem Anstürmen der Melancholie, den Versagenszeiten, der Einsamkeit in Ehren standgehalten zu haben, das ist sein Verdienst.

Die gemütvolle Hinwendung zum Mitmenschen, war sie ihm ein Wert an sich oder nur Mittel zur Durchsetzung seiner Ziele? Stahl sich vielleicht ein Quentchen Machtsinn und befriedigte Eitelkeit in diese sich freundschaftlich gebende Anhänglichkeit? Der Enthusiasmus seiner Klientel war groß: hören wir Liebig, aus dessen Gießener Laboratorium eine Generation von Experimentalchemikern kam, die nicht nur Deutschlands chemischen Weltruhm begründete; lesen wir im Vorwort seines 1840 erschienenen berühmten Werkes »Die organische Chemie in Anwendung auf Agrikulturchemie und Physilogie«: »Wie viele kenne ich, welche gleich mir die Erreichung ihrer wissenschaftlichen Zwecke Ihrem Schutze und Ihrem Wohlwollen verdanken ... Was die Wissenschaften in dieser besonderen Beziehung Ihnen schuldig sind, ist nicht zur Kunde der Welt gekommen, allein es ist in unser aller Herzen zu lesen.«[203] Auf wessen Epitaph kann man Worte schreiben, wie Du Bois-Reymond sie fand: »Es freut mich übrigens, daß Du anfängst, einzusehen, was Humboldt für eine unvergleichliche Erscheinung in menschlicher Hinsicht ist. Er ist unser aller und des Geschlechtes vor uns guter Engel schon immer gewesen... Und wenn man jetzt manchmal nicht gerade günstige Urteile über seine wissenschaftlichen Leistungen zu hören bekommt, so muß man nicht vergessen, was es heißt, nach 60jähriger wissenschaftlicher Laufbahn noch immer Anlaß zu Urteilen irgendwelcher Art geben zu können. Was er war wird man erst empfinden, wenn seine liebreiche mächtige Hand nicht mehr zu unserem Besten walten wird«.[204]

Dieser »Premier Physicien de la Cour«, mit allen höfischen Intrigen tief vertraut, gehaßt von den »Montmorencys« der ostelbischen Latifundien; von den »Pfaffen« als liberaler Freigeist, als Atheist beschrien, sieht die Regierung »das alte bekannte Wesen, mit gefährlichen Dingen in kindischer Fröhlichkeit beschäftigt«[205]. Schon von Paris aus mag Humboldt diese wissenschaftlichkeitsfeindliche Allianz zwischen Thron und Altar, Adelsmajoraten, Polizei und Kirche geängstigt haben. Das Verfassungsversprechen des Königs von 1815 war nicht eingelöst; dagegen wurde eine ständische Gliederung, nur auf Kreise und Provinzen begrenzt, verordnet. »Christlich-germanisch« wünschte Friedrich Wilhelm IV., jener König, der im Wahnsinn sterben sollte, seinen Staat. »Was wird aus diesen Dingen noch werden«, rief Humboldt aus. »... Kunst und Phantasie auf dem Throne, fanatische Gaukelei umher und heuchlerischer Mißbrauch in Spielerei ...«.[206] Stand nicht alles gegen Fortschritt und Naturwissenschaft?

Ob wir seine Haltung bewundern oder tadeln: großartig bleibt der Anblick des Mannes, der bei ständig abnehmenden Kräften unverdrossen auf seinem Posten ausharrt, ein beunruhigendes Gewissen für seinen König, der ihn nicht entbehren wollte; der am Bette seines erkrankten Kammerherrn Alexander saß und ihm stundenlang vorlas. Niederziehend sei die Gegenwart dieses senilen, geschwätzigen Greises, der die höfischen Abendgesellschaften durch endlose Monologe oder unverständliches Vorlesen langweilte: So urteilten die über seine Person Unentschiedenen oder seine Feinde. Selbst die naturkundlichen Professoren der Berliner Universität waren nicht immer seine Freunde. Zu zwielichtig erschien ihnen seine Haltung. Er handelte anders, als er sprach, und sprach anders, als er sich brieflich mitteilte. Auch blieb sein Einfluß ungewiß. Auf seine äußere Stellung, auf seine meist überschätzten Möglichkeiten mochte man neidisch sein. Eine Empfehlung von ihm bedeutete nicht immer Förderung. So kam es, daß sein Protektionstrieb oft mittelmäßigen oder antriebsarmen Köpfen aufzuhelfen versuchte, während die stärkeren Charaktere und Begabungen ihren Weg an ihm vorbei nahmen und ihm von ihrem Platze aus oft nicht einmal eine höfliche, der Weltklugheit abgerungene Reverenz erwiesen. Boeckh, der berühmte Graecologe und Kenner der griechischen Altertümer bleibt die erfreuliche Ausnahme.

In der Tat, die Bühne auf der wir Humboldt 30 Jahre lang, von seiner Rückkehr aus Paris bis zu seinem Tode agieren sehen, mag auf den ersten Blick nicht jedem gefallen. War er wirklich die eiserne Stirn, groß geworden mit den Ideen der Verkündung der Menschenrechte? Suchte er Naturforschung und Politik zu einem sozialen Humanismus zu verbinden? Sah er in der Industrialisierung die Hoffnung der arbeitenden Klasse?

Schwer will sich ein reines Gefühl einstellen, sieht man ihn um das Vertrauen aller Parteien bemüht, als Jakobiner in den royalistischen Salons der Restaurationszeit, als Republikaner im Charlottenburger Schloß und in Sanssouci. Das mit allen seinen Fasern festgehaltene Hofleben nennt er eine »Komödie«. Kabinettsrat Niebuhr, seinen intimen Feind und Antipoden, von ihm als »schielende Wanze«[207], als »heimlicher, eiskalter, einflüsternder Kreuz-Zeitungen-Mensch« karikiert, besucht er ohne Zwang im Krankenhaus Bethanien. Mit seinem Bruder ist er sich darin einig, König Friedrich Wilhelm III., dem er als Kammerherr gedient hat, als einen rohen, beschränkten Menschen zu charakterisieren. Raumer, seit 1850 Kultusminister, nennt er »die dumme Excellenz«, einen Lumpen, der von den Wissenschaften nichts verstehe und die Gelehrten hasse.

Seine Behandlung bei Hofe war von der Art, daß nur »ein argloses Kinde im Gemüt« sie zu ertragen vermochte. Es wird nie deutlich, was eigentlich am Hofe ihn hielt, sieht man von der Person des Königs ab. Alles schien auf die niederträchtigste Weise gegen ihn zu sein, und es wird ewig unverständlich bleiben, wie Alexander den immer gefüllten Kelch dieser Widerwärtigkeiten ständig zu leeren imstande war. Wir dürfen annehmen, er bemerkte es kaum. Kein mannhaftes »Ehrgefühl« hielt ihn von seinen Abendvorlesungen ab, auch wenn der König dabei einschlief und die anwesenden Offiziere nach und nach den Raum verließen, so daß die Königin sie zurückhalten mußte: »Aber meine Herren, interessiert sie denn ein so großer Mann wie Alexander v. Humboldt so wenig?«[208] War Friedrich Wilhelm IV., der sich durch den Umgang mit Humboldt als geistvoller Monarch anerkannt sehen wollte, sein Kammerherr wirklich mehr als nur eine unterhaltsame quantité négligeable? Alexander - »Hofgelehrter« - urteilte mit Freimut über ihn in einem Brief an Bettina v. Arnim: »Sein Freisinn ist nur Schein und mit innerem Vergnügen sieht er sich von seinen Ministern gezwungen, jede Verdunkelung zu gestatten.«

Warum aber gab Humboldt sein Spiel nicht auf? Einmal in der Bahn ehrenhaften Ruhmes, ausgezeichnet durch anerkannte Leistungen, das eigene Vermögen aufgeopfert dem Prunk des Reisewerkes, die Materialien zum Werk seines Lebens, zum KOSMOS um sich häufend, ungebrochen in »jugendlicher Geisteserregtheit«, die Möglichkeiten seiner sozialen Stellung mit einer Klarsicht ohneglechen abschätzend, auch taktische Manœuvres nicht verschmähend, wurde er dem Kunstwerk seines Lebensplanes nicht untreu. War er nicht vom Anbeginn her ein Künstler, ein Sammler und Synthetiker? War es nicht sein Ehrgeiz, mehr als vollendeter Schriftsteller gerühmt zu werden als für die umfassende Beherrschung des Stoffes? War er nicht modern? Hatte keine Furcht, durch geschickt lancierte Zeitungsartikel, Abbilden seiner Person, durch Reklame und Sinn für die Öffentlichkeit, durch eine »gewisse Berühmtheit« seinen Weg zu dauerhafterem Ruhme zu nehmen? Und *dazu* bedurfte er des Königs! Das ließ ihn überstehen.

Denn die Anwürfe gegen ihn waren maßlos. Die »Rhein- und Moselzeitung« bezichtigte ihn »des Voltairianismus, des Leugnens aller Offenbarung«. Schon hatte man dem Könige gesagt, der Kosmos sei »unchristlich und demagogisch«.[209] Mag uns heut die berufene Stelle Seite 381 des ersten Bandes unschuldig erscheinen, wo Alexander, noch aus dem Munde seines verstorbenen Bruders - »aus einer noch ungedruckten Arbeit« - vom mythischen Charakter der Forschungen über den Sitz der Wiege des Menschengeschlechtes spricht und von den »wiederkehrenden Sagen, ...(die) das ganze Menschengeschlecht von Einem Menschpaare abstammen lassen«.

Erinnern wir uns, welch politischer Druck auf dem Lande und der Bevölkerung lastete; wie schwer freiheitlichen Geistern das Atmen nach dem Wiener Kongreß wurde. Heinrich Heine lebte im Pariser Exil, von Humboldt besucht. 1846 konnte er ihm die Aufenthaltserlaubnis nach Berlin, wo er seiner Krankheit wegen gern die Ärzte konsultiert hätte, nicht erwirken. Er mußte ihm schreiben: »... daß ich, Ihrer persönlichen Ruhe wegen, Sie ja bitten muß, den preußischen Boden nicht zu berühren.« Er verwandte sich beim Prinzen von Preußen und dem Kabinettsrat Illaire für Lassalle, dessen »...Philosophie Herakleitos des Dunklen von Ephesos« - zwei starke Bände - er in drei Nächten gelesen hatte: dennoch mußte der sozialistische Revolutionär Berlin binnen 24 Stunden verlassen. Die Seelenverwandtschaft zwischen diesem Begründer der deutschen

Sozialdemokratie und gleichzeitig glühendem Anhänger eines deutschen Einheitsstaates, von hoher nationaler Gesinnung; dem späteren Vater des Allgemeinen Deutschen Arbeitervereins und Alexander muß inniger gewesen sein, als die spärlichen Hinweisungen vermuten lassen: Die Gräfin Hatzfeld, deren zehnjährigen Ehescheidungsprozeß er letztlich glänzend gewann, schenkte Lassalle, mit der Ikonodulie tieferer Schichten dieses hochgestimmten Fortschrittsmannes eng vertraut, die - der Familienüberlieferung nach - möglicherweise von Begas, wahrscheinlich aber von Ernst Rietschel gefertigte Marmorbüste Alexanders.

Vergessen wir nicht, das ausgehende Biedermeier war die politisch bewegteste Epoche unserer Geschichte seit der Reformation und den Bauernkriegen; nur waren ernsthafte, geprüfte Berichte aus dieser »guten alten Zeit« nie recht populär. Solche Zeitenwenden sind schwer darzustellen. Auch mochten Vorweisungen von geschichtlichen Erfolgen eine Historikerlaufbahn besser fördern als Berichte über Leibeigenschaft, Weberaufstände, Emigrantenschicksale, Kerkerhaft und das Arbeiterelend der beginnenden Industrialisierung. Was nicht den Interessen der Privilegierten diente, war Verrat, war unehrenhaft. Büchner, Herwegh und der Dichter unserer Nationalhymne, Hoffmann von Fallersleben, mußten »das Vaterland an den Schuhsohlen mit ins Exil nehmen«. Alexander selbst hatte um seine Sicherheit, um die Ruhe seines Lebensabends zu fürchten. Ließ nicht der Berliner General-Polizeidirektor Hinckeldey seine Korrespondenz überwachen? Äußerte Humboldt nicht: »Wenn ich nicht in Sr. Majestät des Königs Hause lebte, so würde Herr von Hinckeldey auch mich längst aus Berlins Thoren gebracht haben.« Das Mittelmaß am Hofe erhob sich gegen ihn; wir sehen den 80jährigen Greis dagegen ankämpfen. Er räumte seinen Platz an der Tafel des Königs nicht, er erlitt Niederlagen und Triumphe und gestand es Althaus ein: »Aber, die Wahrheit zu sagen, ich bin ja, während der letzten Jahre, selbst eine mißliebige Person geworden; und würde längst als Revolutionär und Autor des gottlosen KOSMOS ausgewiesen sein, verhinderte dies nicht meine Stellung beim Könige. Den Pietisten und Kreuzzeitungsmännern bin ich ein Greuel; Nichts würde ihnen lieber sein als daß ich schon unter der Erde vermoderte«.[210] Späterhin war er für Friedrich Wilhelm IV. nur noch ein im Ausland weithin glänzender Name, aber eigentlich lästig. Man konnte ihn nicht entlassen, ohne sich vor der Welt zu decouvrieren. Auch mochte der König Humboldts hinter der Hand gesprochene Meinungen über neue Maßregeln der Regierung hören wollen, die ihm denn auch sogleich von Zuträgern hinterbracht wurden.

Dies alles müssen wir bedenken, und die Briefschnüffler dazu, wenn wir Alexanders Korrespondenz mit Friedrich Wilhelm IV. lesen, diesem König, über dessen Begrenztheit er doch im vertrauten Gespräche bitteren Hohn und Unwillen ausgießt, ihm aber schreibt: »Enthusiastisch an Ihre Person, an den Glanz Ihrer Regierung, wie an den Ruhm des Vaterlandes gekettet, betrübe ich mich, wenn *Ihre* edelsten Absichten Gefahr leiden verkannt werden zu müssen. Es giebt freilich sehr achtbare Menschen, die aus bloßer Liebe für Ew. Majestät auch mich gern schon unter der Säule in Tegel oder wieder jenseits des Rheins sehen möchten.«

Wir begegnen dem Problem des inneren Widerstandskämpfers, der nach zwei Seiten denken muß, des Kollaborateurs, der sich in die Höhle des Löwen begibt; der, um das Gute zu wollen, das Schlechte nicht verhindern kann; der, sich immer tiefer in Schuld verstrickend, immer schillernder und farbloser wirken muß, je mächtiger seine Feinde werden. Dies schien die Doppelnatur Humboldts: sein Schwanken zwischen der im Kerzenlicht strahlenden Wohlgeborgenheit der königlichen Schlösser und dem Umgang mit armen Gelehrten, die in kaum von einem Unschlittlicht erleuchteten Behausungen über Pferdeställen wohnten.

Eine späte Bestätigung seiner Ansicht über Alexanders politische Haltung bekam Gentz, das Sprachrohr Metternichs, als Humboldt den 183 Särgen der gefallenen Berliner März-Aufständischen mit entblößtem Haupte folgte, mit Bestimmtheit den König vertretend, vielleicht ein wenig mit seiner liberalen Haltung und seiner Wirkung auf die Massen kokettierend. Aber er war kein Mann des Blutes und des Eisens und der öffentlich-politischen Demonstration. Als die vor dem Schloß versammelte Menge nach ihm rief und er kommen mußte. »... hatte er - (der Wortgewaltige) - den Takt, sich nur zu verbeugen und nicht zu reden.« Das fortschreitende Alter schränkte seinen Einfluß mehr und mehr ein. In Preußen vermochte er zuletzt nur noch wenig, war aber bis zum letzten Atemzug erbötig, - am Ende doch recht wahllos, »ich lobe jeden« - im Ausland, in England und Frankreich mit Empfehlungen junge Talente zu unterstützen.

Dennoch waren Humboldts scharfe und zynische Bemerkungen »eine wahre Erfrischung im ... geistesarmen Gesellschaftsleben«. Zuletzt mochte er sich bis zur Grenze dessen vorgetastet haben, was man in der geschlossenen Gesellschaft des Hofes ungestraft aussprechen durfte. So traute denn Julius Fröbel, Neffe des Spielpädagogen und Gründers der ersten Kindergärten, seinen Ohren nicht, als Humboldt im Potsdamer Schloß - Mai 1843 - zu ihm sagte: »Sie werden es erleben, daß diese ganze hiesige Wirtschaft ein schmähliches Ende nimmt. Der große Fehler in der deutschen Geschichte ist, daß die Bewegung der Bauernkriege nicht durchgedrungen ist.«

Seine eigentlichen Auffassungen der Dinge vertraute er nur Varnhagen an. Er wußte, daß dieser vielgewandte Chronist in seinem Tagebuch getreulich jede Regung, jede Silbe für eine posthume Rehabilitation verwahren würde. Ihm gestand er, daß er »unter dem Schein äußeren Glanzes und den Genuß phantasiereicher Vorliebe eines edlen Fürsten in einer moralischen, gemüthlichen Abgeschiedenheit lebe, wie sie nur der nüchterne Seelenzustand dieses ... mürrischen ... Landes, (eines wahren Steppenlandes) herbeiführen kann«.[211]

Nach der Märzrevolution trug ihm die Paulskirche ein Mandat an: Humboldt lehnte ab. Er war erfahren genug, die äußeren Umstände seines bißchen Lebensglückes richtig einzuschätzen. Eine gemächlich vorwärtsschreitende Evolution, in der die Technik eine andere Rangordnung der Dinge anmeldet, mochte ihm vorgeschwebt haben. Er muß eine Ahnung davon gehabt haben, daß in jedes Industriesystem die Revolution von links folgerichtig eingebaut ist. Er vertraute dem Faktor Zeit, dem geduldigen Geburtshelfer aller Evolutionen. Als erster aber unterzeichnete er eine Petition für die Durchführung der verfassungsmäßigen Gleichberechtigung der Juden, die bisher - neben anderen einschneidenden Beschränkungen - »nicht einmal extraordinäre Professoren der Geschichte, der heidnischen, griechischen Mythologie sein können«. Öffentlich ließ er den Abgeordneten von Beckenrath 1849 im Landtage einen von ihm fünf Jahre zuvor geschriebenen geharnischten Brief gegen die Sondergesetze für Juden vorlesen, und ermutigte ihn: »Die Besorgnis mir zu schaden, muß Sie nicht abhalten, von diesen Zeilen Gebrauch zu machen. Man muß vor allen Dingen den Mut haben, seine Meinung zu sagen«.[212]

Wir denken zurück: Seine ersten prägenden Eindrücke kultivierter Geistigkeit - und weiblicher Schönheit - hatte er im Hause des Arztes Markus Herz erfahren. Ein Wort des Bankhauses Mendelssohn und Friedländer hatte genügt, ihn von den finanziellen Peinlichkeiten während seiner spanischen Reise zu befreien. Zeit seines Lebens, schon unter der Regierung Friedrichs des Großen hatte er von dieser Seite Verständnis, entschlossenes Verbürgen für seine Person und rücksichtsvollste Unterstützung gefunden: Als am Abend seines Lebens sein Mietzins erhöht, der Wohnungskontrakt gekündigt und der Greis von Umzug und Widrigkeiten bedroht war, kaufte Joseph Mendelssohn stillschweigend das Haus, in dem Alexander seit 1842 wohnte und bewahrte die Ruhe seines Alters. So finden wir Humboldt denn auch häufig im Familienkreise dieses seines Jugendfreundes, in einer Zuneigung verbunden, die erst der Tod endete. Und nach seinem Ableben war es nicht die Universität oder der Magistrat, sondern die Familie Mendelssohn, die an seinem Wohnhause in der Oranienburger Straße 67 eine Erinnerungstafel an diesen großen Berliner anbringen ließ.

So tief mit allem Trüben des Lebens vertraut und doch so heiter und milde, stets bereit - auch den Unfug - zu loben, verbindlich, freundlich zu sein: Humboldt, der eitle Heuchler, der charakterlose Hofmann; ein verwirrendes Feuerwerk von Wörtern. Man glaubt, einen Rosenhügel zu eratmen und greift schließlich in eine Dornenhecke. Humboldt, der lautlose Mentor, der Fels im Kampf um die fortschreitende Höherentwicklung der Menschheit: Wie antwortete Varnhagen einem Herrn, der nicht wußte, was er von Humboldt halten solle: »Denken Sie immer das Beste von ihm, trauen Sie ihm stets das Beste zu, und Sie werden dabei stets am sichersten fahren!«

»Unser Welteroberer ist vielleicht
der größte Redekünstler.«

Goethe

Zehntes Kapitel

Der kalte Causeur

»Humboldt ist der einzige«, sagt Dove, - »der mir davon eine Ahnung gegeben, daß *causer* auch im Deutschen möglich sei.«[213] Traf er auf bornierte Unwissenheit, konnte der Meister der Schmeichelrede eiskalt sein und »boshaft wie ein Affe«. Wie ein Irrlicht durchzog er die Salons, »knusperte ein paar geröstete Kastanien«[214], verstand es, den Damen die niedlichsten Schmeicheleien zu sagen, zog einen Bekannten zu einer Mitteilung, einer vertraulichen Malice in die Fensternische, schlurfte unscheinbar über den Fußboden hin, ließ sich von der Gastgeberin, links und rechts eine lächelnde Verbeugung andeutend, zur Türe geleiten und verschwand. Erst als die Pforten sich hinter ihm geschlossen hatten, atmeten die verbliebenen Gäste auf, keiner von ihnen war zu Worte gekommen, jede höfliche Einwendung der Wirtin wurde Humboldt zum Anlaß, die blühenden Ranken seiner Gelehrsamkeit, seines Witzes in eher leisen, schöngebauten Sätzen daran emporzuschlingen. So sehen wir ihn, nie unempfindlich gegen den Ruhm, im Gespräch zugleich das Korrektiv anwendend: Bissige Ironie, Sarkasmus und Spott; und wenn es irgend ging, in der siegreichen Einkleidung des Witzes.

So reich von Natur für diese gesellige Art der Unterrichtung ausgestattet, blieb er sein Leben lang ein Mensch eigentlich des goldenen, des 18. Jahrhunderts. So erlag er dem Zauber der Pariser

Soirées, die in der Restaurationszeit von Esprit dufteten. Alexander ist eine letzte Blüte aristokratischer Gesprächskultur, des disputierlichen Turniers einer absterbenden Gesellschaft. Hier geht es nicht um Resultate, manifeste Ergebnisse. Der Geist der Konversation feiert sich selbst ein Fest, die Raketen der Assoziationen, der Augenblickseinfälle sprühen in tänzerischer Ordnung nach jeder Richtung eine andere Farbe empor. Nicht der Besserwisser: der Spielgerechteste bleibt Sieger. Alexander war - und blieb es bis ins höchste Alter - ein Löwe der Wohlredenheit und der Médisance: »On tremble de le quitter« seufzten die Damen - und wagten vor ihm keinen Aufbruch. Dennoch - die Lobby höchster Frauen war immer auf seiner Seite: die androgyne Aura seiner Person machte sie zutraulich, sein standhaftes Junggesellentum neugierig, und der sanfte Fluß seiner Plaudereien tat ihnen wohl; wer mochte ein so behutsam kühlendes, so wohl temperiertes Frauenlob nicht lieben? So können wir denn auch, ohne Alexander Zwang anzutun, die andere Seite seiner vermittelnden Begabung, den enormen Briefwechsel, in die Kategorie des Gesprächs einbringen. Das Briefeschreiben war ihm eine andere Form des Plauderns. Locker hingeworfen die Zeilen, ohne Konzept, den breit gelassenen Briefrand zu Mitteilungen oft der wichtigsten Art benutzend, selten mit Datum versehen, oft nur der Wochentag, die Stunde vermerkt: »Mittwochsabends«, um »Mitternacht«. Konnte es ausbleiben, daß aus solcher Redegewandtheit und ununterbrochener Ausdauer - denn »eine freiwillige Unterbrechung war eine Seltenheit« - die Vorstellung »eines überladenen Instrumentes, nicht eines Menschen« erwachsen mußte, das sich »auch draußen auf der Straße immer noch weiter ausgießen«[215] werde? »Nicht wahr«, flüsterte Puschkin einer Dame der Petersburger Aristokratie ins Ohr, »nicht wahr, Humboldt gleicht den marmornen Löwen, die an den Fontänen sind? Hinreißende Reden springen ihm nur so aus dem Munde ...«.[216]

Humboldt nimmt diese Urteile gelassen hin: Etwas Großartiges liegt in dieser abschätzigen Selbstkritik. Sie versöhnt uns mit den schonungslosen Urteilen, die er, der wohl auf den Wogen des

Lebens zu schwimmen verstand, über nahestehende Freunde abgab, mit denen er sich zugleich in warmbusiger Korrespondenz austauschte. Eine französische Sammelbiographie charakterisierte ihn daher als gesellschaftlich-maliziöse Bestie: Wir sind nicht ganz sicher, ob er Urteile dieser Art nicht mit Befriedigung las. Er muß Bosheit - gelegentlich - für besonders geistreich gehalten haben.

So konnte er am Berliner Hofe seine Rolle spielen, schlagfertig, mit einem fürchterlichen Gedächtnis ausgestattet, stets präsent. Ob er an der königlichen Tafel über die Mormonen, Hegel, den Berliner Humor oder den Wert der Diamanten sprach: immer war er von unverwüstlicher Frische. Bald unterwürfiger Hofmann, wenn es etwas mit diplomatischer Kälte durchzusetzen galt, bald Heros der Naturwissenschaft, blieb er immer pikant und courfähig. Seine Aufnahme- und Assoziationsfähigkeit war enorm. So schrieb Gallatin - Staatssekretär des amerikanischen Schatzamtes - nach Humboldts Besuch bei Jefferson an seine Frau: »Er nimmt den Gedanken, den Du vermitteln willst, mit perfekter Präzision auf, bevor Du das dritte Wort Deines Satzes ausgesprochen hast.« Diese diskursive Fähigkeit und versatile Präsenz ist in unserem Vaterland nicht eben häufig. Wir respektieren eher das »Ringen mit den Problemen«, die angestrengte Miene und mißtrauen der heiteren, freien Überlegenheit. Vermag diese Serenität gar die vorausgegangene Mühe des Denkens zu tilgen, im Glanze einer geistreichen Formulierung, ist zu befürchten, daß sie als unernst aus dem Tempel der Wissenschaft und zu den Fliegengewichten gewiesen wird.

Sein melancholischer Sarkasmus war allbekannt; wenn er den beliebten Prediger Büchsel an der Berliner Matthäikirche »Vaselin-Büchsel«, Raoul Rochette, den französischen Archäologen »Hittorfs Leibfloh«, Costenoble, einen vortragenden Oberfinanzrat, als »die Edelrippe« benannte. Franz Liszt aber, der die kirchliche Scheidung seiner Geliebten, der Fürstin Sayn-Wittgenstein nicht durchsetzen konnte und in diesem Zusammenhang die niederen Weihen in Rom genommen hatte, war für ihn der »ungarische Ehrenmönch«.

Wundert es uns, wenn man ihn zu meiden begann? Wenn er bei festlichen Empfängen am Hofe Momente hatte, da er isoliert in einer Ecke des Saales stand oder sich im Gespräch mit den kaum Hoffähigen zufrieden geben mußte? Indiskretionen, die man ihm unterstellte, entschuldigte er mit leichter Hand »wie ist es glaublich, daß ich gegen Sie ausbrechen werde, in der einzigen Unterhaltung, die ich mit einem Manne habe, der mir einen Brief von *Ihrer* Hand bringt? Wer kennt nur so unvorsichtige Orinoco-Sitten?«[217] Melgunoff, ein russischer Schriftsteller und Musikkritiker, der Überbringer jenes Schreibens an Varnhagen kannte sie wohl, diese »Orinoco-Sitten«, als er später über dieses Gespräch berichtete, in dem Humboldt unbedenklich Rahels Ehemann, den er als im Besitze der »ewigen Anmuth und Jugend der Sprache« belobte, recht abschätzig benannte.

»Ein schmeichelnder Brief«, wir wissen es, kostete ihn nichts, wenn es um seine Ziele, die Förderung einer Sache, die Protektion eines jungen Gelehrten ging. Da sparte er nicht mit den gewagtesten Übertreibungen. Da gab er dem Primaner des Köllnischen Gymnasiums in Berlin, Heinrich Brugsch, mit 19 Jahren Verfasser einer grundlegenden ägyptischen, demotischen Grammatik, den Rat, die falsche Entzifferung der ägyptischen Inschriften durch den Pariser Akademiker de Saulcy nicht in hochgemuter Jugendlichkeit blauäugig zu verbessern, sondern die günstige Gelegenheit zu nutzen, dem berühmten Manne in einigen bewundernden Worten die Bedeutung seiner Methode für die eigenen Ergebnisse zu loben. »Sie werden«, so riet er, »dadurch nichts verlieren und in de Saulcy einen warmen Freund und Beschützer gewinnen.«[218] Womit er, als ein Nachfahre Voltaires die Menschen bitter kennend, natürlich recht behielt. Und der fast 80jährige »Alte von den Bergen« - im Gehrock und mit weißer Halsbinde -, machte sich den Spaß, den Gymnasiasten Brugsch in seiner Schulklasse zwischen 11 und 12 Uhr vormittags aufzusuchen, ihm das ehrende und die Richtigkeit seiner Arbeitsresultate bestätigende Schreiben des bedeutendsten französischen Ägyptologen seiner Zeit, des Vicomte de Rougé zu überreichen.

Alexander v. Humboldt nach einer Zeichnung von W. v. Hüllesheim (ca. 1833). (Bildarchiv der Univ.-Bibliothek Münster)

Das machte Aufsehen in der preußischen Metropole. Er verschaffte Brugsch später ein Stipendium für ein dreijähriges Studium und schenkte diesem Sohne eines Berliner Wachtmeisters den einen Meter hohen Obelisken von Heliopolis; Humboldt hatte diese Nachbildung von Metternich erhalten. »In keine würdigeren Hände«, so das Anschreiben an den 19jährigen, könne er den Obelisken geben, als in die des »jungen und erfolgreichen Erforschers der Ägyptologie«.

Das Flair des Bedenklichen, des ambivalenten Vagabundierens zwischen Spott und Wahrheit, gütiger Freundschaft und tückischer Bosheit, strahlendem der Zukunft zugewandtem Optimismus und pessimistischer Depression versank, wenn Humboldt zu sprechen begann: Er sprach voller Lebendigkeit, eher zurückgenommen, den Kopf gegen die linke Schulter geneigt, manchmal schnell und undeutlich. »Jeder seiner Sätze hatte Klarheit und Sicherheit. Ob Lob oder Satire, ob alles überbietender Scharfsinn, blendendes Spiel geistigen Übermuts, immer war sein Gespräch voller Einfälle und Charme. Nie fehlte ihm ein Wort, nie suchte er nach Bildern ... Man hatte den Eindruck, er sei der Erfinder der Sprache ... so sehr beherrschte er sie in jedem Augenblick.«[219] Man hatte einen pedantischen Gelehrten, einen durch Lebenserfahrung bitteren Misanthropen erwartet - und fand einen Meister der Gesprächskunst.

Er sprach über Botanik, Paläontologie und den Tagesklatsch, über die Zoologie, und vor dem König gar lobend über die Religion, denn sogar Marheinekes Dogmatik hatte er gelesen. Er sprach ganze Abende, die seltenen Zwischenbemerkungen der Anwesenden zum Anlaß neuer Gedankenreihen und geistvoller Anknüpfungen nehmend, ihnen »allen überlegen an Zungenfertigkeit und Lungenkraft«. »Wer hätte sich nicht gern dem Zauber seiner Unterhaltung hingegeben«, schreibt Gabriele von Bülow, seine Nichte; und schreibt Goethe nicht seinem Herzog: »Sein (Humboldts) Umgang ist äußerst interessant und lehrreich. Man könnte in 8 Tagen nicht aus Büchern herauslesen, was er einem in einer Stunde vorträgt«.[220]

Alles trägt er in bescheiden einnehmender Art vor, sein Gegenüber durch die zutrauliche Anteilnahme und die Höhe des eingenommenen Standpunktes emporhebend, alle Welt erstaunend und hinreißend. Sein Bruder Wilhelm aber sieht während der Pariser Jahrzehnte seine eigentliche Natur untergehen, sich in eloquentem Austausch abflachend: »und es ermüdet auch furchtbar die Ohren, da sein Redefluß unerbittlich dahinrauscht«. Auch will es zu seinem umständlichen Periodenbau, dem üppigen Gebrauch schmückender Beiwörter und der phraseologischen, an Corneille, Racine emporgezüchteten Ausdrucksart, in einem Wort: zur Glattheit und ratio seiner Romania gut passen, daß er zur Musik, wie auch sein Bruder Wilhelm, keinen Zugang fand. Sie war ihm weniger als eine »gesellschaftliche Kalamität!«.[221]

Seine Urteile über die deutsche Literatur und die Untersuchungsergebnisse der schöngeistigen Wissenschaften wurde ihm nicht nur dadurch erleichtert, daß er die wichtigsten Arbeiten gelesen hatte; er wußte auch darüber zu sprechen wie einer, »der die Belletristik zu seinem Hauptstudium gemacht hatte«. Bis in seine letzten Lebenstage bleibt er ein fashionabler Erzähler, »das Alter versteinerte sein Herz, nicht seine Zunge«. Seine Menschen- und Weltverachtung jedoch vertraute er nur seiner Korrespondenz an; im verschwiegenen, nächtlich-epistolographischen Zwiegespräch nämlich, wenn er sich eröffnete, war er nicht mehr amüsant. Er ließ sich recht ungeduldig über die naturwissenschaftlichen Gimpel aus, die ihm ihre mißratenen Geistesprodukte zur Beurteilung einsandten, äußerte sich recht kritisch über Simon Bolivar, »hielt ihn für einen Phantasten«, der ihn doch als »Wiederentdecker Südamerikas« feierte.

Die Umwelt, die Menschen waren ihm zuletzt zu bloßen Gegenständen des Denkens und Handelns geworden. Gewiß, er arbeitete noch, und der flüchtige Friede des Studierzimmers war ihm Oase in der Welt der Eitelkeit. Gefühle - bei Gott - er hatte sie, noch als steinalter Mann. Aber war es nicht besser, fühllos zu handeln und die Menschen nach seinen Zwecken und seinen Absichten zu lenken? Einsam war er, und da er empfindlicher war als andere Menschen, hat er auch mehr Schmerz empfunden. In solchen Augenblicken großer Klarsicht konnte er sagen »das Leben ist der größte Unsinn. Und wenn man achtzig Jahre strebt und forscht, so muß man sich doch endlich gestehen, daß man nichts erstrebt und nichts erforscht hat. Wüßten wir nur wenigstens, warum wir auf dieser Welt sind? Aber alles ist und bleibt dem Denker rätselhaft, und das größte Glück ist noch das, als Flachkopf geboren zu sein«.[222]

Von seinem Körper hatte er lange alles fordern können, hatte seine Physis nie eigentlich wahrgenommen, Leidenschaften hatten ihn nicht zu Umwegen verführt. Sein Frohsinn, seine heitere Lebendigkeit kam von seiner Überlegenheit, seinem angeborenen Temperament. Die Verachtung der menschlichen Schwächen war die Wurzel seiner Toleranz. Er war nicht nur ein Fürst der Wissenschaften, sondern ein Souverän auch gegenüber dem Leben. Aus dieser Quelle floß der feine, gegen sich selbst gerichtete Spott, dieses Arkanum gegen die Melancholie des Daseins. Hier entströmte die alle seine Eitelkeiten verzeihende Fähigkeit, seine Person, ja sein Lebenswerk par distance und ironisch zu betrachten. Daher seine Glossen, seine Paraphrasen über das Geld, »die Lebensprosa des Metallreizes«; hier liegt die Wurzel der spielerischen Behandlung auch der wichtigsten Dinge. Selbst seine Tintenkleckse radierte er nicht, sondern gab ihnen die Form bekannter Seen, schrieb »kaspisches Meer«, der »Aral-See« dazu. Seine Doppelsinnigkeiten sind verbürgt. Er konnte keine Bemerkung unterdrücken, wenn sie ihm witzig erschien und der Partner nicht schaden konnte. Manche Bemerkung mochte direkt in die Tagebücher seiner Besucher gezielt sein. Vieles mußte damals mit vorgehaltener Hand geschrieben werden. Er verachtete also die Welt und die Menschen, und nur seine Lebensklugheit und die Sorge um den Frieden seines Alters ließen ihn schweigen.

Geben wir allen, die an seiner »Charakterfähigkeit« zweifeln, die an seiner Kälte - Bonpland in Westindien nie geduzt - an der

Flüchtigkeit seiner menschlichen Bindungen Anstoß nehmen, die »Ansichten der Natur« zur Hand und lassen sie lesen: »Der schmerzhafte Verlust eines großen Hundes vom Doggengeschlecht (unseres treuesten und freundlichsten Reisegefährten) in einem Biwak nahe bei der Einmündung des Casiquiare in den Orinoco hatte uns bewogen, ungewiß, ob er vom Tiger zerrissen sei, aus dem Insektenschwarm der Mission Esmeralda zurückkehrend, abermals eine Nacht an demselben Orte zuzubringen, wo wir den Hund solange vergebens gesucht. Wir hörten wieder in großer Nähe das Geschrei der Jaguare, wahrscheinlich derselben, denen wir die Untat zuschreiben konnten«.[223] Wer spürt nicht den hohen Anspruch des Schilderers von »Naturgemälden«? In der Tiefe des Urwaldes vollzieht sich der schreckenerregende Kampf der Arten; im Dunkel der Tropennacht frißt, jagt, tötet ein Lebewesen das andere: Mögen die Kritiker nun Humboldt verurteilen.

Doch gehen wir systematisch, von der Körperlichkeit zum Geistigen uns emporarbeitend vor; versuchen wir die Endabsicht dieses mit Vorsatz disziplinierten Lebens aufzuspüren. Wir stehen vor den elementaren Wurzeln, den inneren Zwängen Alexanders und genetischen Notwendigkeiten. Aus solcher Betrachtung heraus entwickelt sich das Verständnis für die Größe einer geschichtlichen Person; wächst die Bewunderung vor einer - auch wissenschaftlichen - Leistung, die aus dem vorgegebenen Material eines zufälligen, chromosomalen Zusammenspiels den Bau einer solchen Existenz errichtet.

Wir erinnern uns, mit welcher Genauigkeit, welchem Tatsachensinn ein so liebenswürdiges Werk wie die »Ansichten der Natur« gearbeitet wurden: Zwei Drittel des Werkes der späteren Auflagen sind mit Fakten und Hinweisungen gespickt, nur ein Drittel umfassen die sieben eigentlichen Essays. Es sind die *Ideen*, welche die wissenschaftliche Erkenntnis, damit das Tatsachenwissen, erst aus der Natur herauslocken: »Die Naturansicht« - so schreibt Alexander zwar - »soll allgemein, sie soll groß und frei, nicht durch Motive ... der relativen Nützlichkeit beengt sein.«

Mit entgegengesetzten Ansichten aber greift Alexander von Humboldt, wenn er als Popularisator und Künstler die geistige Selbstverwirklichung seiner Epoche darstellt, in die Entwicklung der menschlichen Gesellschaft ein. Stets bedachte er den Nutzen der naturwissenschaftlichen Forschung für den Fortschritt, stets war ihm die Verbindung von Wissenschaft und Politik gegenwärtig. Er war, darin Ernst Moritz Arndt ähnlich, ein politischer Gelehrter. Hier ist der tiefere Grund zu suchen, warum er zwischen den Parteien stand und es vermied, sich mit der einen oder der anderen zu identifizieren. Für ihn existierte nicht das Gegensatzpaar Gut oder Böse, Feind oder Freund. Er kannte nur das politische Spannungspaar Feind - Nichtfeind in den Verhältnissen seines naturwissenschaftlichen Staates.

Der Deutsche sucht nach redlicher Festigkeit, wünscht, eingestreut in die Landkarte seines Charakters ein Luther'sches: »Hier stehe ich und kann nicht anders«. Alexanders Bühne jedoch war die Diplomatie, war die einverständliche Verbeugung vor den Widersprüchlichkeiten dieser Welt. Und wenn wir den weißhaarigen Abgeordneten der ganzen »Civilisierten Zeitgenossenschaft«, wenn wir unseren Helden also mit süß und verbindlich lächelnder Miene im vertraulichen Gespräch seinen »theuren, verehrten Freund Tieck« einen »alten Narren« nennen hören, oder wenn er seinen Urfreund Leopold von Buch in »seiner kauzig-genialen Art treffend karikierte«, so stehen wir vor den Verstecken der Seele, vor Grundmustern menschlicher Entwicklungsmöglichkeiten, uralten Impulsen, die immer wiederkehren.

So agierte er unermüdlich - ein durch tausend persönliche Beziehungen informierter europäischer Kulturpolitiker -, förderte und verhandelte, das Hilfsmittel des Wortes, des Gespräches, die unablässige Gegenwart, das Hirn als unwiderstehliche Waffe benutzend; so hinreißend wußte er zu erzählen, mit so vielen merkwürdigen Personen war er umgegangen, daß alles was er sagte wahr schien, und seiner Person das wärmste Zutrauen eroberte. Und wenn uns aus all diesen Gesprächen und dem Briefwechsel eher Gleichmut als menschliche Nähe oder Wärme entgegenspricht; wenn er voller unergründlicher Rätselhaftigkeit Lust am Verwirrspiel empfinden mochte; so bleibt, wenn er sich auch stets optimistisch gibt, ein Anhauch jener »herben Bitterkeit«, die er den meisten hypokritisch zu verbergen verstand.

Sprach er, so hob der geschmeidige Magnetismus seiner Worte alle ihn umstehenden, hob den noch zögernden Anfänger sogleich hoch zu sich empor, schien ihn auf eine Stufe mit sich zu stellen; so urteilte Goethe: »Das außerordentliche Talent dieses Mannes äußert sich in seinem mündlichen Vortrag«.[227] Er trägt - seine Herzensergießungen nach allen Seiten ausströmend - seine unterhaltsamen Plaudereien als Schutzschild vor einer verwundeten Seele: Nur scheinbar verbirgt die Süße des strömenden, des optimistischen Wortes die kalte Wirklichkeit des ironischen Skeptikers, der die menschlichen Schwächen erkannt hat.

Aber ist Gutes und Böses, Edles und Niedriges, in unterschiedlichen Portionen nicht Ingredienz der menschlichen Natur? Das Ironische und Sarkastische gerade im Gespräch rundet sich nicht zum ewig schöngefärbten Sonntagsbild Humboldt'schen Seins; es wirkt unrein und störend. Zwar war er diplomatisch biegsam, aber wir können den kalten Rechner in ihm nicht verbergen; es bleibt eine gläserne Distanz. Hatte Alexander wirklich Gemüt? Liegt in ihm nicht eine Richtung zum Opportunismus, auch eine hypomanische Neigung zur Taktlosigkeit?

Wir wissen, daß Humboldt ein konziliianter Vermittlungspolitiker sein konnte. Mit einem Scherz beherrschte er die hitzigsten Debatten und auseinanderstrebendsten Meinungen. Jede noch so scharfe, auf den einen Punkt hinzielende harte Auseinandersetzung vermochte er in feiner, humoristisch verbindlicher Form zu beruhigen. Dann aber hören wir von einer Neigung zu endogenen Gemütsschwankungen, hin bis zur finstersten Depression. Warum also schwebt Alexander so zwischen Größe und Kleinlichkeit, so aufschwingend in seinen Briefanfängen und so »pedestrisch« zum Schlusse herabsinkend; bei außerordentlicher Promptheit der Erwiderung, dabei höflich und ausführlich. So angetrieben zur Arbeit und fähig auch, sie zu organisieren; und so wankelsinnig im Gemüte, bei weicher, vermittlungssüchtiger Natur. Warum hatte er, nach dem Zeugnis Aragos »... das beste Herz auf der Welt, aber auch das größte Schandmaul, das ich kenne«?[224] Warum war der Anreger und Gründer, Spender so viele Initialaffekte, der unermüdliche und hinreißende Förderer, mit untrüglichem Instinkt für die Konjunktur, mit so geringem Bedürfnis nach energischer Konzentration, nach Tiefenbohrung und Systematik ausgestattet?

Eine Frage, die vielleicht deutlich wird, wenn man sie biologisch aufzulösen versucht; wenn man sie eingeschmolzen sieht in seine seelische Gemengelage, in die Überschichtungen und Verwerfungen seiner Anlagen, seines Fatums. Warum also gehört »Alexander von Humboldt nicht zu den männlichen Seelen erster Größe«[225]? Suchen wir hier tiefer, abseits von panegyrischer Erbauungslektüre läßt sich folgendes erkennen: Menschen ähnlicher Veranlagung und mit ähnlichen körperlichen Merkmalen wie Alexander finden wir häufig unter den anschaulich beschreibenden Forschern, bei Naturwissenschaftlern, denken wir nur an Gall, an Albrecht Haller oder an Pasteur: Allen gemeinsam die enorm extensive Art der Arbeit, über alle Provinzen menschlichen Geistes ausgebreitet, verknüpft mit ausgeprägter künstlerischer Gestaltungstendenz der Produktion, die bis zu Doppelbegabungen, zum Malen und Zeichnen, hinreichen kann. Wodurch deutlich wird, daß das erfassende Genie dieser Gruppe von Menschen im Optischen, in der plastischen Bildkraft seinen Schwerpunkt hat. Im ersten Band seiner »Relation historique...« schreibt er: »Da ich aber die Verbindung längst beobachteter Tatsachen der Kenntnis isolierter, wenn auch neuer von jeher vorgezogen hatte...«.

Einerseits also der Erzähler, der sich »schwebend über den Dingen« in den Grenzen seiner individuellen Disposition wiegt, mit universellen Tendenzen, dem Überwiegen des ästhetischen Prinzips, und durch Intuition zu den Höhen der Erkenntnis sich aufschwingend. Und wir finden bei dem gleichen Menschen zwar eine Sehnsucht, die Sterne zu betrachten, aber auch zu wissen, daß sie »nach mathematischen Figuren« sich am Himmel bewegen.[226]

Aber immer schwingt der nüchterne Faktensammler unbeirrbar zurück in seine eigentliche Ausgangs- und Grundlage, trotz aller andersartigen Legierungen seines Charakters: Letztlich kommt aus diesem anmutigen Cantus firmus seines Seins die Abneigung gegen die Theorie, gegen das Metaphysische; kommt sein Verlangen nach sinnlicher Empirie. Aus dieser Qualität seiner Konstitution heraus also das extensiv breite, unsystematische, volksnahe seiner wissenschaftlichen Neigungen. Daher die Anschaulichkeit und Sprachgewandtheit, die unendliche Fähigkeit mitzuteilen und aufzunehmen, Eigenschaften, denen ein erhöhtes Vitaltempo wie selbstverständlich zugeordnet ist: Sein »Stofftrieb« beherrscht die Szene.

Soweit die gemütvolle Seite seines biologischen Untergrundes, eindrucksvoll kontrastierend mit der Tendenz, die »Geographie der Pflanzen« graphisch in ein sauberes Schema von Bildern und Zahlen zu bringen: Ein Gebäude von hoher Exaktheit, wie wir es eher von einem trockenen Systematiker erwartet hätten. Eben wegen dieser durch und durch nüchternen Einseitigkeit, dieser durchgehaltenen, pedantischen, exakten Meß- und Schematisierungswut ist es eine Leistung ersten europäischen Ranges geworden.

So schwankt die komplizierte Persönlichkeit Alexanders zwischen Kälte und Wärme, Hypokrisie und Biederkeit, Ironie und Sarkasmus. Solche bizarren Kontraste, minutiöse Beharrlichkeit und flottes psychisches Tempo bei enormer popularisierender Produktivität finden sich nun in Übereinstimmung mit der Richtung des heraufziehenden Zeitalters, in dem er lebt: In Alexander stellt sich die Epoche in allen ihren Bestrebungen am reinsten dar, in ihrer monumentalen Größe: Und er als ihr allumfassender Repräsentant. Lobt man Alexander, so lobt man auch die Epoche. Zugleich stützt solches Lob seinen sich immer steigernden Ruhm: Und dieser liegt keineswegs in der Verlängerung einer Leistung, sondern - irrational - aus einem Seitenwege hervortretend lohnt er »wenn nicht das Werk, so doch die *Gesinnung* eines ganzen Lebens ...«.

Alexander v. Humboldt im Jahre 1847, nach einer Daguerrotypie von H. Biow. (Kunst- und Gewerbemuseum Hamburg)

»Ich weiß, daß ich nur eine schwache Spur in der Wissenschaft hinterlassen werde.«

A. v. HUMBOLDT

ELFTES KAPITEL

Vanitas Vanitatum

Humboldt saß in der Studierstube seiner gemieteten, vom Bankierfreund Mendelssohn ausgehaltenen Etagenwohnung im Nordviertel von Berlin. Er arbeitet unablässig, wie noch nie zuvor ein Kammerherr gearbeitet hatte, umgeben von den 13 oder 14 Pappschachteln voller Exzerpte, Notata und Register, ein ungeheures Reich mit seiner Feder überwachend: Geologie, Astronomie, physikalische Geographie, vergleichende Anthropologie, Meteorologie, Geognosie. Alt und weißhaarig war er geworden, sein Gang gebeugt; aber er gab nicht auf. Ein quälendes Hautleiden, der Pruritus senilis, hatte ihn befallen. Stoisch widerstand er auf den Soireen, in der königlichen Gesellschaft dem Verlangen sich zu jucken, nur selten seiner Nichte, Frau von Bülow, nach der Heimkehr von einem Souper sich eröffnend: »zu Hause angelangt, beginnt meine Seligkeit: ich kratze mich«.

Es war Nacht. Seifert, sein Diener, hatte noch ein Glas Wein auf den Rand der Schreibkommode gesetzt und sich verabschiedet. Grün leuchtete der Schirm der Moderateurlampe im sandfarben tapezierten Zimmer; die Berghaussche Weltkarte hing über dem mit grünem Stoff bezogenen Sofa, auf dem sonst die Gäste saßen.

Hier war sein eigentliches Reich, das Herz seiner innersten Existenz. Hier saß er trotz seiner steifen Schulter bis zum Morgengrauen und ließ, das Schreibpapier auf die übereinandergeschlagenen Knie stützend, seine weiße, kleine, frauenhafte Hand über das Papier gleiten. Alles beantwortete er selbst, eigenhändig: Briefe, Bittgesuche, Gutachten, Angebote, ihn häuslich zu pflegen und zu erheitern. Er haßte die »Gletscherkälte« diktierter Korrespondenz.

Das Werk, der KOSMOS, nur schwer will es sich fügen. Immer lähmender schwellen die zu bewältigenden Stoffmassen an. Hilferufe sandte er aus »Ich bedarf Ihrer literarischen Hülfe ... Sie sollen mich leiten.«[228] »Schreiben Sie mir recht nachsichtsvoll, was ich ... streichen soll, geben Sie aber auch Rath wo Sie tadeln«,[229] so an Varnhagen, oder gar »jetzt muß ich Sie plündern«. Weiter, nur weiter, nicht stillestehen! Er geht in seine Bibliothek, einen Titel nachzuschlagen. Sein Gang ist nach dem Schlaganfall des letzten Jahres unsicher geworden; der langhaarige, lilafarbene, mit Blumenmustern verzierte Teppich hindert ihn, dämpft seinen Schritt. Er späht nach dem schwarzen Papagei, Geschenk des Weimarer Herzogshofes - der schläft. Berge eingegangener Bücher, Widmungsexemplare, liegen auf dem großen, viereckigen Tisch vor der Bücherwand. Er verschafft sich die Erquickung, liest die lobpreisenden Dedikationen: »Aetatis nostrae et lumini et decori Alexandro de Humboldt«; und wärmer ausgedrückt in einem Brief Rükkerts: »Ich wünsche Ihnen viele gute Stunden zur Vollendung Ihres großen Werkes. Denn es ist das Ehrenmal Deutschlands, seiner Vertretung vor Europa ...« Da hatte Frankl sein romantisches Epos »Cristoforo Colombo«, dessen Bild neben Humboldts Schreibtisch, rechts am Fenster hängt, geschrieben. Er öffnete das Exemplar und liest auf dem Vorsatzblatt:

»Kein König und kein Schlachtenheld -
Sein Ruhm wird ewig gelten!
Du aber hast in neuer Welt
Entdeckt erst neue Welten!
Der Spruch der Mit- und Nachwelt heißt:
Er gab den Körper, Du den Geist.«

Ein mäßiger Vers, - Vanitas, ist das der Ruhm? Er hat die Stelle gefunden, die er suchte, geht bedächtig, mit kleinen Greisenschritten zurück, an den im Zwischenfache des Tisches versorgten, aufgerollten Landkarten vorbei.

Dort liegen die Orden in ihren Etuis: das Großkreuz der französischen Ehrenlegion, der russische Alexander-Newsky, der Wladimir-Orden und das Großkreuz des spanischen Karl-Ordens, auch der preußische Pour le-Mérite. Seifert zeigt sie tagsüber manchmal den Wartenden, während sein Herr sich zum Empfange umkleidet. Mag der Bediente damit sein Trinkgeld um ein paar Thaler verbessern, man muß es ihm gönnen, hat er ihm seinen Lohn im letzten Quartal doch nur verkürzt auszahlen können. Der weiße Kachelofen in der Ecke macht die Stube angenehm warm, wie er es liebt.

Seifert hat gut eingeheizt, noch scheint das Holzgeld für diesen Monat zu reichen. 88 Jahre ist er alt, man muß an das Ende denken, sein Haus bestellen. Wie bleibt man der Nachwelt in Erinnerung? Soll er das ihm übersandte, eigenhändige Gedicht des Kronprinzen von Bayern »- nicht von vielem poetischen Schwunge -« Varnhagen für seine Autographensammlung zusenden? Er tut es, fühlt sich auf eine merkwürdige Art erschöpft - und Varnhagen legt am nächsten Morgen die Worte des Humboldtschen Begleitschreibens zu seinen biographischen Notizen: »... hüten Sie sich vor einer so langen Geduld zu leben ..., und die Rolle des theuren Jugendgreises, des würdigen Seniors aller lebenden Gelehrten, Vecchio della montagna, wird eine sehr unbequeme«.[230]

Noch sehr viel war zu tun, und sehr wenig Zeit blieb ihm dafür. Bald würde der Bote kommen, Korrekturfahnen des vierten Kosmosbandes abzuholen. Gut, Buschmann, der Amanuensis, half, wo er konnte - aber vieles mußte er selbst tun. Das Werk rundete sich nicht. Der gelehrte Schutt erstickte die Idee des Ganzen, wie sie ihm vorschwebte. Mißlang alles? So dachte er weiter und voraus; wenig Angenehmes war dabei.

Die Springbrunnen in den Gärten von Quito - und des Leutnants v. Haeften hinreißendes Ephebentum hatte er vergessen. Düstere Grübeleien quälten ihn; Einsicht in die Hinfälligkeit aller Dinge, Begierde nach Ruhm und - Enttäuschung. Der König im Wahnsinn, die liberalen Hoffnungen des Beginnens unerfüllt. Lächelten nicht die jungen Leute über ihn, »Germanorum decori«, die ohne seine Protektion, ja an ihm vorbei auf dem Felde der Naturwissenschaften vorankamen? Was wog seine nachdenkliche Altersskepsis gegenüber diesem ungestümen Köhler-Glauben an den Fortschritt? Wie nahmen sie seinen Grundgedanken auf, seinen aesthetischen Anthropomorphismus »den rohen Stoff empirischer Anschauung gleichsam durch Ideen zu beherrschen«? Verstanden sie seine ständige Aufforderung, zur naturwissenschaftlichen, zur technischen Zukunft des Menschen sich mit unverlierbarer Liebe durch die Vergangenheit hindurchzuarbeiten? Ließ sein Gedächtnis nicht erschreckend nach? Mußten nicht junge Reisende - ihm ehrerbietig in seiner Bibliothek aufwartend - aus seinen eigenen Schriften nachweisen, daß er es war, der mitgeteilt hatte, die Schneegrenze am nördlichen Abhange des Himalaja befinde sich höher als an seinem südlichen Abhange, während er - im Gespräch - soeben das Gegenteil behauptet hat? Mußte er sich bei ihnen - unter Tränen - nicht entschuldigen, »Sehen Sie, so wird man ein Kind«? Und nutzte die Menge der dii minorum gentium nicht seine Güte mit schamloser Dreistigkeit, mißbrauchte seine Milde und die Großmacht seines Namens in unerhörtem Maße um Stellungen, Unterstützungen, Orden zu erlangen?

Humboldt arbeitete weiter, blindlings. Fast war das Hervorbringen selbst der Zweck und das voranrückende Werk kaum mehr als die verwehte Rückerinnerung an einen überstandenen Schüttelfrost. Seine Lebensabsicht war auf unbedingte Tätigkeit berechnet. Fast möchte man glauben, sein steineres Ausdauern verdanke er der Tatsache, daß er sich kein Innenleben gestattete. Alle Lebensenergie war auf die Arbeit gerichtet »faire sans croire«. Was an Empfindungen blieb, setzt er um in seine Arbeit, in den KOSMOS. Unrast und Verwirrung des höfischen Lebens hatten ihn nicht gehindert, als 65jähriger, nur nachts schreibend, dies Riesenwerk mit einem neuen Anspruch zu beginnen; gerichtet an ein neues Publikum; rationalistisches, französisches Denken mit deutscher Umständlichkeit verknüpfend, voll überraschend einprägsamer Kapitelüberschriften und Hinweisen zu praktischer Anwendung.

Und er sah den Erfolg; über 40000 Exemplare des ersten und zweiten Bandes waren verkauft. Er war modern; man sprach über ihn, über das Werk seines Lebens, in den Häusern und Wohnstuben des gebildeten Bügertums - vielleicht ein wenig, wie man heute bei abendlichen, »gebildeten« Wortgeplänkeln über Bloch und Popper spricht. Ruhm und öffentlicher Glanz waren ihm stets willkommen; nun strahlte er aus dem Ausland, selbst aus Amerika zurück. Nicht auszudenken, hätte er - was nahe lag und befürchtet wurde - den KOSMOS auf französisch geschrieben: Man würde sein Wohnhaus in der Oranienburger Straße - nach Frankreich versetzt - wohl heute noch zeigen. Denn der Franzose achtet den homme de lettre; in Buffons Arbeitskabinett in Montbard - er starb 71 Jahre vor Alexander - tritt der Burgundreisende noch heute mit natürlicher Selbstverständlichkeit ein. Alexanders Wohnung jedoch war 36 Jahre nach seinem Tode bereits abgerissen.

Wir wissen nicht, wie die Franzosen die oft hinter verhangenen Nebelschleiern zu erahnenden Ideen des KOSMOS aufgenommen haben. Immerhin, sie schätzten den 3. und 4. Band; mehr als die beiden ersten, auf das Allgemeine, mehr auf die Gesamtschau gestimmten Volumina. Wollte doch Humboldt hier »der Darstellung alle Blüte noch nicht ganz in mir erloschener Phantasie geben«[231], war es doch seine Absicht, die Naturwissenschaft in den Rang der Humaniora zu erheben. Wodurch seine besten Arbeiten, Echo und Spiegelbild zugleich, den Duft Goethischer Gedichte ausströmen: Was sie den Nachbarn jenseits des Rheins nicht eben empfohlen haben dürfte. Doch auch seinen Landsleuten konnte er es nicht recht machen: Den deutschen Leser ängstigt ein durchgearbeiteter, eingängiger Prosastil. Wer sich gut ausdrückt, so fürchtet er, hat schwerlich tief empfunden. Er fühlt darüber hinaus, daß an der Verfertigung eines solchen riesigen, über Jahrzehnte hingezogenen Werkes immer etwas Trübes haftet; Höhe und Reinheit der ersten Absicht sind für solche Dauer und solchen Gegenstand nicht durchzuhalten: Und doch glückten Alexander Passagen, wo er »scientifisch« wahr ist, »ohne in die dürren Regionen der Wissenschaft« zu gelangen: Die Posie wiegt hier die Wissenschaft in ihrem Arm.

Das Bürgertum, frisch aus der noch unerschöpften Hefe des Volkes aufsteigend, besaß die Kraft, die revolutionären Impulse der dreißiger und achtundvierziger Jahre einschließlich des technischen Optimismus aufzufangen und in seinen eigenen - auch materiellen - Aufschwung einzubeziehen. So erklärt sich der Erfolg des KOSMOS als allgemeingültige, hohe Wissenschaft empirischer Weltbeschreibung. Der Zeitgeist kam dem in diesem Werk ausgearbeiteten kulturgeschichtlichen Komparatismus entgegen: Kuglers berühmtes Handbuch der Kunstgeschichte von 1842 und die »Weltgeschichtlichen Betrachtungen« Jacob Burckhardts, dessen »Durst nach Anschauungen« sich zur Ebene des Humboldtschen Programms der Weltauffassung emporschwingt, haben die gleiche Mutter. Hätte Alexander nicht die Reverenz des großen Baselers erfreut, in der »Kulturgeschichte der Renaissance«? Jene Beschreibung, wie Petrarca auf dem Gipfel des Mont Ventoux, in den Bekenntnissen des hl. Augustinus liest, in Reflexionen versinkt, Humboldt »allen Ausdruck von Naturgefühl« vermißt, und Burckhardt einfügt: »Der lichte Geist, welcher zuerst aus allen Literaturen die Anfänge und Fortschritte des malerischen Natursinnes zusammengesucht und in den »Ansichten der Natur« selber das höchste Meisterwerk der Schilderung vollbracht hat, Alexander von Humboldt, ist gegen Petrarca nicht völlig gerecht gewesen, so daß uns nach dem großen Schnitter noch eine kleine Ährenlese übrigbleibt.«

Der KOSMOS wurde in zehn Sprachen übersetzt, und ein Menschenalter lang leuchtete Humboldts Ruhm über Deutschland. Klingt es nicht nach, dieses: »Wenn der Leib in Staub zerfallen, lebt der große Name noch«, in den 1000 Nennungen von Städten, Gebirgen, Gletschern, Tieren, Schulen und Industrieerzeugnissen in allen Erdteilen? 1934 gab es allein in Berlin zwölf Alexander v.

Humboldt-Straßen. Als Figur der Zeitgeschichte besaß er einen festen Platz im Bewußtsein der Menschen; lange nach seinem Tode war er nach wie vor ein berühmter Mann. Erinnerte sich nicht Gregorovius, vom Gipfel des capresischen Monte Solaro, den Kosmos der schimmernden Ufer von Procida und alle sirenusischen Klippen mit dem weiten Auge der Bildung, der »Horizontvergrößerung«, zu einem schönen Ringe schließend; dachte nicht unser warm und behaglich plaudernder Wanderer in Italien an Humboldt »um dessen Geist die Welt so klar und schön gegliedert liegt«, und dachte im gleichen Atemholen an Plinius, »den Humboldt der Römer« und an Aristoteles, gleich Humboldt ein »wahrhaft kosmetischer Geist und Ordner des menschlichen Wissens«.

Wäre in Paris die Odyssee seiner zum Großteil verbrannten Bibliothek möglich gewesen, wie sie in Berlin stattgefunden hatte? Eine Anhäufung erlesenster, auf Vélin gedruckter, breitrandiger, kostbar gebundener Unica. Huldigungsexemplare, Wonne zukünftiger Bibliophiler? Mit lobpreisenden, eigenhändigen Eintragungen auf den Vorsatzblättern, ein wahres Florilegium der Bewunderung und Eitelkeit; die Handexemplare seiner eigenen Werke, voller handschriftlicher Notizen, allein zum Kosmos zwölf Seiten? Ganz abgesehen von Eintragungen eigener Hand in wohl tausend Schriften anderer Autoren; die »700 Werke über Rußland bzw. von russischen Autoren«. Vom testamentarisch bestimmten Erben, seinem Diener Seifert, dem Prinzregenten und späteren Kaiser Wilhelm I. zum Kaufe angeboten, von diesem und seinen Beratern als zu hoch veranschlagt abgelehnt, erwarb Albert Cohn von der Berliner Buchhandlung »Asher & Co.« die 11 164 Bücher Humboldts. Ein amerikanischer Händler, Henry Stevens kaufte sie ihm wiederum ab, konnte sie aber wegen des amerikanischen Bürgerkrieges nicht in die USA verschiffen. Bei Sotheby in London sollten sie versteigert werden. Dort brach dann, am 3. Juni 1865, das Feuer aus, und bis auf 574 Bände verbrannte alles, was die Besucher in der Oranienburger Straße 67 sechs Jahre zuvor noch bewundern konnten.

Humboldts Haus selbst abgebrochen, die Manuskripte zerstreut: Auch dies ein Beitrag zur Behandlung, die große Menschen in Deutschland erfahren. Daß geschichtliche Erinnerungen die Anker sind, welche »unten ungesehen die Schiffe der Staaten halten«,[232] diese Mahnung Jean Pauls bleibt bei uns weiter vergessen.

Nur einzelne deutsche Sondererscheinungen hatte das Ausland bislang günstig aufgenommen: Die Verbreitung des Schädelmessens nach Gall, ein Versuch zur Charakterfindung, klingt noch heute bei den englischen Wahrsagekünstlerinnen auf den Jahrmärkten und in den britischen Antiquitätengeschäften nach, wo die phrenologischen Porzellanköpfe den Sammler entzücken. Auch blieb der Mesmerismus durch die Verbreitung der Schriften E. T. A. Hoffmanns in Paris ein dauerndes und geliebtes Gesellschaftsspiel. Hufelands grundvernünftige »Makrobiotik oder die Kunst das menschliche Leben zu verlängern« war in alle Sprachen übersetzt, selbst die Chinesen lasen es. Eine besondere Verehrung deutscher Eigenart wurde dem Homöopathen Hahnemann in Nordamerika gewidmet. Denkmäler - noch ein halbes Jahrhundert nach seinem Tode - in Washington, in Anwesenheit eines amerikanischen Präsidenten eingeweiht, und die Einrichtung einer homöopathischen Lehranstalt in Amerika sicherten dem seltsamen Manne jenen Triumph, auf den er im alten Europa verzichten mußte. Immerhin, sein schönes Haus in Paris - rive gauche - steht unter Denkmalschutz; eine Tafel erinnert dort an den kosmopolitischen Heilkundigen.

Nicht nur Humboldts Kenntnisse und der Hauch des südamerikanischen Abenteuers, sondern seine literarische Gestaltungskraft, die aesthetische Form, in die er die Ergebnisse seiner Untersuchungen goß, mit eingestreuten, die Phantasie der Leserinnen ansprechenden Naturschilderungen und Kabinettstücken machten einen Teil seines Ruhmes aus. Gegen alle Kritik - »Gartenlaubenstil« - wurde ein schriftstellerischer, ja künstlerischer Anspruch ein langes Leben durchgehalten; blühend die Sprache, in umständlichen Perioden dahinrollend, unwandelbarer Ausdruck seiner zyklothymen

Temperamentshaltung. Auch wußte er sich, ohne übermäßige Zurückhaltung, durch Goethe, dem er alle Zeit »unschätzbar« blieb, aufzustutzen. Er sandte 1810 die zwei Bände des südamerikanischen Reisewerkes über die pittoresken Denkmäler und Reste alter Zivilisation des Menschengeschlechtes in Amerika nach Weimar und fügte seinem Briefe hinzu: »Möchten Sie mit der Bearbeitung nicht ganz unzufrieden sein, möchten Sie in einzelnen Absichten sich selbst, Einfluß Ihrer Schriften auf mich, Einfluß Ihrer herrschenden Nähe erkennen! Ich habe kein Recht, Briefe von Ihnen zu fordern, sollte ich aber das Geständnis verhehlen, daß ein öffentliches Wort von Ihnen, eine Note, eine simple Bezeigung Ihrer Zufriedenheit mit meinen Arbeiten, eine Erwähnung meines Namens in einer Ihrer Schriften mich auf das kindlichste erfreuen würden«?[233]

Aus ähnlichem Anlaß - Alexander hatte ihn im Todesjahr von Christiane seine »Prolegomena« zu den sieben Bänden der amerikanischen Pflanzen übersandt - replizierte Goethe:

An Alexander von Humboldt
»An Trauertagen
Gelangte zu mir dein herrlich Heft!
Es schien zu sagen:
Ermanne dich zu fröhlichem Geschäft!«

Hatte er dem Weimarer Olympier nicht zuvor - 1807 - den Hauptgedanken der Forschungsergebnisse, die »Ideen zu einer Geographie der Pflanzen« dediziert - von ihm selbst aus der französischen Erstfassung übersetzt? Die Begeisterung, mit der sich Goethe von diesem, seinen morphologischen und physiognomischen Vorstellungen so nahe kommenden 182 Seiten starken, »Naturgemälde der Tropenländer« angesprochen fühlte, gibt einen schönen Beweis von Alexanders Fähigkeit, selbst große Menschen an ihrer »Schwäche« zu leiten. Die Tag- und Jahreshefte vermerken daher: »Hochgeehrt fand ich mich auch, in der ersten Hälfte des Jahres durch ein, von Herrn Alexander von Humboldt, in bildlicher Darstellung mir, auf so bedeutende Weise, gewidmetes gehaltvolles Werk.« Sofort entwarf er - da Alexanders zugehörige bildliche Darstellung (der berühmte Andenquerschnitt) noch nicht vollendet war - mit Eifer ein dazu passendes »Profil«, »eine symbolische Landschaft«, die er dem »Freund« widmete. Obgleich er später die »pittoreske Darstellung ... wenig glücklich« fand, muß Humboldt in diesem Augenblick sich als sehr begünstigt empfunden haben: Sich auf diese Art mit den Unsterblichen verknüpft zu sehen, macht unsterblich.

Im »Peter Schlemihl« (1814), also noch vor Chamissos Expedition mit der Brigg »Rurik«, sieht Schlemihl im Traume Chamisso zwischen getrockneten Pflanzen und einem Skelet sitzend »... vor Dir waren Haller, *Humboldt* und Linné aufgeschlagen«. Auch hatte der Mann ohne Schatten den Trost, seine Kräfte »nicht fruchtlos verwendet zu haben: Er hat die Erde, ihre Gestaltung, ihre Höhe, ihre Temperatur, ihre Atmosphäre und ihren Wechsel, die Erscheinungen ihrer magnetischen Kraft, das Leben auf ihr, besonders im Pflanzenreiche ...« studiert und glaubte »auch etwas ... für die Geographie der Pflanzen getan zu haben«. Und wenn Peter in seinen Siebenmeilenstiefeln »auf der Erde umherstreifte, bald ihre Höhen, bald die Temperatur ihrer Quellen, die der Luft messend, bald Tiere beobachtend, bald Gewächse untersuchend« durch die Sphären zog, so vernehmen wir Alexanders Stimme aus dem Munde des auf dem Landgute der Familie Itzenplitz-Friedland im brandenburgischen Oderbruch gleichzeitig am »Peter Schlemihl« und den »Adnotationes quaedam ad Floram Berolinensem ...« schreibenden hugenottischen Botanikers, Dichters und zukünftigen Weltreisenden Chamisso.

So spannt sich der Regenbogen neidischen Glückes und wechselnden Ruhmes aus dem in alle europäischen Sprachen übersetzten Meisterwerk des hugenottischen Emigranten aus dem Schlosse Boncourt, hinüber bis in das »Mausoleum« Hans Magnus Enzensbergers, ja hinein bis in die Tagebücher Ernst Jüngers: »... wie wenig wir von der Erde wissen - wir erfahren von einer Großmacht ... von deren Existenz wir nichts geahnt haben, falls nicht ein großer Lehrer, wie Alexander von Humboldt, uns die Augen öffnet.«

Nun aber, am Abend seines Lebens, als es in Preußen um ihn dunkel zu werden drohte, scholl das Echo seines Weltruhmes nach Deutschland zurück. Dabei waren ihm Titel ein Greuel: »... diese Pest von Excellenz, Geheimen Rath, Baron - und solche deutsche Unthaten«, obwohl er es ein Leben lang halbwegs offen ließ, ob er ein geborener »Freiherr« war oder nicht. (Er war es nicht.)

Er berichtete über eine Notiz, welche das St. Petersburger Journal während seiner russischen Reise brachte: In Sibirien seien Diamanten gefunden worden, ganz wie er es gegen die Zarin vorausgesagt hatte, eine Nachricht, »die meiner Reise besonderen Glanz verleihen wird.«

War es nur späte Einsicht in die Belanglosigkeit allen Tuns, war es Eitelkeit, karitative Hilfsbereitschaft: Mit Rührung erinnern wir uns jener Anekdote, nach der ein alter, vornehm aussehender Herr im Lokal eines Pariser Coiffeurs dem Meister, der einem armen, - wie der Chronist vermerkt - auffallend schönen Mädchen das lange, prachtvolle Haar für 20 Franken abgekauft hatte und sich anschickte, es abzuschneiden, die Schere aus der Hand nahm, mit 2 Noten zu je 100 Franken den Frisör überbot, sodann »sorgfältig ein einzelnes langes Haar auswählte und es abschnitt«[234], der schwerkranken Mutter des schönen Kindes damit half und deren hungernde Geschwister sättigte. Die unglückliche Berliner Hofrätin Herz, der er als 17jähriger einst Briefe in hebräischen Buchstaben geschrieben hatte, unterstützte er aus der eigenen Tasche, als er hörte, daß sie nach dem Tode ihres Mannes von einer kärglichen Pension aus der Witwenkasse leben mußte. Solche Altruismen fügen sich seinem Charakterbilde ein: Menschen, die eher breit als tief veranlagt sind, neigen zu Gefälligkeiten.

Alexanders literarische Eitelkeit ist durch ihn selbst verbürgt. Sein Briefwechsel mit Varnhagen gibt uns die überzeugendsten Kostproben hiervon. Eine »Carte de restaurateur« nennt er die Ankündigung seines amerikanischen Reisewerkes und kokettiert in einem Briefe an Pictet, seinem Genfer Naturforscherfreund: »Je crois donc que la charlatanerie littéraire s'est recontrée ici avec l'utilité de la chose.« In lebendiger Sprache möchte er zugleich anregen und das Gemüt ergötzen; wünscht - im Kosmos - neben jeder wichtigen und großen Idee, die irgendwo in der Sphäre physikalischer Geographie und Geognosie aufglimmt, auch die Tatsachen zu verzeichnen; wünscht deutlich zu machen, daß das Studium der Natur mit Würde zu handhaben sei. Wie anders soll er dem breiten Publikum der Kosmosleser nüchterne, zahlenmäßige Angaben verständlich machen, wenn nicht durch beschreibende »malende Ausdrücke«? Müssen wir ihm nicht zustimmen, wenn er behauptet, »daß es nicht unverdienstlich ist, wenn ein Mensch, der sein Leben mit Zahlen und Steinen zugebracht, sich so viel Arbeit gegeben hat, deutsch schreiben zu lernen«? Zustimmende Äußerungen aber über die von ihm gewählte stilistische Form, ein Lob über sein Vorwort zu Aragos »sämtlichen Werken« in 16 Bänden machen ihm »viel Freude, mehr als Sie ahndeten«.

Zu der Öllithographie seiner Bibliothek, nach einem Aquarell des ihm befreundeten Malers Hildebrandt, machte er eine Unterschrift und wünscht, durch dieses »Bild seines inneren Haushalts« eine andere »zu vielen hundert Exemplaren in Amerika verkaufte« Graphik zu ersetzen. Die Formulierung solch eines öffentlichen Hinweises in eigener Sache muß überlegt und wirksam sein: »Das ist nicht leicht« findet er. Und fleht Varnhagen an, ihm bei der Abfassung zu helfen: »daß Sie mich Sonnabend 1 Uhr, wenn Sie können, besuchen. Sie wollen mich leiten.«

Er empfing nicht nur eine Last von Briefen, sondern er beantwortete diese Zuschriften mit Ausstreichungen und Verbesserungen in seiner mehr und mehr unleserlich werdenden Handschrift auf unliniertem Papier, »in seniler Geschwätzigkeit«, wie er - herrlich - selbst schreibt. Diese Zeilen steigen lustig von links unten nach rechts oben an, Folge seiner Schreibgewohnheit. Zuletzt opferte er für diese Briefe einen so großen Teil seiner Zeit, daß er noch im letzten Lebensjahre schutzsuchend eine Zeitungsannonce einrükken ließ: »Leidend unter dem Drucke immer noch zunehmender Correspondenz, fast im Jahresmittel zwischen 1600 und 2000

Nummern, (Briefe, Druckschriften über mir ganz fremde Gegenstände, Manuscripte, deren Beurtheilung gefordert wird, Auswanderungs- und Colonialprojekte, Einsendung von Modellen, Maschinen und Naturalien, Anfragen über Luftschiffahrt, Vermehrung autographischer Sammlungen, ... versuche ich einmal wieder die Personen, die mir ihr Wohlwollen schenken, öffentlich aufzufordern dahin zu wirken, daß man sich weniger mit meiner Person in beiden Continenten beschäftige und mein Haus nicht als Adreß-Comptoir benutze ...«

Und doch, er war ein Gourmet des geschriebenen Wortes, verschwendete viel Geist, viel Innigkeit an seine Partner. Wie ein Tagebuch - fast - liest sich sein Briefwechsel mit Olfers, dem Generaldirektor der Königlichen Museen in Berlin: 318 Briefe in 26 Jahren - zwischen 1832 und 1858 geschrieben. 638 Namen werden erwähnt: um Sammlungsstücke geht es. Aber auch um für des Leibes Notdurft »unentbehrliche Baulichkeiten« der Schloßdienerschaften und Monbijouwache, die durch das Umhauen einer alten Weide, von der Olferschen Dienstwohnung aus sichtbar geworden war. Hinweise, daß er zum Neujahr (1837) etwa 160-180 Neujahrskarten zu den Höfen, Ministern, Gesandten und einigen Professoren verschickt habe, wechseln mit Klatsch, den er mit großer Behaglichkeit goutiert. Quälendes, verblüffendes Geschacher um 15 Louisdor oder 500 Thaler für Wissenschaftler und Künstler. Ein cauchemar von unklaren königlichen Entscheidungen und Medisancen, ein schwer entwirrbares Geschiebe von Gedanken, Einfällen, Scharaden und kleinlichen Details: Man steht vor dem Alltag des großen Mannes.

Gern ließ er die Seele in seiner Korrespondenz spazieren gehen, wußte auch um die Öffentlichkeitswirkung seines Schriftverkehrs. Den Verkauf jener Farbdrucke seines Wohnungsinterieurs, ihn inmitten seiner Sammlungen und Bücher zeigend, als »edlen Jugendgreis«, sah er nicht ungern. Ein stets von ihm gespeister Strom an Publicity wurde in 70 Lebensjahren ausgesandt, ein Ozean kehrt als Echo zu ihm zurück. Nun wird die Berühmtheit lästig, hindert ihn bei abnehmenden Kräften, seine Arbeit zu tun. Er gesteht, »daß ich in hohem Maße ehrgeizig bin und doch erkenne ich die Narrheit dieses. Ehrgeizes. Wer wird nach wenigen Jahrhunderten noch von mir sprechen?« Aber es machte ihm Freude, einen völlig Unbekannten ins helle Tageslicht zu rücken, wie jenen schüchternen Kandidaten im Mendelssohnschen Hause, der, scheu in eine Ecke gedrückt, sich auf einmal von dem Weltberühmten auf einer Abendgesellschaft angesprochen und sogleich in den Mittelpunkt allgemeiner Aufmerksamkeit gerückt sah.

Gegen Lob war er keineswegs unempfindlich: erlahmte seine unermüdliche Feder einmal, ließ die schriftstellerische Produktion in den letzten Jahren nach, so wußte sie Cotta, sein Verleger, nicht nur durch fürstliches Honorar, sondern auch durch honigmäulige Briefe neu zu beleben. Folgen wir Cottas Bericht an Humboldt über das Interesse des Publikums bei der Auslieferung des zweiten Kosmosbandes: »Der Kommissionär kann nicht Worte finden, den Sturm zu schildern, den sein Haus zu bestehen hatte, als dieser 2. Band bei ihm ankam ... Es wurden wirkliche Schlachten geschlagen, um in den Besitz dieses Werkes zu kommen ... ja es hat selbst an Bestechungs-Versuchen nicht gefehlt, um zu bewirken, daß dieser oder jener die Priorität erziele ...«.[235]

Der Kosmos war auch eines der wenigen Werke, die Humboldt einen fühlbaren buchhändlerischen Erfolg brachten. 10 Louisdor pro Bogen zahlte Cotta, insgesamt waren es 5000 Thaler. Kein übermäßiges Honorar, wenn man bedenkt, daß Macaulay - etwa zur gleichen Zeit - für seine »Englische Geschichte« eine jährliche Leibrente von 1000 Pfund Sterling erhielt. Das Humboldt gezahlte Autoren-Honorar jedenfalls war das höchste des Jahrhunderts, und der Verleger ist dabei auf seine Rechnung gekommen. Der Kosmos war ein anderes Unternehmen als das »Südamerikanische Reisewerk« mit seiner prachtvollen, noch ins 18. Jahrhundert zurückweisenden luxuriösen Ausstattung, für das er mehr Mittel aufwandte als für die Reise selbst. Dennoch hat Humboldt die damals den Verlegern und Autoren vorgeschossenen, verlorenen, großen

Summen nie bereut. Auch nicht, als er im hohen Alter sein Beibrot als »Literator« erwerben mußte. Den Umgang mit Geld erlernte er nie, und oft litt er »Überfluß an Mangel«.[236] »Was er aber immer für Geld ausgibt, ist entsetzlich« klagte Jahrzehnte zuvor schon Wilhelm seiner Frau, als er Alexander in Paris besuchte.

Da war auch das KOSMOS-Honorar bald aufgezehrt; der Notverkauf geschenkter Bücher konnte trotz eigenhändiger Notizen auf dem Titelblatte »dieses Buch war mit mir in den Wäldern des Orinoco und auf den Cordilleren ...« kaum seine Schulden decken. »Ein unvorsichtiges Leben« - so schreibt er - »hat mich selbst in eine finanzielle Stellung gesetzt, daß trotz meiner fleißigen literarischen Arbeit, ich, von so vielen Seiten angegangen, leicht erschöpft werde«.[237] Ein Darlehn, das er bei der preußischen Seehandlung und vom Bankhause Mendelssohn 1827 aufnehmen mußte, um seine Übersiedlung von Paris nach Berlin zu bezahlen, vermochte er bis zu seinem Tode nicht zu tilgen. Um sich seine häusliche Bequemlichkeit zu erhalten, war der 84jährige gezwungen, seinem Kammerdiener Seifert und dessen Frau seine gesamte Habe testamentarisch zu übereignen. Humboldt war in seiner Wohnung nur noch geduldet, nichts gehörte ihm, zum späteren Entsetzen seiner Erben. Er war glücklich, wenn zartsinnige Besucher seinen Mangel ahnten, dem Diener Geldzuwendungen machten: »die üblichen drei Thaler«. In dem Bette, das der König zur besseren Bequemlichkeit dem kränkelnden Greise als Weihnachtsgeschenk aufstellen ließ, lag alsbald Frau Seifert, Humboldt hatte es ihr geschenkt.

Mag, wer will, die Hintergründe dieser Willensentscheidungen zugunsten seines Dieners und dessen Familie, dieses merkwürdige testamentarische Vermächtnis ergründen und Pikanterien dahinter vermuten. Das Maß seiner Verlassenheit muß sehr groß gewesen sein, um einen wahrhaft »uralten«, der Haushaltung unkundigen Junggesellen seinen bescheidenen Besitz für die Unabhängigkeit und Ruhe seines Alters hergeben zu lassen. Doch ist das Verständnis hierfür nachvollziehbar.

Für die in Tegel lebende Familie seines Bruders aber ist er immer noch »von der unendlichsten, liebevollsten Güte«, beschenkt seine Nichte Gabriele von Bülow und deren Kinder »mit einem ganzen Karton der wundervollsten französischen Blumen, wahren Kunstwerken«.

Die miserabilia vitae, die Gebrechen des Alters melden sich dem, dem die Stunde schlägt. Er, der für eine Generation der Mensch war, der - am Chimborazo - am höchsten in der Welt gestiegen war, entschuldigt sich jetzt bei den Besuchern, die das Gekritzel seiner Einladungsbriefe nicht entziffern können, und bittet sie, »recht laut zu reden, damit wir uns verstehen«. Mehr und mehr wird ihm »das menschliche Leben eine traurige Bedingungsgleichung«.[238] Die Stimmungslage schwankt zwischen verhaltener Heiterkeit - »die einzige Freude des Lebens ist gegenwärtig, große Arbeiten mitten unter den Bedrängnissen des unsteten Lebens zu Stande zu bringen«[239] - und proportionierter Depression: »Mein Werk - der KOSMOS - erheitert mich kaum ...«; aber Genugtuung und Enttäuschung, sind sie nicht unzertrennlich?

Immer noch war er bei allen Hoffesten unentbehrlich, stand abendelang den Couren vor, der dem König vertrauteste aller Kammerherren, der vor aller Welt anerkannte Monarch der Wissenschaft. Sein Uralter schütze ihn gegen die Unbilden einer sich ringsumher aufstauenden Memoiren- und Briefliteratur. Er überlebte einfach die meisten seiner Zeitgenossen, die mit ihm heraufkamen und über ihn hätten schreiben können.

Wir sollten des ohngeachtet duldsam mit den Schwächen eines fast 90jährigen sein. Ist es nicht eine große Höflichkeit, wenn er sich für einen flüchtigen Besucher zusammenraffte, dessen Eitelkeit durch vorherige Lektüre und Kenntnis seiner Schriften zu schmeicheln suchte, seine wissenschaftlichen Empfindlichkeiten schonte und ihn gar um Erklärung des Unverstandenen bat? Jedoch gab Alexander dem einmal Empfangenen kein Pardon: blieb im Gespräch eine Frage offen, erhielt der Besucher anderen Tags ein Handbillet mit der Bitte, »einige beim abermaligen Durchlesen - der besprochenen Abhandlung - ihm aufgestoßene Schwierigkeiten zu erklären«.

Selten vergißt er die szenische Konstellation dieser - letztlich doch genossenen - Empfänge und Visiten. Und ist, bei großer Begabung zur Repräsentation, stets seiner Rolle gegenwärtig, solche Auftritte zu einem success machen zu müssen. Seine Besucher, die anderen Anwesenden, sind ihm dabei kaum mehr als Stichwortgeber: Wir gönnen ihm jenen Duft respektvoller Adoration, der seine sehnsüchtige Ahnung nach zukünftiger Celebrität erregte.

Humboldt schöpfte aus vielen Gefäßen; es unterlief ihm, daß er gesicherte Angaben mit Zweifelhaftem vermischte. Auf den hausbackenen Soireen des Hofes, in der Gesellschaft der Fürstin Liegnitz sagte er »mit großem Aplomb Unrichtiges«. So kam es, daß sein intimer Feind, der Kabinettsrat Niebuhr, in Gegenwart der Hofgesellschaft widersprechen konnte: »Excellenz, das ist nicht so!«[240] und hatte dann - zur heimlichen Schadenfreude der Anwesenden - gewöhnlich recht: doch letztlich blieb Alexander im unerbittlichen Redekampf um die Gunst des Königs Sieger. Warum blieb er? Vielleicht wäre als Ehemann sein Lebensabend anders verlaufen. Er hätte dann das »angestammte Häus'l« des Hoflebens in den eigenen vier Wänden gehabt. Oder war es Liebhaberei, eine jahrzehntelange Gewohnheit, auch materielle Notwendigkeit, vor allem aber die Freude an Geselligkeit, am öffentlichen Hervortreten, die ihn ins Schloß trieben, nach Potsdam?

»Ach Charlottenhof, ach Charlottenhof
Thermen in der Mark.
Spazierstocksammlung
Rosen,
Blaue Schatten.
Zelttücher.
Humboldts Zimmer«.[241]

Sein Verhalten - es ist ausgesprochen worden - war seiner Lebensphilosophie diametral entgegengesetzt. Der Verächter des absolutistischen Königstums wurde selbst Wissensmajordomus des Monarchen. Er bespöttelte, ja tadelte aufs bissigste alle, die den Umgang der Mächtigen suchten, hielt sich aber persönlich ständig am Hofe auf. Es liegt etwas Bedenkliches um seine Person, ein Hauch

Camouflage, posierender Allwisserei, umhüllt von klug berechneter Untertreibung. Nirgend scheint man sicheren Halt zu finden; aber doch kreiste alles um einen festen Kern, die transzendenten Voraussetzungen hielten noch. Die in frischer Aufbruchszeit angenommenen Zielvorstellungen trugen ihn noch und erwärmten sein versickerndes Leben.

Hier ist der Ort, des schriftlichen, der Zeit bereits entrückten, Zwiegespräches zu gedenken, das der in Unbeständigkeiten menschlicher Dinge so erfahrene Metternich mit dem »Alten vom Berge« in Berlin, mit Humboldt, führte: zwei von den Gletschern der Lebensenttäuschungen bedeckte Bergriesen erblicken sich, aber anmutsvoll umspielt von der läßlichen Anspruchslosigkeit des Greisenalters, das, so der Staatskanzler, »ungeahnte Quelle(n) von kleinen Freuden des Daseins und von bescheidenen Genüssen immer noch bereit hält«. Und der »alte, durch die Arbeit erhaltene Arbeiter« aus der Oranienburger Straße repliziert in seiner »écriture microscopique« mit schwebender Zärtlichkeit des Intellekts: »Der Schleier, der die Natur bedeckt, wird gelüftet, aber oft rühmt man sich der Fortschritte, die nur Täuschungen waren.« Und steigert sich: »es ist ein bleibender ... Ruhm nie für abgeschlossen zu halten, was seiner innern Natur nach beweglich ist, da wo die Gegenwart dieselben entwicklungsfähigen Keime immerdar anschließt und zu weiser Vorsicht anregt.« Hier werden die höchsten Dinge mit abschließender Serenität gewogen, »der unendliche Fortschritt«, mit dem - »und nicht mit den Launen der Gesellschaft« - zu befassen Alexander so glücklich sich schätzen konnte. Im Gegensatz zu Metternich, den »das Schicksal ... in eine andere Bahn eingedrängt hat, welche an Gefahren reich und an Befriedigung arm ist«. Metternich besuchte als 85jähriger die Stätte seiner Geburt - Koblenz; beobachtete den raschen Warenverkehr, die gesteigerte Maschinenlandschaft der Rheinlande, »die moralische und materielle Welt« des Rheingaues vom geliebten Johannesberg aus. Und empfand dabei, daß »Ahasveros, der nie zur Ruhe gelangt, das Vorbild der heutigen Welt«[242] sei.

Das sind finale Gedanken. Und diese letztgültigen Herzensbekenntnisse nach solch kraftvollen Lebensäußerungen, dieser mit fast flüsternder Stimme auf uns gekommene Greisengesang atmet jene Grandeur, mit der Humboldts Genius die Nachwelt anweht. Grandeur; wobei im Verständnis unseres Vaterlandes die Wortkunst - und ihr Kult - eine erprobte und allen Ortes gebilligte Zurücksetzung zu tragen weiß. Die romanischen Kulturen, wozu wir ohne Zögern ganz Südamerika und die Antillen zählen dürfen, und jene durch einen reichen Strom keltischen Schicksals gespeisten Zivilisationen wissen von anderen Stufen der Vollkommenheit.

Für Alexander aber, wie für seinen Bruder, ist kein Zweifel möglich: Sprache ist Gesittung selbst. Hineingeboren in das ausklingende Rokoko, umblühte ihn noch jener lange »Sommer von 1815-1915«. Das Zeittempo wurde noch einmal, mit Anstrengung, verlangsamt, und Humboldt auch das - ein moderner Mensch. Horchen wir in die Tiefen seines Seins, so rauscht unter dem breiten, wenige Zoll nur flachem Strome des carpe diem der Ruf der Metropolen, »die große General-Weltverbrennung« der immer fortschrittlicheren, immer schöneren Welt - »von wegen der Unterminierung«.[243] Nicht Tiefe, aber Geist: so könnten wir - auch - definieren, sollten wir nach seiner Größe gefragt werden; und jener Champagnerkelch Frivolität, den Geist wohl bei sich führt. Denn dieses »Die-Welt-gespalten-Sehen«, das ist geistreich, ist metropolisch. Über alle pasigraphische und numerische Konkupiszenz hinaus: aus dem Urbette seines Charakters brach es mit jedem sorgsam gearbeiteten Satz, mit jedem ins universal-menschliche gehobenen Gedanken widersprüchlich empor, daß alles Sein nicht nur Körper sein kann.

Dieser lebenslange, so deutsche Versuch zur glättenden Synthese gibt seiner Erscheinung das Schwankende, Posierende, bei dessen Anblick härteren Köpfen ein Schwindel befällt. So konnte sich ihm die Vollendung zugleich als schön aber auch als böse und zerrissen zu erkennen geben. Immer fühlte er sich - ein Naturwissenschaftler - auch als Künstler, ja als Literat. Jedoch wir vermissen die intuitiven Eingebungen, das gleichsam In-den-Schoß-Fallen erhellender Gedanken, ohne bemühte Anstrengung; alles mußte auf steinigem Acker erpflügt werden. Arbeit, Brot und Würde für die Darbenden durch breite Nutzanwendung technischen Fortschrittes wünschte und half er den Massen zu bereiten; und nahm für seine Person nie eine wie Arbeit erscheinende Besorgung an - als wüßte er, »daß wirtschaftliche Tätigkeit überhaupt eine Gefahr für das Seelenheil ist«.[244] Es war der embarras de richesse des vielseitig angelegten Menschen, der ihm den Zugang zum Tempel des eigentlichen Forschens erschwerte. Er ergötzte sich »zeitlebens in Hof und Hallen des Peribolos, wo das Bildliche im weitesten Sinne des Wortes regiert«,[244] so also, wie auch Jacob Burckhardt sich sah.

Das Schweben also des aesthetischen Universalismus Alexanders über den minutiösen Fakten empirischer Forschung: es gab kein rechtes Bild. Die Einzelerscheinungen der Natur zusammenzuschauen: Die gleichgültige Sprache der Natur geht über Lyrismen hinweg. Als Popularisator, Vermittler, Anreger und Symbolfigur des mit hoffenden Erwartungen besetzten eisernen Zeitalters sah ihn das zivilisierte Erdenrund. So wird denn auch sein Ruhm verstärkt durch den Glanz des technischen Zeitalters, das so hoch steigen sollte, und die Gloriole umfaßt seine geistige Gestalt, die damit größer wirkt als sein Werk. Gerade hier versagte, was die elementare Schubkraft der großen, originalen Erfindung, der Künste ausmacht: die Gnade des arbeitsfreien, nicht nach Schweiß riechenden, glücklichen, lösenden, großen Einfalls, der seit alter Zeit als etwas Göttliches gegolten; daher auch in enger Nachbarschaft zur Mania gesehen wird. Manchmal aber, bei solchen Voraussetzungen, versammelt sich in einzelnen Individuen die Idee einer Weltbewegung.

Die Seelenstärke, mit letzter Anstrengung gegen den Strom zu arbeiten, die Fähigkeit auf materielle Ausbeutung seines Talentes zugunsten einer höheren Vollkommenheit des Menschengeschlechtes zu verzichten, sind Stigmen der Größe, die wir Humboldt zuerkennen müssen. Kommt noch die Grazie der Persönlichkeit, bewiesener Gleichmut gegenüber dem Tode und ein selbstverständlicher Konnex zur geistigen, in Kunst und Kultur sich ausprägenden Gesittung seiner Zeit hinzu, auch ein Gran Güte, wird die Schale der Eminenz hoch bis zum blauen Himmel der Unvergeßbarkeit gehoben. Aber da ist noch etwas anderes, Unausgesprochenes, das über die Banalität einer ingeniösen Erfindung, Entdekkung, Beschreibung hinausgeht: Ich meine die Auffassung vom Leben als einem Kunstwerk: das Sich-selbst-zum-Korsett-Verurteilen, das Seinem-Leben-eine-bewußte-Kultur-Geben: Auch das ist Humboldts Größe. Seine Schwägerin Caroline, seinen Bruder, König Friedrich Wilhelm III., Arago, den vertrauten Freund Varnhagen, alle hatte er begraben. Wir erinnern uns an die russische Reise, an Petersburg: »Meine gesellschaftlichen Sukzesse sind unbeschreiblich. Alles Vornehme und Gelehrte ist in steter Bewegung um mich.« Immer noch kamen russische Verehrer in die Oranienburger Straße: Pjotr, Adreevič Vjazemskij, ein dichtender Fürst und Bewunderer Alexanders, hält Erinnerungen an Humboldt und Varnhagen in dem huldigenden Gedicht »Berlin« in der Sprache seines Landes fest.

Da stand auch die damals vom Zaren geschenkte kostbare Malachit-Vase (»7 Fuß hoch mit dem Sockel«) im Dämmerlicht seiner Arbeitsstube neben dem Schreibsekretär. Dort hinein die Bittgesuche, mit denen ihn Faulpelze überschwemmten, gut genug als Papierkorb für Briefe, adressiert an den »Stolz des ganzen Erdballs«. Sibirien, wer dachte dort noch an ihn? Vielleicht die Verbannten, mit denen er gesprochen, die Kutscher, die seine 12 244 Postpferde gefüttert hatten, die Kulaken in ihren dumpfen Hütten, die, ihn mit Märchenglanz umgebend, zum »Prinz Humboldt« verklärt hatten, wie 1911 noch ein Anonymus berichtete?

Goethe hatte die aufstrebende Industrie, die das Land durchziehenden Eisenbahnen am Ende seines Lebens erahnt. Traf Alexander - den Band seiner Vorlesung über Vulkane vom Regale nehmend und nachlesend - noch das Urteil des größten Leitbildes: »Dieser Freund hat eigentlich nie höhere Methode gehabt, bloß viel gesunden Verstand, viel Eifer und Beharrlichkeit«?[245] Da hing die Weltkarte über seinem Sofa, Berghaus hatte sie gezeichnet, Humboldt suchte Südamerika, den Orinoco, Esmeralda. 80 Seelen hatte er damals dort gezählt. Seinetwegen wird diese Siedlung auf jedem Weltatlas eingezeichnet sein, wenn - bei einem Maßstab von 1:30 Millionen - Städte wie Cambridge, Perugia oder Tübingen geschwunden sind, wird vertrauensvoll eingezeichnet sein, wenn nur noch ein halbvermoderter Pfahl auf einer mückenverseuchten Savanne, ein rostiges Benzinfaß zwischen Tapiren und Wasserschweinen auf dem Ufersand verblieben ist.

Nun der KOSMOS, - er quälte ihn. Da blieb die Furcht, daß alles, was mit Empirie und physikalischen Gesetzen zusammenhängt, bald überholt, bald vergessen sei. »Würden nicht veraltete naturwissenschaftliche Schriften als unlesbar der Vergangenheit übergeben« werden?

Und die andere Seite seines öffentlichen Lebens, warum sich ihrer schämen? Warum sollte der Wirt in Neufahrwasser seine neu errichtete Gastwirtschaft nicht als »Humboldt-Gasthaus« benennen? War es unehrenhaft, dem Stahlfeder-Fabrikanten J. Alexandre in Birmingham zu erlauben, Schreibfedern nach seinem - Humboldts - Namen zu benennen und sie »in eleganten Schachteln mit dem Bildnis Alexander von Humboldts geziert«[246] für 1 Thaler 10 neue Groschen das Dutzend zum Verkaufe anbieten zu lassen?

Er hatte gewiß Fehler begangen, sich Übertreibungen, Malicen gestattet, läßliche und weniger nachzuempfindende. Schon seine Mitlebenden, später die mißgünstige Nachwelt ließen ihn die Wahrheit der Einsicht spüren, daß alle Lebensleistung sich nicht gegen ein paar Fehler aufrechnen läßt; niemals verwischen sie sich, nichts kann sie wieder gut machen. Seine Illusionen, das, was er mit Liebe hegte: eines Tages endet es elend unter den Klauen der Wirklichkeit; er wußte es. Die Zeit - er sagte es selbst - »würde auch mit ihm fertig werden«. Er mochte spüren, daß sich in seiner Person zwei Saecula überschnitten, einander ablösten. Er kannte die Angriffe von beiden Seiten: den Philosophen, den Dichtern, war sein

»numerisches« Verfahren ein Greuel. Seine universalistischen Neigungen dagegen wurden von der emporkommenden experimentellen Naturwissenschaft und den arbeitsteiligen, spezialisierten Empirikern belächelt: Materialistische Erkenntnisse und idealistische Gesinnung, das vulkanische Hiera des Hephaistos und des Hafis Gärten in Schiras, wer wollte dies »harmonisch« vereinen? Solche Überlegungen mag er angestellt haben, als er vor den vier stattlichen, durch den physikalischen Atlas von Berghaus vermehrten Bänden stand. Nur vorwärts, nicht nachlassen, das Ende des Lebens nicht herabsinken lassen. Denn es blieb eine Hoffnung, und er sprach sie aus: »Ein Versuch, die Natur lebendig und in ihrer erhabenen Größe zu schildern, in dem wellenartig wiederkehrenden Wechsel physischer Veränderlichkeit das Beharrliche aufzuspüren, wird daher auch in späteren Zeiten nicht ganz ungeachtet bleiben.«

Der KOSMOS: Als der erste Band herauskam, war Humboldt 76 Jahre alt (1845). Und nun - 14 Jahre danach - hatte er den fünften Band unter der Feder. Er verschafft sich - wie das Weimarer große Vorbild - einen literarischen und wissenschaftlichen Hofstaat, delegiert, so weit es gehen mag. Buschmann half bis über Alexanders Tod hinaus: Das »großartige Register« über den KOSMOS umfaßt 1146 in Fraktur acht Punkt gesetzte Seiten! Es erschien - mit den letzten von Humboldt eigenhändig geschriebenen 85 Seiten – 11 Monate nach dessen Ableben: Fassungslos stehen wir Neueren, immer so leicht Erschöpften, vor diesem kosmischen Sternnebel einschüchternder Verweisungen, diesem saharaweiten Augensand: Wer je mag die Schätze dieses Schlaraffenlandes genutzt haben?

Verbeugen wir uns also vor Eduard Buschmann, Professor und Sprachforscher in Berlin, der sich - ein anderer Didymos Chalkenteros - damit ein ganz eigenes, großartiges Denkmal gesetzt hat und Humboldts Forderung getreulich erfüllte: »Wieviel in einem Buche steckt, erkennt man erst durch ein Register,...«.[247] Ein weiteres »Erbstück« aus Wilhelms amanuensischer Hinterlassenschaft: August Boeckh, wissenschaftliche Leuchte der Berliner

Universität, Vertreter der Philologie und Altertumskunde, beriet und half.

Wir sehen ab von weiteren Erwähnungen. Ganzen »Schlangen der Gelehrsamkeit« ähnlich waren Zettelchen, Briefe, Zitate, Literaturstellen, lange wissenschaftliche - oft eigens für diesen Zweck angefertigte Abhandlungen - aneinandergeklebt. Ein bunter Flickenteppich europäischer Gelehrtenweisheit, den Humboldt in schön geordneter Manier - immer noch, wenn schon läßlicher als im ersten und zweiten Band - für das nachlassende Interesse eines unter ganz anderen Voraussetzungen angetretenen Lesepublikums auszubreiten suchte, zusammen zu fassen suchte vor einer moderneren Generation von Wissenschaftlern, die emporkamen - bis zu den Sternen - durch ameisenartiges Abmühen auf kleinem Felde, ohne den freien Blick empor zur Humboldt'schen ästhetischen Einheit: Die Sache begann sich gegenüber der menschlichen Persönlichkeit zu verselbständigen.

Die Fakten und Institutionen wachsen über die Kapazität des Einzelnen hinaus, sie »konsumieren den Menschen« und verhärten ihn gegen alles übrige. Dies ausklingende Arbeitsleben am KOSMOS - selten ein unerschöpfter Tag bei Tageslicht - erinnert an ein aufgezogenes Spielwerk, welches läuft und läuft, bei dünner werdendem Ton, und das niemand abzustellen vermag als der Tod.

»Es ist Zeit zum Sterben, nachdem sich so wenig Hoffnungen meines langen Lebens verwirklicht haben.«

ALEXANDER VON HUMBOLDT

ZWÖLFTES KAPITEL

Tod

Wir besitzen aus den letzten Lebensjahren Humboldts die Beschreibung eines Diners, an dem er teilnahm: »Zur Tafel bot Alexander von Humboldt der ehrwürdigen Matrone Mendelssohn mit einer Galanterie, die jeden Jüngling geziert hätte, den Arm. Wenn nun die beiden alten Leute, deren Gesamtjahre sich um etwa 178 beliefen, langsam und bedächtig dahintrippelten, konnte man sich der Befürchtung kaum erwehren, sie über irgend einen kleinen Gegenstand, wie etwa ein Sandkorn oder einen Strohhalm, der sich zufällig auf dem Wege vom Empfangszimmer zu dem etwas entfernt gelegenen Speisesaal befände, hinstürzen zu sehen.«[248]

Alexander nahm das Alter mit Gelassenheit hin, seine Körperlichkeit stand ihm Zeit seines Lebens ohne Widerspruch zur Verfügung, das Schicksal hat hier nicht gespart. In seine riesige Korrespondenz - über 50000 Nummern in 70 Jahren, wie Kurt R. Biermann in seiner präzisen Humboldt-Biographie hervorhebt - ließ er selten einen Hinweis auf seinen körperlichen Zustand und sein Wohlbefinden einfließen: allein 1950 konnte Hanno Beck für sein Werk, aus dem es uns allen reich und unerschöpflich entgegenquillt, in archivarischen Vorarbeiten über 3000 unveröffentlichte Briefe Alexanders einsehen.

Mehr zur Beruhigung seiner besorgt fragenden Umgebung läßt er, gleich nach seiner Rückkehr aus Paris, noch am Packhofe wohnend, von einer eitrigen Blutgeschwulst hören, die ihn für einige Wochen ins Bett zwang, offenbar eiternde Hämorrhoidalknoten. Selten wird von gelegentlichen Katarrhen berichtet. Seit seiner Orinoco-Reise wies er, eher abschwächend, auf eine zunehmende Starrheit der rechten Schulter hin. Dabei hielt seine Arbeitskraft bis an das Lebensende erstaunlich durch. Es bleibt rätselhaft, wie er die unentwegten Besucherempfänge, seine Arbeit am KOSMOS, den ausufernden Briefwechsel, die zeitraubende Kammerherrnfunktion, seine politischen, künstlerischen und literarischen Interessen zeitlich bewältigt hat. Sein 80. Geburtstag wurde in Schloß Tegel gefeiert; der König und die Königin nahmen daran teil. Im Winter des darauffolgenden Jahres berichtet er seinem Freunde Arago, daß die Temperatur in Berlin bis minus 28° Celsius gefallen sei. Er arbeite - so fährt er fort - gewöhnlich von 9 Uhr abends bis 3 Uhr morgens. Dann schliefe er meist bis 7 oder 8 Uhr, und er könne immer noch schlafen »wenn ich will, sogar während des Tages«. Er vermerkte jedoch, daß er die Kontrolle über einzelne Muskelbewegungen verlöre. Zwar könne er aufrecht stehen, ohne zu ermüden, doch wenn er von einer Leiter aus nach Büchern greifen wolle oder eine steile Treppe hinabsteigen müßte oder auf eine hohe Kutsche klettere, fühle er sich unsicher.

Über sein Befinden berichtete er jedoch stets zufrieden, ja er rühmte »die wundervolle Erhaltung« seiner Gesundheit. Die Indispositionen der Pubertät und Jugend hatte er glänzend überwunden. Leistungsfähig, voller rastloser Energie, physisch und psychisch stets präsent, trat er in sein Greisenalter. Alle sonstigen körperlichen Funktionen blieben ungeschwächt, erst spät stellte sich eine Altersschwerhörigkeit ein. Nie hatte er in seinem Leben das Bedürfnis aus eigenem Antrieb verspürt, ein Bad zu besuchen, was doch damals alle Welt tat; körperliche Ertüchtigung war ihm in den letzten Lebensjahrzehnten fremd. Spaziergänge dagegen hielt er für eine Methode, körperlich frisch zu bleiben, er lief ohne weiteres Entfernungen bis zu 1 ½ Stunden zu Fuß. Im 79. Lebensjahr ging er während des Winters an 93 Tagen von seiner an der Seine gelegenen

Wohnung zum Observatorium seines Freundes Arago, um dort zu arbeiten. Im letzten Dezennium seines Lebens benutzte er jedoch immer mehr die Kutsche.

Wärme war ihm im hohen Alter ein Lebensbedürfnis, selbst der König nahm im Potsdamer Schloß Charlottenhof, im Park von Sanssouci gelegen, Rücksicht darauf, ließ Schlafkabinett und angrenzendes Arbeitszimmer - als Zelt drapiert, Rückerinnerung an die Orinocozeiten - besonders stark heizen. Bis in die letzten Lebensmonate speiste er mit sichtlichem Wohlbehagen. Er hatte zu allen Zeiten einen großartigen Appetit und zierte sich niemals beim Essen. Dem Weine war er maßvoll zugetan, bereits morgens gegen 11 Uhr servierte ihm Seifert ein großes Glas Burgunder.

Humboldt stand nun im 88. Lebensjahr. Sein Kräftezustand nahm ab, die Besucher waren vom leidenden Ausdrucke seines Gesichtes erschreckt, es war leichenblaß, hatte das Aussehen einer Wachsmoulage angenommen. Das Gehör ließ weiter nach, er mußte seine Besucher bitten, laut zu sprechen. Er mißverstand sie des öfteren und wurde ungeduldig, wenn er ihre fragenden Augen sah und sie seiner zunehmenden Harthörigkeit nicht nachhelfen konnten. Die Arzneimittel, die ihm Schönlein, des Königs Leibarzt, verordnete, nahm er gewissenhaft. Fragen nach seinem Gesundheitszustand pflegte er gewöhnlich zu beantworten: »Je souffre, mais je ne me plains pas.«[249] Zeitlebens ein Nichtraucher, leidet er nicht an der gefürchteten Krankheit des Alters, der Lungenblähung. Die Fernsichtigkeit des Auges, die ihn wohl mehr als seine rheumatische Schulter zum Schreiben auf den Knien veranlaßt hatte, scheint nicht zugenommen zu haben. Beim Lesen benutzte er gelegentlich eine Brille. Erst in den letzten Jahren nahm er, um seine Augen zu schonen, häufiger blaues Briefpapier.

Stundenlang konnte der geübte »Hofmann«, unverändert im schwarzen kosmopolitischen Frack, noch auf den Empfängen stehen. Eine hohe schneeweiße Halsbinde, in deren Innerem sich eine festigende Einlage befand, erleichterte ihm das Aufrechthalten des Kopfes. Mit fortschreitenden Jahren wurde seine mittelhohe Gestalt durch die mangelnde Bewegung und die mit Wohlbehagen verzehrten Diners an der Tafel des Königs und der des befreundeten Mendelssohnschen Hauses wohl etwas korpulenter. Die Last der Jahre beugte seine Haltung. Mund- und Kinnpartie waren kräftiger ausgebildet. Die Nasenspitze wurde im Alter fleischig und unschön: keine dankbare Aufgabe für Maler und Bildhauer. Zwei Jahre vor seinem Tode wurde ihm auf einem Hofball unwohl, er fuhr nach Hause. Nach dem Berichte Varnhagens erwachte Humboldts Diener in der Nacht durch ein Poltern in der Wohnung: »Seifert hörte den Lärm und fand seinen Herrn auf der Erde liegend, er war gestürzt, als er sich ein Glas Wasser holen wollte.« Der herbeigerufene Arzt erklärte die Lähmung für eine nervöse, nicht apoplektische. Auch hatte Humboldt, als er fiel, nicht das Bewußtsein und die Sprache verloren, sondern seinem Diener laut gerufen, damit er ihm aufhelfe. Es blieb eine geringe Lähmung der linken Seite zurück, die sich jedoch rasch zurück bildete; also wohl doch eher eine vorübergehende Durchblutungsstörung der rechten Hirnhälfte. Humboldt führte seinen Besuchern vor, wie er auf der Dielenritze seines Zimmers, langsam sich verbessernd, wieder geradeaus gehen konnte. Dennoch schreibt er ein Jahr vor seinem Tode: »Mein Gehen (ma démarche) nimmt an alternder Richtungslosigkeit traurig zu.« Der König besuchte den Genesenden in seinem Alkoven. Vier Wochen später bereits findet ihn Varnhagen, der mit seiner Nichte Ludmilla Assing zu Besuch gekommen war, rüstig und munter, in seiner gewohnten Art über einen Mann scherzend, »der eine Art von Sarg erfunden haben will, in dem kein lebendig Begrabener wieder erwachen kann, ohne gleich zu ersticken.« Wie immer, wenn es um Krankheiten geht, war Humboldt geneigt, seine körperlichen Zustände zu bagatellisieren. Er sprach von dem Übel »als von einem Rätsel«; auch ging das »Wetterleuchten« bald vorüber: wenige Tage später sitzt er arbeitend an seinem Schreibtisch.

Nun wurden die Hinweise auf sein Alter häufiger: »Ich fühle doch, daß ich in einem Alter bin, wo ich nach dem Laufe der Dinge weithin schuldigen Tribut der Natur zahlen muß«. Und von einem amerikanischen Weltreisenden verabschiedete er sich: »Sie sind viel gereist und haben viele Ruinen gesehen, jetzt haben Sie eine mehr gesehen.« Er fühlte seine physischen Kräfte schwinden, katarrhalische Infekte warfen ihn aufs Bett. Trotzdem blieb nach Auskunft des Sprachforschers Hornay, der bereits seinem Bruder nahegestanden hatte, Alexanders Stimme kräftig, er atmete »aus gesunder Brust«. Heiter kommentierte er eine verfrühte Nachricht von seinem Tode oder den Wunsch eines Verehrers, einen Gipsabguß seiner Totenmaske zu haben, daß er sich zur Zeit »noch seines Kopfes erfreue und ihn zu gebrauchen gedenke«.

Wiederholt hatte Humboldt in diesen letzten Jahren vor offenen Gräbern gestanden: Auch August Borsig, den Maschinenbauer, Praktiker des begrüßten technischen Zeitalters, hatte er zur Ruhe geleitet. Baronin von Leon, die Enkelin Wilhelms, Adelheid von Hedemann, Wilhelms älteste Tochter, alle waren vor ihm gestorben. Oft führte ihn sein Weg im Park des Schlosses Tegel zu der dort am Familienfriedhof von seinem Bruder aufgerichteten Säule mit Thorvaldsens Statue der Hoffnung: »ich begrabe mein ganzes Geschlecht«, klagte der Uralte. Dennoch erschien er schweigsam, täglich schwächer werdend, an der königlichen Tafel. Er gab nicht nach. Seinem alten Körper zwang er weitere Seiten des fünften KOSMOS-Bandes ab. Im November 1858 fanden ihn seine Besucher um 7½ Uhr morgens im kalten, kaum geheizten Arbeitszimmer, bei rauhem, nassen Wetter, umgeben von seinen Pappschachteln und Kollektaneen unentwegt schreibend: Der »Freund des Königs« - wir hörten es - hatte nicht immer ausreichend Geld seine Stuben genügend einzuheizen. Sicher, »die Geduld, lange zu leben« gab eine Chance, seine Berühmtheit ganz auszuleben; auch - so sagte er gern - nimmt »der Ruf mit der Imbezillität zu«.

Hornay besuchte ihn in dieser Zeit häufiger, fand ihn dennoch wohlauf, die Augen zwar leise gerötet, gelegentlich etwas erkältet: »Sein Geist litt nicht im mindesten ... seinem Gedächtnisse waren die kleinsten Einzelheiten gegenwärtig über welche er vor Jahresfrist geschrieben oder gesprochen hatte.« Zu Taylor, einem amerikanischen Regierungsbeamten, späteren Gesandten der Vereinigten Staaten in Berlin, äußerte er sich: »Ich war im Sommer unwohl. Sie müssen aber nicht alles gelesen haben. Da hieß es, daß ich einen Schlaganfall gehabt, aber es war nur ein Schwindel ... der keine gewöhnlichen Wirkungen des Schlagflusses hinterließ.« Sein Redefluß blieb lebhaft wie je, er erinnerte sich noch an Friedrich den Großen: »Ich war beinahe 17 Jahre alt, als er starb.«

Er nutzte die Tage, soweit es die Kräfte zuließen, saß weiter am Schreibtisch, lag arbeitend im Bette, diktierte Besuchern Empfehlungsbriefe. Einen Monat vor seinem Tode gab er dem Prinzregenten von Preußen auf dessen Bemerkung »wir sprechen noch später darüber« die Antwort: »Königliche Hoheit, in vier Wochen lebe ich nicht mehr.« Schönlein, sein Arzt, kann ihm nur noch geringe Erleichterung verschaffen. Immer seltener verließ der 89jährige seinen winzigen Schlafalkoven, nur noch gelegentlich aufstehend, um zu schreiben, Besucher zu empfangen und Bücher zu lesen. Voll gelassener Heiterkeit und Ironie ließ er seinen Körper die Bürde der Krankheit allein tragen, versuchte sich bei sinkenden Kräften in spielerischen Causerien. Leichtfüßig noch im Angesicht des Todes schreibt er an Amélie Gräfin Dönhoff: »Ich selbst bin wieder mit Todesgedanken vertraut geworden. Und wenn alle Tage mein fast 50jähriger Papagei mich als Hausfreund zu den ernstesten Betrachtungen und zu der Frage vermochte, wer von uns beiden zuerst sterben würde (worauf er mit unerfreulicher Sinnlichkeit antwortet: viel Zucker, viel Kaffee, Herrn Seifert schreiben), so ist er denn noch vor mir am 13. Januar verschieden! Dann folgten in kurzer Zeit hintereinander der edle Hatzfeld und Bettina, von der pfäffischen Intoleranz verfolgt.« Früh schon war ihm das Horazische »nil admirari« bewußt, das Große und das Kleine, Papagei und Orthodoxie sind für ihn nicht mehr unterschieden. Er brauchte nicht erst uralt zu werden, um jene »Gemütsruhe« zu erlangen, »in welcher er lächelnd auf die Gaukeleien der Welt herabsieht«.

Die Visiten einiger Vertrauter werden häufiger, Gabriele von

Bülow, die letzte noch lebende Tochter Wilhelms, ihr Schwager, der General von Hedemann, der seit zwölf Jahren tätige Diener August Pfalz und Frau Seifert, die Köchin Humboldts, sind um ihn. Seifert, seit 32 Jahren in seinem Dienst, ist selbst leidend und erscheint nicht. Jener Primaner, dem Humboldt elf Jahre zuvor zur Veröffentlichung der demotischen Grammatik und zur akademischen Ausbildung verholfen hatte, der jetzt bekannte Ägyptologe Heinrich Brugsch, darf ihn besuchen und nimmt die ungeordnete Sammlung zu einer einst begonnenen, liegengelassenen Arbeit über die Entstehung der Ziffern und den Ursprung der Rechenmethoden bei den verschiedenen Völkern in Empfang. Humboldt bittet ihn: »... sie nach meinem Tode zu veröffentlichen, es sind Materialien, an welchen ich 40 Jahre lang gesammelt habe, um sie dereinst in aller Muße zu verarbeiten. Meine Tage sind gezählt ...« Ein Schlaganfall mit erneuter Lähmung überrascht ihn mitten in der Arbeit. Nach dem Karfreitagsfest finden wir ihn fest liegend, die 85. Seite des letzten KOSMOS-Bandes war eben begonnen. Mit philosophischer Ruhe erwartet er sein Ende, empfängt Besucher, deren Tränen ihn zu einem Lächeln reizen: »Meine Zeit ist gekommen und ich bin beruhigt, denn Sie wissen, was ich davon denke.«

Sein Testament, mehrfach umgeschrieben, ruht in der Kanzlei des Hausvogteigerichtes. Seifert ist zum Universalerben eingesetzt. Der Prinzregent besucht ihn, Humboldt bittet um ein Staatsbegräbnis, Seiferts Erbe dadurch um die Thaler vermehrend, die er zur Deckung seiner Begräbniskosten zurückgehalten hatte; es sind die letzten flüssigen Mittel, über die er verfügt.

Der König wird seine Schulden bezahlen, die er beim Bankhaus Mendelssohn »trotz meiner nächtlichen Arbeitsamkeit bis zu meinem Hinsterben nicht ganz abzubezahlen« vermochte. Nur tränenschwer vermag man den Bittbrief des Sterbenden an Friedrich Wilhelm IV. zu lesen: »... richte ich in sicherem Vertrauen frei und unerschrocken an Ew. Königliche Majestät in dieser ernsten Stunde die fußfällige Bitte, daß Sie mir, der ich so oft für andere Geld erfleht, nach meinem Tode zur Hülfe kommen und meine Schuld, von der ich hoffe, daß sie mein einjähriges Gehalt nicht übersteigen wird, im Mendelssohn'schen Hause durch ein Geschenk, einem Ihnen so lange ehrfurchtsvoll ergebenen uralten Manne gespendet, allergnädigst tilgen lassen.«[250]

Gabriele von Bülow sitzt »viele stille Stunden hindurch« an seinem Lager. Humboldt »litt nicht, sprach selten, aber immer klar, besonnen und liebevoll«. Prinzessinnen des Königlichen Hauses fuhren vor, Erkundigungen einzuziehen, Blumenspenden zu hinterlassen. »Am 3. Mai 1859 meldet Schönlein das rasche Schwinden der Kräfte. In den Nächten blickt Humboldt noch still forschend im Zimmer umher.« Am 6. Mai um ½ 3 Uhr nachmittags trat das Ende ganz sanft ein. Es war niemand in seiner Todesstunde bei ihm als Hedemann und Frau von Bülow.[251]

»Es ist das gewöhnliche Schicksal der Reisenden, da zu mißfallen, wo sie hergebrachten Meinungen widersprechen.«

ALEXANDER V. HUMBOLDT

DREIZEHNTES KAPITEL

Genie - Ruhm - Nachruhm

Zuletzt aber bleibt die Frage zu beantworten: Warum beschäftigt sich unsere Epoche mit Alexander von Humboldt? Hat er die Menschheit mit einem Jahrhundertgedanken bereichert, durch eine beeindruckende Entdeckung gefördert oder durch eine originale Tat erschüttert?

Das Kapitel seines Genies, welches damit aufgeschlagen wird, ist ein weites Feld. Schon der Versuch, Ruhm und Nachruhm für unseren Helden zu erörtern, schafft Unbehagen. So suchen wir denn nach jener schöpferischen Idee, nach jener völlig neuen Erfindung bei Alexander.

Wir kennen die Antwort darauf. Wir kennen die warmen Mitteltöne. Ja, er war ein betastender Empiriker, ein volkstümlicher Popularisator mit einer leicht als Weltklugheit zu deutenden Tendenz zum Opportunismus, war ein Meister der Schmeichelrede - wenn schon mit Abgründen.

Und er war kein Mensch des streng durchdachten Schemas, einer starren idealischen Linie. Auch war Alexander von Humboldt, bei aller breiten Fülle seines Wissens, kein Universalist. Weder in der Mathematik noch Physik oder Chemie war er überragend. Er sah sich selbst - in kluger Beschränkung - als Geognost und physikalischer Geograph. Aber sah ihn so das Publikum, die happy few der Pariser Salons, das preußische Königshaus?

Anders als in der Literatur, Musik und bildenden Kunst sind biographische Aspekte bei Entdeckungen im Bereich der Naturwissenschaften weitgehend ausgeklammert. Ohne Dante gäbe es keine »Divina Commedia«. Aber die Gravitation und die Differentialrechnung wären auch ohne Newton entdeckt und erfunden worden. Richard Wagners »Tristan«, Goethes »Marienbader Elegie« dagegen sind Individualleistungen originärer Art, aus Vorhergegangenem weder ableitbar noch erklärbar.

Der speichernde, kumulative Charakter der Naturwissenschaften macht es, daß selbst revolutionäre naturwissenschaftliche Theorien sich auf Vorarbeiten der älteren Generation stützen und mit zwingender Logik aus jenen Vorgänger-Theorien entwickeln: Alexander wußte das, wir hören ihn: »Wo ist eine Entdeckung, deren Keim nicht schon früher angelegt war?«[252] Naturwissenschaftliche Erkenntnis ist auf viele Köpfe verteilt; sie wächst schrittweise und wird somit fast anonym.

Die Ableitung des Ruhmes, insbesondere aber des Nachruhmes Alexander von Humboldts allein aus seinen naturwissenschaftlichen Leistungen heraus genügt also nicht ihm jene Eminenz zu geben, ohne die solch ein Nachruhm kaum denkbar ist.

Nun ist es unbestrittener Brauch, mit fast wütendem Eifer die naturwissenschaftlichen Leistungen Humboldts, das als bleibend Vermutete seiner Arbeiten aufzulisten, zum Blütenstrauß jener den Zeitgeist aufregenden Untersuchungen zusammenzubinden. Wir ersparen uns das Zusammenstellen der immer wieder und mit Nachdruck genannten Ergebnisse seiner Forschungen, wohl bewahrt im Gedächtnis der Menschheit. Letztlich aber, im Detail, vergessen und nur noch den Fachkundigen erinnerlich und deutlich.

Nein! Was große Geister, was Goethe, was Darwin an Alexander lobten, was seinen Namen in Südamerika bekannter »als Goethes und Beethovens zusammengenommen«[253] gemacht hat, muß mit anderen Anlagen seiner Person zusammenhängen. Es findet seine Wurzel nicht in seinen Forschungsresultaten oder Entdeckungen allein. Es ist Alexander von Humboldt selbst, der alle seine wissenschaftlichen Qualitäten überragt und uns Nachgeborene anspricht. Die Rolle, die er spielte in Paris und in Berlin - und er spielte sie vorzüglich - seine Chimborazobesteigung, trug seinen Ruhm weiter als seine naturwissenschaftlichen Arbeiten.

Dazu sein unbändiger Schreib- und Mitteilungsdrang, immer zeitgerecht und aktuell: Man findet solche nun schon auffälligen Schreibseligkeiten unter den zykloiden Temperamenten, legiert mit schizothymen Einschmelzungen, die »Tag und Nacht an einem fünfbändigen Heldengedicht über den Siebziger Krieg schreiben«[254]. Es scheint, daß bei Alexander gleiche Quellbrunnen des Temperamentes als treibende Energie seines Darstellungsdranges zu vermuten sind. Erst die Akzeptanz dieser biologischen Kategorie läßt uns auf sicherem Boden stehen. Wir finden in dieser Gruppierung Nachforscher und Entdecker, die immer bereit sind, sich mit den Arbeiten und Einsichten anderer - ihnen Gleichstrebender - zu verbinden.

Fragen wir uns nun, ob eine Erscheinung wie Humboldt in unserer Zeit möglich wäre, so wird die Antwort gespalten sein müssen. Er als Forscher und Entdecker würde heute wenig Neugier erwecken. Es sind andere Eigenschaften als seine Entdeckungs- und Forschungsarbeiten, die ihn für uns, für alle voranschreitenden Epochen, anziehend machen. Gemeint ist hier die wie ein unterirdischer Strom durch seine Hauptwerke hindurchlaufende politische ambiance; nennen wir es sein soziales feeling.

Immer ist es die Anrufung von liberté, égalité, fraternité, die sein Leben durchzieht. Und die in ihrem Charakter der massenhaften Gleichförmigkeit, ja Gleichheit durchaus in der Richtung der planifizierenden und egalitären Naturwissenschaft liegt. Wir würden heute keinen Augenblick zögern, Alexander einen politisch engagierten Schriftsteller zu nennen. Es sind - vielleicht - diese sozialeudaimonistischen Züge, die ihn für uns wichtig machen. Ein schönes Beispiel für sein soziales Engagement gibt der beigefügte Brief an Kommerzienrat Borsig mit der Bitte, »die Lage des Fabrikarbeiters August Zimmermann zu verbessern«.

Dazu Alexanders »auf das Naturganze gerichteter Blick«, seine deutlich ausgesprochenen ökologischen Besorgnisse bei gleichzeitiger Scheu vor realer Politik. Seine kosmopolitischen Neigungen, die reservierte Haltung gegenüber den Militärs und darin eingebunden seine eindeutig pazifistische Gesinnung: das ist es, was unsere Zeit an Alexander fasziniert. Lebte er heute: kein Zweifel, wir würden ihn zwischen der Grün-Liberalen und Fortschrittspartei finden. Und, im Vertrauen auf seine modernen, seine Publicity-Qualitäten wäre er der Mann gewesen, die KOSMOS-Vorträge im Gewand unserer Epoche mediengerecht zu organisieren. Ein gut aussehender, zungenläufiger Gelehrter, durchaus als TV-Star vorstellbar - und gewiß mit hohen Einschaltquoten: er hatte keine Furcht vor der Öffentlichkeit.

Ruhm, Nachruhm insbesondere ist auch abhängig von temporären Schwankungen des Zeitgeistes, von politischen Konstellationen. So begünstigte der Deutsch-Französische Krieg 1870/71 im Zuge der nationalen Begeisterung und der Reichsgründung eher das Ansehen Wilhelm v. Humboldt's. Alexander dagegen, als Frankophiler und Kosmopolit, trat in den Hintergrund des öffentlichen Interesses. Gewiß trug dazu auch die riesige Faktenvermehrung in der Naturwissenschaft bei. Alexanders Eigentümlichkeit die Dinge zu sehen, mußte außer Mode kommen: Man schämte sich seiner, wie eines ärmlich gekleideten Verwandten. Es waren Adalbert Stifter im »Nachsommer«, Gregorovius, Jacob Burckhardt und auch Jules Verne, die sich weiter vor ihm verbeugten.

Heute nun, am Ende anerkannter hierarchischer Ordnungen, bis hinein in die Syntax unserer Sprache, die so eng mit Herrschaft und Lüge verwoben ist, tritt Wilhelm zurück. Alexander von Humboldt aber, ein Kosmopolit, liegt auf der Linie unseres Zeitverständnisses, das gewiß ist, den großen Menschheitsplan zu kennen; in einer politischen »Umwelt, die sich einrichten will, voller Wohlwollen und Hilfsbereitschaft gegenüber den Unterprivilegierten«[254](2); einer Epoche, die sicher ist, daß gesellschaftliche Repression den Menschen an seiner Höherentwicklung hindert.

Wir spüren den Anhauch des heraufkommenden Wassermann-Zeitalters. Alles ist mit allem verbunden: New Age.

Alexanders Vorstellungen vom Glücksvorrang des Menschen im Sinne eines ethisierten Wohlergehens und seine nie zurückgehaltene unterschiedlose Menschenliebe bei gleichzeitig vorausgesetzter allgemeiner Gleichheit des Menschengeschlechts decken sich mit dem Verständnis unserer Epoche, in der, wie angenommen wird, »die Dinge einen Lauf haben, den keine menschliche Macht aufzuhalten vermag«[255]. Und darum sprechen wir heute von ihm. Dies rührt an das Herz der Zeiten.

Das heißt nicht, Humboldt von jenem Denkmal zu stürzen, das ihm schon zu Lebzeiten errichtet wurde. Die verehrenden, die niederziehenden Betrachter seiner Person stehen ihm in einer ambivalenten Mischung aus Sympathie und Antipathie, aus Verachtung und Respekt gegenüber: Das Denkmal schwankt; bröckelt es ab?

Das eigentümliche derartiger Attacken auf Ruhm und Nachruhm ist bekannt: Man festigt Ruf und Geltung dessen, den man auf die Anklagebank setzen wollte. Denn der Nachruhm eines großen Menschen ist nicht durch Polemik und versuchte Revisionsprozesse gefährdet, sondern eher setzt das Ausbleiben solcher Attacken die säkulare Bedeutung des großen Mannes in Zweifel. Angriffe und polemische Kritik gegen die Art seiner Selbstdarstellung festigen eher den Nachruhm des Angegriffenen. So war es bei Goethe, bei Thomas Mann, so bei Gottfried Benn.

Wenn wir vom wissenschaftlichen Werk Alexanders absehen und uns seiner Person zuwenden, die vom Sockel zu stoßen wäre, so stammen jene Dokumente, die dazu dienen könnten, von Alexanders eigener Hand. Ich meine jene Briefe, die er seinem zukünftigen Biographen Varnhagen von Ense schrieb. Briefe, die in ihrer Schärfe und Bissigkeit unübertroffen sind; und die dennoch seinem Lebensbild Wahrhaftigkeit und Menschlichkeit hinzufügen. Die Entmythologisierung seiner Person, seine Schwächen, seine Fehler, auch seine Krisen rücken uns Alexander näher: Man kann ihn lieben, ohne ihn bewundern zu müssen.

Ruhm also:

> »Ruhm diese letzte Schwäche edler Seelen,
> Spornt an den Geist, Genüsse zu verschmähen
> und arbeitsvolle Tage zu erwählen.«[256]

Ist sein Ruhm auf einer augenblicklichen Überschätzung begründet, dem Widerhall, welcher, von Lobrednern verstärkt, die Meinung der Menge bestimmt?

War er nicht einer, den zu viele verstanden? Und jene sich ihm entgegenstreckenden Hände aus der ihn umdrängenden Menge: »Das ist kein Beifall, sondern eine Totenklage«?[257]

Ja, an Ruhm war Alexander gelegen. Früh schon, in Steben als Oberbergrat war er geschickt für die Öffentlichkeit und besaß einen Namen. Später dann, nach seiner Amerikareise, in den Pariser Jahren und nach der schier unglaublichen Fertigstellung der großen Ausgabe seines Südamerikanischen Reisewerkes, vom König in die preußische Metropole gewünscht, war er es längst gewohnt, seinen Ruhm von seinem Schreibtische in der Oranienburger Straße aus zu verwalten. Und er tat es meisterhaft. Nie war ihm seine Zeit zu schade, nie ein Briefwechsel zu umständlich, um Ruhm, »diesen köstlichen Bissen für unseren Stolz«, zu bewahren ihm Dauer zu geben.

Zeigen doch seine von Kurt-R. Biermann mit höchstem Fakten- und Materialwissen veröffentlichten Lebensläufe und autobiographischen Skizzen bei aller Zurückgenommenheit die hohe Kunst der raffinierten Selbstpräsentation. So arbeitete er an jenem Bilde, das sich die Menschen von ihm machen sollten. Er lebte, bewundert von der Welt und jenen, die sich für seine Freunde hielten, ein Egozentriker, dessen »wütende Leidenschaft für das eigene Ich«[258] Voraussetzung für seine Produktivität war. Wunderbar umschlungen von jener eigenartig gemütvollen sozialen Einstellung, die freundlich und gutherzig mit seinem Mäzenatentum harmonisiert.

So wird sein protektiver Trieb zur Avantgarde künftigen Nachruhms: Wir denken an die Elogen von Brugsch und Liebig, von Du Bois-Reymond. Selbst der trockene Jacob Grimm, der wenig überschwengliche Karl Friedrich Gauß stimmten in den Chor der Lobredner ein. Der Nachhall, getragen von tausenden von Briefen aus der Hand Alexanders ist bis in unsere Tage zu vernehmen: »Wenn Gesang sie rühmete, dauert eine Tat«[259].

Wir haben Alexander als eine Doppelnatur zu sehen: ein Künstler - und dann auch ein Naturwissenschaftler. Sind doch gewisse Exzentrizitäten, normwidrige Elemente seiner Biographie, ja Bedenklichkeiten in seiner Vita bezeichnende Charakeristika seiner künstlerischen Konstitution.

Drückt sich seine Künstlernatur nicht am deutlichsten aus in seinem Willen, den »Kosmos« auszustatten »mit dem, was Form und Sprache, nach meinen geringen Kräften, von Anmut und Leben geben können«?[260] Sein poetischer Trieb schmückte in den »Ansichten ...« die Naturbeschreibungen mit üppigen Adjektiven und schlingenden Partizipialkonstruktionen; ja, seine Prosa begann hexametrisch zu schreiten, wovon Hanno Beck ein schönes Beispiel benennt: »Dén belébenden Régen verkúndigt der férne Dónner«.[261]

Varnhagen zieht er in seinen Künstlerkreis hinein, wenn er in einem Billet fünf Jahre vor seinem Tode schreibt: »... uns Literaten«. Der »Kosmos« also, »eine Poesie der Fakten«, machte aus der Welt kein Rechenexempel sondern »einen Gegenstand der Literaturgeschichte«.[262] Lobte nicht der Weimarer Kanzler v. Müller, als Alexander ihm erste Teile des Werkes vorlas den »zauberischen Stil« des »Entwurfes einer physischen Weltbeschreibung«?

So stand Alexander im Lichte, so wollte er gesehen werden. Nie vergaß er sich, nie verlor er die Beherrschung. Stets stellte er sich so dar, wie die Welt, seine Bewunderer es erwarteten.

Sein Seelenhaushalt aber, um es zu sagen, ist erschreckend. Die Wahrheit ist, daß Alexander von Humboldt, der in der Öffentlichkeit stets gewandt und in vorrückenden Jahren würdevoll auftrat, in Kleidung und Körpersprache auf Repräsentanz Wert legte, in Wirklichkeit ein Neurotiker war. In jüngeren Jahren oft in Angst überzuschnappen bittet er Freiesleben um Verzeihung »... wenn Sie eine Unruhe bemerkten ...« Und es sind keine Einwirkungen von außen wenn er an Schiller schreibt: »... aber das Geräusch im Innern um mich her hindert mich, mich ordentlich zu entwickeln«. Stichworte wie »Ich lebe hier nicht fröhlich, aber zufrieden«[263], »Lebhaftigkeit der Phantasie verwirrt mich«[264], »Meine Fröhlichkeit hat freilich seit Jahren sehr abgenommen«[265] sind abgewandelte Begleitakkorde dieser so souverän und vertraulich sich gebenden Existenz. Und er findet sich »auch zu zerstreut um traurig zu sein«. Dann hören wir »froh war ich wenig...«[266]; und er fühlt in melancholischen Stimmungen, von denen wir häufig hören, die »Wonnen der Tränen«. Eine midlife crisis des nunmehr 45jährigen? Wochenlang zog er sich damals in seine Wohnung am Quai Malaquais Nr. 3 zurück, sah niemanden, wollte sein Leben »mehr als sonst nach innen hineintreiben«. Ein depressiver Schub des Zykloiden? Gelöst dann durch jenes mit schwarzer Kohle gearbeitete Selbstbildnis, aus dem abschätzende Distanz, skeptische Erkenntnis seiner Möglichkeiten und ein Gran nicht preisgebender uranischer Weltverachtung zu uns sprechen. Ein eigentlich unheimliches Bild.

Ein wenig könnte diese ambivalente Temperamentshaltung für Alexanders Außerordentlichkeit sprechen und das Festmachen der öffentlichen Anteilnahme an seiner Person: es gibt keine im bürgerlichen Verständnis »gesunden« Genies.

Das Durchhalten dieses in der Wurzel künstlerischen Anspruches, die unbeirrbare Arbeit an seinem Leben als Kunstwerk, ohne Haus, ohne Weib, ohne Geldverständnis. Dann jedoch das Einbringen des »Gefühlslebens« in den Ablauf der Fakten als das »eigentliche Leben«[267], das ist es, neben allem anderen, was Alexanders Ruhm als zu recht bestehend kennzeichnet.

Ist nicht eine geheimnisvolle Sympathie mit den Menschen der Zeit, in der er lebte, eine irrationale Übereinstimmung ihres gemeinsamen Schicksals, Ursache seiner fortdauernden Wirkung - nennen wir es Ruhm? Viele erkennen sich in diesem Bild wieder, das den Lebenston auch unseres Daseins so glücklich bestätigt; es ist mit positiver Libido besetzt. Und nichts ist selbstverständlicher, als daß wir seinen Namen preisen: Er - und wir mit ihm - sind die Helden des Zeitalters.

Der Gedanke aber, daß »alles Verderben letztlich von den Naturwissenschaften kommen wird« (Kierkegaard); daß die erhoffte Weltveränderung aus der Maschine kommt und nicht aus der Harmonisierung, der Idee eines alles umfassenden Weltganzen, - dieser ungeheuerliche Gedanke war Alexander fremd. Dies ist das Menschliche, Konstruktive, die Synthese suchende, Wohlmeinende und Gutes-Tun-Wollende an ihm - Züge, die dem agressiven Charakter des Genialen fremd sind.

Dennoch überlebt Alexander von Humboldt im »Mausoleum der Geschichte des Fortschritts« als »ein uneigennütziger Bote der Plünderung, ein Kurier, der nicht wußte, daß er die Zerstörung dessen zu melden gekommen war, was er, in seinen ›Naturgemälden‹, bis daß er neunzig war, liebevoll malte«.[268]

»Der Gedanke ist immer der
Abkömmling der Not«
SCHILLER

Miszellaneen zur Dupuytrenschen Beugekontraktur der Finger

Die Ziffern in () beziehen sich auf das Literaturverzeichnis Seite 284

Baron Guillaume Dupuytren, Professor für Chirurgie am l'Hôpital-Dieu de Paris, im altehrwürdigen Quartier Latin gelegen, demonstrierte im Wintersemester 1831/32 seinen Studenten an einem Patienten männlichen Geschlechts - einem Weinhändler und Kutscher - das Krankheitsbild einer narbig bedingten Beugung und Gelenkversteifung des Kleinfingers sowohl als auch des Ringfingers. Ähnliche Beschreibungen derartiger Fingerverkrümmungen besitzen wir bereits seit Felix Plater - seinerzeit Basler Anatom und Stadtarzt - (1536-1614), niedergelegt in seinem »Observatorium in hominis affectibus ...« Dupuytren, bald darauf - von Alexander von Humboldt empfohlen - Mitglied der Akademie française, gebührt jedoch das Verdienst der ersten, wissenschaftlich genauen Darstellung (5).

Ein Jahr später kann Goyrand diese Hinweisung mit seinen »Nouvelle recherches sur la retraction permanent et des doigts« bestätigen: eine menschheitsalte Krankheit war erkannt und über die kasuistische Curiosität hinaus in das allgemeine Bewußtsein ärztlicher und klinischer Bezüge gehoben (6).

Die Abfolge von Veröffentlichungen zur alsbald »Dupuytren'sche Beugekontraktur der Finger« genannten narbigen Schrumpfung der Hohlhandsehnenhaut wird dann bis zur Jahrhundertwende spärlicher; um darauf, im natürlichen Zusammenhang mit den neuen Möglichkeiten der Leitungsanaesthesie, der Narkosetechnik überhaupt, mit der Verhinderung von Wundinfektionen durch Antisepsis, ein neues, notwendig chirurgisches Interesse und entsprechende operative Zuwendung zu finden (1, 3, 10, 11).

Das Krankheitsbild berührt den Patienten erstaunlich wenig: häufig verläuft der Morbus Dupuytren ohne jegliche wahrnehmbare Mißempfindung. Eher selten wird - auf nachdrückliche Befragung - ein geringes

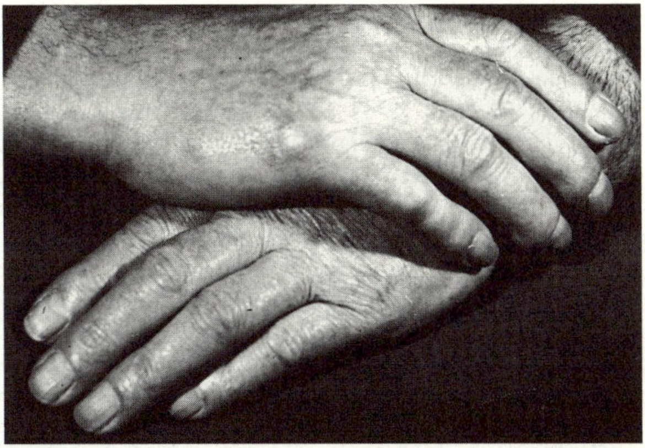

Patienten-Foto (1986) einer typischen Dupuytren'schen Beugekontraktur des Kleinfingers der re. Hand (Aufsicht).
Gleichzeitig bestand hier eine Induratio penis plastica.

Kribbeln, ein kaum so zu benennender Schmerz, ein Spannungsgefühl an dem sich sehr langsam, in Jahren und Jahrzehnten hin zur Hohlhand unbeeinflußbar sich beugendem vierten und fünften - selten dritten - Finger angegeben. Die (fast) nie beobachtete Miterkrankung des Daumens, jenes für die Greif- und Arbeitsfunktion der menschlichen Hand vorrangigen Erstgliedes, bringt auch bei körperlich Arbeitenden kaum Behinderungen der beruflichen Tätigkeit mit sich. Oft ist nicht die Beugekontraktur Anlaß des Arztbesuches, sondern der Zufall stellt die Diagnose: der seinen Patienten im Sprechzimmer begrüßende Arzt stellt beim Händedruck die Diagnose, ohne daß dies den Betroffenen - seine Fingerbeugung kaum wahrnehmenden - sonderlich erschreckt: er weiß, daß es im Leben Schicksalsabläufe gibt, die nicht genossen, sondern überstanden werden müssen. Selbst wenn der Versteifungsprozeß fortgeschrittener ist, neben den Endgelenken auch die Mittelgelenke der betroffenen Finger streckunfähig geworden sind und die vollausgebildete - fotographisch erstmals 1903 im »Handbuch des Praktischen Chirurgen« festgehaltene - Beugekontraktur unwiderruflich ist, fühlt der Dupuytrenist sich in seinem Wohlbehagen hierdurch kaum eingeschränkt.

Ein Wort nur zu den offenbar mannigfachen Ursachen des Morbus Dupuytren: eine Vielfalt von Theorien sucht Licht in die ätiopathogenetischen Hintergründe zu bringen. Nicht recht durchsetzen konnte sich die

Vermutung, daß Druck- und Greifbelastungen als auslösender Umstand anzuschuldigen wären: zu eindeutig sprechen Beruf und statistische Analysen der Beobachtungen dagegen.

Demgegenüber gewinnt die Annahme einer »Myofibroblasten«-Anreicherung in der Handinnensehne, damit also einer zunächst noch unscharf definierten »keloidalen Reaktion«, der oft doppelseitigen!, d. h. bei Rechtshändern auch linksseitig beobachteten narbigen Verhärtung der Handinnenfläche zunehmend an Wahrscheinlichkeit: womit Hinweise zu einer angeborenen Veranlagung, letztlich also zu einer irgendwie vererbbaren Disposition gemeint sind (6, 8, 9, 12, 13). Es gehört zur Standardfrage einer gewissenhaften, ärztlich erhobenen Krankheitsvorgeschichte, nach ähnlichen Veränderungen beim Vater, bei den Brüdern des Untersuchten zu fragen. Und oft wird die Antwort zustimmend sein; nicht selten aber holt der zum Beispiel in Behandlung Stehende - nach Umfrage in seiner Familie - die Angabe nach, daß sein Großvater oder Bruder - bislang der Aufmerksamkeit entgangen - gleiche oder ähnliche Merkmale aufweisen: Alle Menschen sind wohlvertraut mit diesen Schwären des Blutes: und der glücklich wiedererkennende Ausruf der Großmutter beim Anblick des in der Wiege liegenden Enkelkindes: »mein Gott, das ist ja ganz die Tante Ronchen« findet sein selbstverständliches Echo in der Hinnahme der gottgegebenen, narbigen Fingerverkrümmung. Warum, so denkt der Mann auf der Straße, sollte - so long ago - auf der blechernen, militärischen Erkennungsmarke nur die eingravierte Blutgruppe O oder A mit der seines Sohnes übereinstimmen. Es ist ein frommer Aberglaube, als erschreckten wir vor der äußeren Entsprechung eines dem Inneren lange vertrauten Bildes. Kommt etwas inwärts Gewußtes, und sei es sogar Übles, plötzlich ans Licht, so fühlen wir uns - und sei es für einen Pulsschlag, - selbst in Schmerzen, befriedigt und eingebettet in die Ordnung der Dinge.

So lesen wir in den 1861 anonym gedruckten Memoiren Alexander von Humboldt's: »Auch auf seine kleinen weißen Hände, mit denen er nie gesticuliert, ... werfen wir einen Blick. Wir wollen erfahren, ob auch er gekrümmte kleine Finger beider Hände hat, ein Naturspiel, das alle Humboldt's zeigen, und wir finden es bestätigt.«

Leider existiert - wie manchmal in dieser Epoche geschätzt - kein Handabguß der Berliner Dioskuren: Bei Wilhelm ist diese Einwärtskrümmung der Finger in der überlieferten Familiengeschichte durchaus geläufig. Für Alexander stehen - neben jener Hinweisung des Anonymus', zwei uns bekannte Porträts: Jenes von Rafael Jimeno 1803 in Mexiko gemalt, und das 51 Jahre ältere Bild Emma Gaggiotti-Richards, aufbewahrt in der Corcoran Gallery Washington. Zeitlich dazwischen liegt das Foto von Biow, 1847 in

Berlin angefertigt: Demnach dürfte die vom Zweitbeschreiber der »retraction«, von Goyrand, 1834 beobachtete, verwandtschaftsbezogene Ausbildung des »Naturspiels« außer Zweifel stehen.

Eine seltsame Verknüpfung - auf der gleichen ursächlichen Ebene einer erheblichen, allgemeinen Disposition zu bindegewebigen Verhärtungen - besteht zur Induratio penis plastica, im folgenden *Ipp* genannt. Diese Erkrankung, von La Peyronie, dem Leibchirurgen Ludwig XIV. erstmalig beschrieben, ist nicht eben häufig, führt die vom Schicksal mit ihr Geschlagenen jedoch weitaus regelmäßiger zum Arzt, Rat zu suchen und gegebenenfalls Abhilfe zu schaffen: Die dreifach gebündelten Kennzeichen: Verhärtung, Schmerzen und Abweichung bei der erectio und der damit verunmöglichten Immissio penis greifen bedrohlich an das Selbstverständnis, an die Wurzeln sinnlicher Lebens- und Welterfahrung des Mannes; ja sind durch thalamische Rückkoppelungen zur Verursachung von Seelen- oder Geistesstörungen, bis hin zur Auslösung von Depressionen und Melancholien befähigt. Was - bei sonst normaler Triebstruktur - niemanden verwundert: Neben dem Hunger ist die Liebe - Venus victrix - Herrscherin des lebendigen und lebenwollenden biologischen »Getriebes«. Der Dichter antizipiert es, hat aber dem Volke aufs Maul geschaut, welches, deutlich und treffend jene Beklagenswerten als »Kümmerer« abtut: nicht ohne Respekt und Anerkennung der damit oft verknüpften Courtoisie gegenüber dem schönen Geschlechte. Wobei hier tiefere psychosomatische Regelmechanismen, Anhebungen des ethischen Plateaus, Verfeinerungen, Sublimierungen des durch die *Ipp* hoffnungslos Enttäuschten nur angedeutet werden sollen: Wir denken an jenen ungewöhnlichen, für die schöne Herz bestimmten Brief des 26jährigen Alexander vom 5. April 1796: Der Genius ihrer Rasse und ihre weibliche, wache Empfindsamkeit ließen die fünf Jahre ältere Henriette wohl ahnen, in welchen zugleich erhabenen und dunklen Schichten menschlichen Seins diese Traumschilderung ihre konstitutionelle Wohnung hatte: Der Träumer Alexander spricht hier mit dem Greis, dem Symbol für Wissen, Weisheit, auch Abgeklärtheit; mit dem Sinnbild also des vorbeifließenden Lebens, an dem er nicht teilnimmt. Aber, aufgefordert, in sich selbst hineinzuschauen, entdeckt er neben dem Moment seiner Intellektualität, seiner naiven - weiblichen - Einfachheit, sein männlich-räuberhaftes anderes Ego; wird dennoch seiner harmonischen Tugendhaftigkeit gegenwärtig, dem »Mit sich selbst einverstanden Sein«, der Akzeptans seiner Selbst, im Bilde des aus Weib und Mann zusammenschmelzenden Jünglings. Und nimmt sein Schicksal an.

Diese umschriebene, teilweise verknorpelnde, zellarme Bindegewebswu-

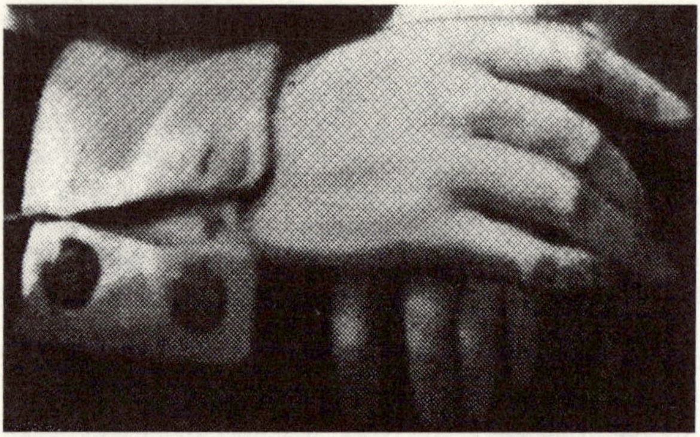

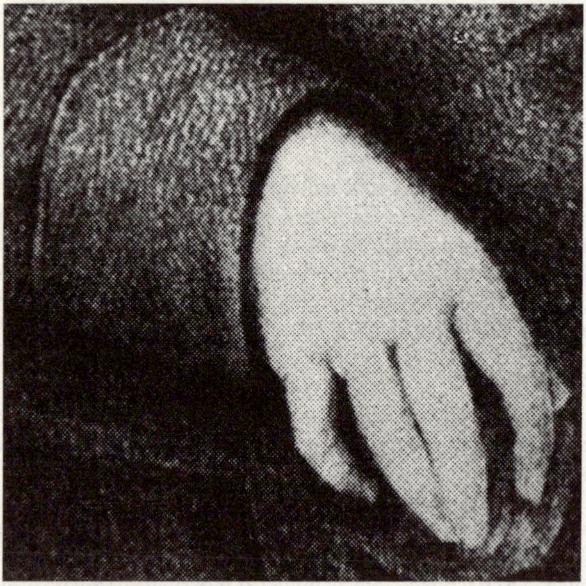

Oben: Alexander v. Humboldts rechte Hand (1803!).
Foto nach dem Ölbild von Rafael Jimeno y Planes (Mexico City)

Unten: Die rechte Hand Alexander v. Humboldts 1854.
Radierung P. Habelmann nach dem Ölbild von
Emma Gagiotti-Richards 1854 (The Corcoran Gallery Washington)

cherung im proximalen Anteil des Dorsum penis tritt, wie beim Morbus Dupuytren, relativ schnell, häufig jedoch, auch hier dem Finger gleichend, über Monate und Jahre sich langsam entwickelnd mit den entsprechenden, weitaus lebhafter empfundenen Erschwernissen ins Bewußtsein der mit diesem Leibesschaden Behafteten. Etwa zehn vom Hundert der vom Übel der *Ipp* Befallenen haben zugleich einen Morbus Dupuytren (2); die Dunkelziffer dürfte hier groß sein: Der erfahrene Arzt weiß, daß er seinen Patienten mit vorgewiesener Erkrankung der Hand nur zurückgenommen und voller menschlicher Zuwendung nach einer gleichzeitig bestehenden *Ipp* befragen kann; dennoch bleiben die gegebenen Auskünfte oft undeutlich. So stimmt es denn nachdenklich, und läßt alle Zahlenangaben zur Koinzidenz zwischen Dupuytren und *Ipp* in einem anderen, zweifelhaften Lichte erscheinen, wenn man von unseren Pathologen erfährt, daß bei Obduktionen die *Ipp* ungleich viel häufiger gefunden wird, als man es bei der klinisch doch selten angegebenen Erkrankungen eigentlich erwarten sollte (2, 13): Wer möchte schon, als im Leben zu kurz Weggekommener, sich einem gewissen Lächeln, auf seine eigenen, schwer genug drückenden Kosten, aussetzen?

Dabei ist die *Ipp* in jeder Stufe des Erwachsenenalters bekannt. Wenn auch der Gipfel der Verteilungskurve um das 50. Lebensjahr herum anzutreffen ist, so sind jüngere Jahrgänge offenbar häufiger betroffen als von der Fingerkontraktion: bereits 16jährige können daran leiden (4, 7, 14). Dabei sind Spontanrückbildungen nicht bekannt.

Sein bresthaftes Schicksal, wohin immer es ihn führen mag, hat der mit *Ipp* und Dupuytrenscher Kontraktur Heimgesuchte fortan zu tragen. Aber ist es nicht die Krankheit, das Anders-, das Nicht-angepaßt-sein, welches nicht nur Aglaia, Euphrosyne, die Thalia herbeiruft, sondern auch Asklepios, den mächtigen Schirmherrn und Beförderer der lindernden Heilkunst, so man ihm den Hahn auf schön bekränztem Altare opfert:

»War Fähigkeit zu lieben, war Bedürfen
Von Gegenliebe weggelöscht, verschwunden;
Ist Hoffnungslust zu freudigen Entwürfen,
Entschlüssen, rascher Tat sogleich gefunden!«
(Goethe, Elegie)

Wilhelm, der ältere Bruder, wußte offenbar von dieser »verschwundenen« Fähigkeit zu lieben. Er »weiß gewiß« (Alexander) »wird sein Leben allein diesem Studium weihen, er wird keine Verhältnisse eingehn, die, wie schön sie an sich sein mögen, immer hindern die Kräfte ungeteilt einem Zwecke zu geben.«[269]

Und der neunzehnjährige Alexander? Hören wir seine Stimme, entsagend, den zukünftigen Gang seines Geistes präludierend: »Keine starke Leidenschaft wird mich hinreißen. Ernsthafte Geschäfte und am meisten das Studium der Natur werden mich von der Sinnlichkeit zurückhalten.«

Womit denn diese fragmentarischen Einzelheiten höchst verschiedenen Inhalts, diese Miszellaneen ihren Abschluß finden sollen: Wohin möchte ein labyrinthisch verschlungener, ein summarischer Überblick uns sonst noch führen?

Literatur zu den »Miszellaneen ...«

1. Adams: Contraction of the fingers. In: Brit. med. J. 29. 6. 1978, 928.
2. Aulepp, H.: Dtsch. med. Wschr. 99 (1979), 1945.
3. Costilhes: De la retraction de l'aponéorose palmaire. Thèse de Paris (1885).
4. Dankelmann: a. a. O. (1954).
5. Dupuytren, G.: Lecons orales de clinique chirurgicale faites à l'Hôpital-Dieu de Paris Vol 1 (1832).
6. Goyrand, G.: Mém. Acad. roy. Med. (Paris) 3 (1834), 489.
7. Hufstedt: a. a. O. (1952).
8. Kostek, Th.: Vorträge aus der prakt. Chirurgie. Stuttgart 1965.
9. Ling, R. S. M.: J. Bone J. Surgery 45 B (1963), 709.
10. Meister, P., K. Wilhelm, C. Röckl: Münchn. Med. Wschr. 120 (1978), 93.
11. Schulthess: Ein Beitrag zur pathologischen Anatomie der Dupuytrenschen Palmarfasciencontractur. Diss. Nördlingen (1888).
12. Skoog, T.: Acta chir. scand. 96 (1948), Supll. 131, 1.
13. Smith, B. H. Subclinical Peyronies disease. Amer. I. clin. Path. 52 (1969) 385
14. Weyers, H.: Dtsch. Kr. Pflege Zschr. (1975), 66.
15. Wu Chieh Ping: zit. bei W. Ludrik u. K. Wasserburger. In: Z. Urol. 61 (1968), 319.

A. Anonym: Memoiren Alex. v. Humboldts Bd. 1/2. Leipzig, 1861.

B. Hahn, H.: Aus dem Nachlaß von Henriette Herz. In: »Nord u. Süd« 63 (1882), 71.

C. Leitzmann, A. (Hrsg.): Jugendbriefe Alexander v. Humboldts an Wilhelm Gabriel Wegener. Leipzig (1896), S. 51, vom 27. 3. 1789.

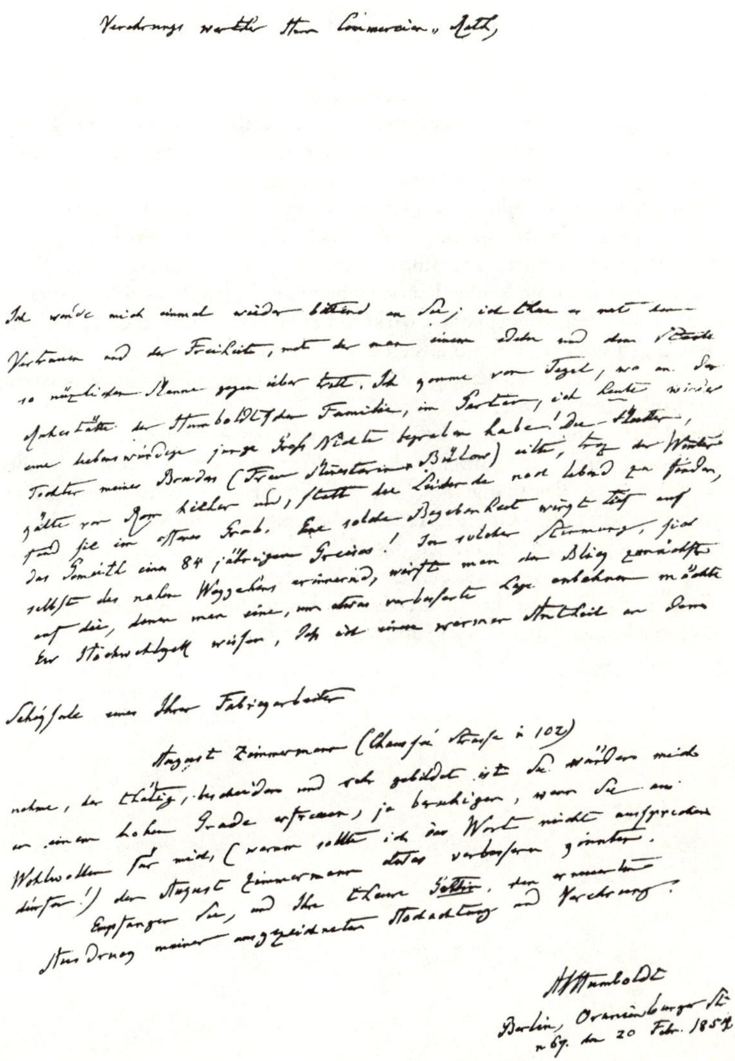

Verehrungswerther Herr Commercien-Rath,

Ich wende mich einmal wieder bittend an Sie; ich thue es mit dem Vertrauen und der Freiheit, mit der man einem Edlen und dem Starke so mächtigen Manne gegenüber tritt. Ich komme von Tegel, wo an der Ruhestätte der Humboldtschen Familie, im Garten, ich heute wieder eine liebenswürdige junge Groß-Nichte begraben haben! Die Mutter, Tochter meines Bruders (Frau Ministerin v. Bülow) eilte, trotz des Winters, [illegible] von Rom hierher und, statt der Leidenden noch lebend zu finden, fand sie im offenen Grab. Eine solche Begebenheit wirkt tief auf das Gemüth eines 84jährigen Greises! In solcher Stimmung, sich selbst des nahen Weggehens erinnernd, wirft man den Blick zunächst auf die, denen man eine, um etwas verbesserte Lage erbitten möchte. Ew. Hochwohlgeb. wissen, daß ich einen warmen Antheil an dem Schicksale eines Ihrer Fabrikarbeiter

August Zimmermann (Chausseestraße n. 102)

nehme, der thätig, bescheiden und sehr gebildet ist. Sie würden mich in einem hohen Grade erfreuen, ja beruhigen, wenn Sie aus Wohlwollen für mich, (warum sollte ich das Wort nicht aussprechen dürfen!) dem August Zimmermann etwas verbessern könnten.

Empfangen Sie, und Ihre edle Gattin, den erneuerten Ausdruck meiner ausgezeichneten Hochachtung und Verehrung.

AlHumboldt

Berlin, Oranienburger Str.
n. 67. den 20 Febr. 1854

Brief Alexander v. Humboldts an August Borsig vom 20. Febr. 1854
(A. Borsig'sche Vermögensverwaltung, Berlin-Tegel)

Abschrift des Humboldt-Briefes

Verehrungswerther Herr Commercien Rath,
Ich wende mich einmal wieder bittend an Sie; ich thue es mit dem Vertrauen und der Freiheit, mit der man einen edeln und dem Staate so nüzlichen Manne gegenüber tritt. Ich komme von Tegel, wo an der Ruhestätte der Humboldtschen Familien, im Garten, ich heute wieder eine liebenswürdige junge Grohs Nichte begraben habe! Die Mutter - Tochter meines Bruders (Frau Ministerin v. Bülow) eilte, trotz der Winterkälte von Rom hierher und, statt die Leidende noch lebend zu finden, fand sie ein offenes Grab. Eine solche Begebenheit wirkt tief auf das Gemüth eines 84jährigen Greises! In solcher Stimmung, sich selbst des nahen Weggehens erinnernd, wirft man den Blick zurück, auf die, denen man eine, nur etwas verbesserte Lage anbahnen möchte.
Euer Hochwohgeb wissen, daß ich einen warmen Antheil an dem Schicksale eines Ihrer Fabrikarbeiter August Zimmermann (Chaussee Straße N 102) nehme, der thätig, bescheiden und sehr gebildet ist. Sie würden mich in einem hohen Grade erfreuen, ja beruhigen, wenn Sie aus Wohlwollen für mich, (warum sollte ich das Wort nicht aussprechen dürfen!) den August Zimmermann etwas verbessern könnten.

Empfangen Sie, und Ihre theure Gattin, den erneuerten Ausdruck meiner ausgezeichneten Hochachtung und Verehrung.

A. v. Humboldt
Berlin, Oranienburger Str.
n 67 den 20. Febr. 1854.

libro completo saltat scriptor pede laeto

Danksagung

Über einen langen Zeitraum verteilt wurden die vorangegangenen dreizehn Kapitel zur Vita Alexander von Humboldts geschrieben. Darum gewannen sie mehr den Charakter von Essays als den einer chronologisch klassifizierenden Lebensdarstellung. So ergab sich die Chance, hie und da die Summe, nicht den Rechenpfennig zu geben. Daß die Weltsicht dadurch subjektive Farben annimmt und einen Hauch von Wirklichkeit liegt im Charakter des Essay: es sollte - angedeutet im Untertitel - der archimedische Punkt dieses Lebens außerhalb der Vorgänge gefunden werden. Serenitas und ein zarter Schleier von Melancholie entsprechen der Daseinsschau Alexanders »Il n'ya pas d'idée vraie qui ne soit triste«.[270] In den Text eingestreute Zitate möchten als Exklamationen verstanden werden, auch als Möglichkeit der Wahrheitsfindung. Vielen habe ich hierfür zu danken und verbeuge mich vor ihnen, - mit einem Zitat:
»Wann immer ich borge, wird man finden, daß ich nicht nur demjenigen dankbar bin, der einen Schatz für mich ausgegraben, sondern auch ihm, der mir ein Licht aufgesteckt hat, damit ich diesen finde.«[271]
Die Wurzeln, aus denen diese biographischen Versuche Ermutigung und Fähigkeit zur Arbeitdauer zogen gehen tief zurück. Es waren meine Lehrer am Humboldt-Oberrealgymnasium zu Berlin-Tegel, Wilhelm Blume, Richard Staberock und Wilhelm Richter.

Bei der Beschaffung auch abgelegener Literatur war unermüdlich Frau Monika Wiehn, Bibliothekarin der Stadtbücherei Recklinghausen. Die Abbildungen fertigte Frau Ursula Meinhardt an. Unschätzbar war die Hilfe meiner Sekretärin, Frau Ursula Katzorke, die stets fördernd den Riesenberg der Exzerpte abschrieb, ordnete, und mit nie versagender Genauigkeit die vielfachen Kürzungen, Neuschriften und Endfassungen der Manuskripte meisterlich besorgte.

Frau Dr. Margarete Kühn und Herr Dr. Julius Frey, beide Berliner, scheuten nicht die Mühe hilfreicher Gegenlektüre. Herr Dr. Michael Meier aber und der Deutsche Kunstverlag nahmen sich dieser Miszellaneen an und machten daraus ein Buch.

Es ist meiner Frau gewidmet. Sie hat nicht nur über eine Reihe von Jahren die Absonderlichkeiten der Doppelexistenz neben einem arbeitsintensiven Berufsleben mitgetragen, sondern durch Hinweise, Korrekturen, Registeranfertigung und Lesekritik Entscheidendes zum Fortschreiten der Arbeit beigetragen.

Was ich Herrn Professor Dr. Hanno Beck, Leiter des Amtes für Forschung der Humboldt-Gesellschaft in Bonn und Herrn Professor Dr. habil. Kurt-R. Biermann, em. Leiter der Alexander-v.-Humboldt-Forschungsstelle der Akademie der Wissenschaften der DDR Berlin zu verdanken habe wird jedem erkennbar sein. Es bedürfte eines gesonderten Essays, die Fülle und Tiefe der Einsichten, die Masse der Tatsachen ans Licht zu heben, die mir aus ihren Werken, ihren stets zweckdienlichen Paralipomena, ihren brieflichen Unterrichtungen und Hinweisungen zuflossen: Wissenschaftler, dem Geiste Alexander von Humboldts anverwandt, jeder von seinem Punkte aus mäzenatenhaft die Fülle seiner Kenntnisse großmütig weitergebend:

»Jeder strebsame Gelehrte, um so mehr einer, der schon Leistungen hinter sich hat, ist Humbolts Sohn, wir alle sind seine Familie«.[272]

Recklinghausen, im Juni 1988

W. R.

Zeittafel

1769	Alexander in Berlin geboren (14. September) Erziehung u. a. durch Christian Kunth.
1786	Tod Friedrichs des Großen.
1787-1788	Beginn des Studiums der Kameralistik in Frankfurt/Oder.
1788-1789	In Berlin. Botanische Unterweisung durch C. L. Willdenow.
1789	Französische Revolution (14. Juli Bastillesturm) Bekanntschaft mit Georg Forster in Mainz.
1789-1790	Studium in Göttingen. Reise mit G. Forster zum Niederrhein, Holland, England, Frankreich. Humboldt karrt Sand zum Bau des Freiheitsstempels in Paris.
1790-1791	Besuch der Hamburger Handelsakademie.
1791-1792	Student an der Freiberger Bergakademie. Leopold v. Buch, Karl Freiesleben.
1792-1796	Oberbergmeister in Franken, diplomatische Missionen, Freundschaft mit v. Haeften: Besuche bei Goethe und Schiller. »Je concus l'idée d'une physique du monde.« Tod der Mutter. Aufgabe des Staatsdienstes.
1797-1799	Vorbereitungen auf die »westindische« Forschungsreise.
1799-1804	Mit Aimé Bonpland in den südamerikanischen Tropen. Reise auf dem Orinoco, Casiquiare.
1802	Besteigung des Chimborazo (23. Juni).
1802-1808	Wilhelm v. Humboldt preußischer Resident beim Päpstlichen Stuhl in Rom.
1804	Napoleon I., Kaiserkrönung.
1805	Zurück in Berlin, Beginn der Arbeit am südamerikanischen Reisewerk.
1806	Schlacht bei Jena und Auerstädt. Napoleon in Berlin.
1807	»Ideen zu einer Geographie der Pflanzen«, Goethe gewidmet.
1808	»Ansichten der Natur«.
1808-1827	lebt »kleine Abwesenheiten abgerechnet« in Paris.
1811	»Essai politique sur le royaume de le Nouvelle-Espagne«.
1815	Humboldt schlägt den Pariser Gesandtschaftsposten aus.
1824	Schloß Tegel von Schinkel fertiggestellt.
1826-1827	»Essai politique sur l'île de Cuba«, 2 Bde. Paris. (»Relation Historique«.) Endgültige Rückkehr nach Berlin.
1827-1828	»Kosmosvorlesungen« in der Berliner Singakademie.
1828	Präsident der Versammlung deutscher Naturforscher und Ärzte in Berlin.
1829	Russische und sibirische Forschungsreise.
1835	Tod des Bruders Wilhelm (8. April).

1840	König Friedrich Wilhelm III. stirbt, Thronbesteigung Friedrich Wilhelm IV.
1842	Einzug in die Wohnung Oranienburger Straße 67.
1845	Der erste Band des KOSMOS erscheint (5 Bde.).
1848	Märzrevolution in Berlin. Humboldt an der Spitze des Trauerzuges.
1857	Preußisches Gesetz gegen die Sklaverei auf Veranlassung Humboldts.
1859	Tod (6. Mai) in Tegel beigesetzt.

Literatur (Auswahl)

1. Bardua, Wilhelmine: Jugendleben. Hrsg. von W. Schwarz. 1874.
2. Beck, Hanno: Zur Lebensgeschichte Alexander von Humboldts. Ein Brief Humboldts an Karl Bogislaus Reichert. In: Sudhoffs Arch. f. Gesch. d. Med. u. Naturw. 41 (1957) 59-68.
3. -: Alexander von Humboldts »Essay de Pasigraphie«, Mexico 1803/1804. In: Forsch. u. Fortsch. 32 (1958) 33-39.
4. -: Alexander von Humboldt, Bd. I. u. II. Franz Steiner Verlag GmbH, Wiesbaden 1959/1961.
5. -: Gespräche Alexander von Humboldts. Hrsg. im Auftrage der Alexander von Humboldt-Kommission der Dtsch. Akademie der Wissenschaften zu Berlin, Berlin 1959.
6. -: Alexander von Humboldts »Kosmos«, für die Gegenwart bearbeitet. Stuttgart 1978.
7. -: Alexander von Humboldts Reise durchs Baltikum nach Rußland und Sibirien. 1829. Ed. Erdmann / K. Thienemanns Verlag, Stuttgart 1984.
8. -: Wilhelm, Caroline und Alexander von Humboldt. (Zur Erhellung einer Polarität).
   -: Zu den Anmerkungen in Alexander von Humboldts »Kosmos«.
   -: Alexander von Humboldt als größter Geograph der Neuzeit.
   -: Alexander von Humboldts Rede 1829 in Sankt Petersburg. In: »Die Dioskuren«. Abhandl. der Humboldt-Gesellschaft f. Wissenschaft, Kunst und Bildung e. V., Mannheim 1986.
9. Benn, Gottfried: Gedichte. Hrsg. von Bruno Hildebrand. Fischer Taschenbuch, Frankfurt/Main 1982.
10. Berglar, Peter: Wilhelm von Humboldt, rororo-Monographie 161, Rowohlt-Verlag, Reinbeck 1970.
11. Biermann, Kurt-R.: Über die Förderung deutscher Mathematiker durch Alexander von Humboldt, Gedenkschrift zur 100. Wiederkehr seines Todestages. Hrsg. von der Alexander von Humboldt-Kommission der Deutschen Akademie der Wissenschaften zu Berlin, Berlin 1959.
12. -: Alexander von Humboldts »Kosmos«-Vorhaben in Briefen an Bessel. In: Monatsberichte der Deutschen Akademie der Wissenschaften zu Berlin 4 (1962) 318-324.
13. -: Alexander von Humboldts wissenschaftsorganisatorisches Programm bei der Übersiedlung nach Berlin. In: Monatsberichte der Deutschen Akademie der Wissenschaften zu Berlin 10 (1968) 142-147.
14. -: Die »Memoiren Alexander von Humboldt's«. Monatsber. Dtsch. Akad. Wiss. 13 (1971) 382-392.
15. -: Ein Portrait Alexander von Humboldts von Emma Gaggiotti. In: Acta Hist. Leopoldina (1975) 51-57.
16. -: Wer waren die wichtigsten Briefpartner Alexander von Humboldts? NTM 18 (1981) 34-43.

17. -: Alexander von Humboldt. Biographien hervorragender Naturwissenschaftler, Techniker und Mediziner, Bd. 47, 3. Aufl., Teubner, Leipzig 1983.
18. -: Alexander von Humboldt - Aus meinem Leben. Beck, München 1987.
19. Bitterling, Richard: Alexander von Humboldt. Ein Lebensweg in Bildern. Deutscher Kunstverlag, München-Berlin 1959.
20. Bohner, Theodor: Alexander von Humboldt 1769-1859. In: Die großen Deutschen. Neue Deutsche Biographie. Bd. 3. Hrsg. von Willy Andreas und Wilhelm von Scholz. Propyläen Verlag, Berlin 1942.
21. Borch, Rudolf: Alexander von Humboldt. Sein Leben in Selbstzeugnissen, Briefen und Berichten. Verlag des Druckhauses Tempelhof, Berlin 1959.
22. Botting, Douglas: Humboldt and the Cosmos. G. Rainbird Ltd. London 1973. Dtsch. Prestel Verlag, München 1974.
23. Bouvier, R. und E. Maynial: Der Botaniker von Malmaison. Aimé Bonpland, ein Freund Alexander von Humboldts. Neuwied 1949.
24. Brecht, B.: Stücke Bd. I-X. Aufbau-Verlag, Berlin 1958.
25. Brugsch, Heinrich: Mein Leben und mein Wandern. Berlin 1894.
26. Brugsch, Th.: Arzt seit fünf Jahrzehnten. Berlin 1957.
27. Bruhns, Karl, Hrsg.: Alexander von Humboldt, Bd. I-III. F. A. Brockhaus, Leipzig 1872.
28. Burckhardt, Jacob: Briefe Bd. I-X. Schwabe u. Co., Basel 1949-1986.
29. -: Die Kultur der Renaissance in Italien. Reclam.
30. Döring, Lothar: Wesen und Aufgaben der Geographie bei Alexander von Humboldt. Frankf. Geograph. Hefte 5 (1931) H. 1.
31. Dove, H. W.: Gedächtnisrede auf Alexander von Humboldt. Berlin 1869.
31a.-: Die Forsters und die Humboldts. Leipzig 1881.
32. Dove, Alfred: Ausgewählte Aufsätze und Briefe. Bd. I. 6. Die Gebrüder Humboldt. Hrsg. v. Friedrich Meinecke. München 1925.
33. Drewitz, Ingeborg: Berliner Salons. Berlin 1979.
34. Eckermann, J. P.: Gespräche mit Goethe. dtv-Bibliothek 6005, 1976.
35. Engelmann, Gerhard: Alexander von Humboldt. Über das Registermachen. Zbl. Bibl.wes. Jg. 83 (1969), Heft 5, S. 275.
36. Enzensberger, H. M.: Mausoleum. Suhrkamp Verlag 1975. A. V. H. S. 56.
37. Faak, Margot: Wiederlegung von Zweifeln an Alexander von Humboldts Chimborazo-Besteigung. Petermanns Geograph. Mitteil. 118 (1974) 341.
38. Feilchenfeld, K.: Der liberale Humboldt. In: Du, Kultur. Monatsschrift 30 (1970) 654-659.
39. Forster, Georg: Ansichten vom Niederrhein. Eine Auswahl. Hrsg. von Ludwig Uhlig. Philipp Reclam jun., Stuttgart.
40. Frey, Julius: Armer Nietzsche. (Annäherung an einen Philosophen). Peter Lang, Frankfurt/Main 1987.
41. Friedell, Egon: Kulturgeschichte der Neuzeit. Beck'sche Verlagsbuchhandlung, München o. J.
42. Gehlen, Arnold: Moral und Hypermoral. Eine pluralistische Ethik. Athenäum Verlag, Frankfurt/Main-Bonn 1970.
43. Gicklhorn, Josef und Reneé: Th. Haenkes Bedeutung für die Erforschung

Südamerikas vor Alexander von Humboldt. Mitt. d. Geogr. Ges. i. Hamburg XLVII. 1941.
44. Gleichen-Russwurm, A. v.: Geselligkeit, Sitten und Gebräuche der Europäischen Welt 1789-1900. Verlag Hoffmann, Stuttgart MCMX.
45. Goethe, J. W. v.: Der Briefwechsel zwischen Goethe und Zelter (3 Bde.). Hrsg. von Max Hecker, Insel Verlag, Leipzig 1915.
46. -: Briefwechsel mit den Gebrüdern von Humboldt. Hrsg. von F. Th. Bratranek. Brockhaus, Leipzig 1876.
47. -: Wilhelm Meisters Lehrjahre. Hrsg. von Ernst Beutler. Artemis Verlag. Gedenkausgabe, 1962.
48. Grimm, Hermann: Fünfzehn Essays. Darin: Alexander von Humboldt (1862). Ferd. Dümmlers Verlagsanstalt, Berlin 1874.
49. Grisebach, A.: Die Wirksamkeit Humboldts im Gebiete der Pflanzengeographie und Botanik. In: Grisebach, Abhandlungen und Schriften zur Pflanzengeographie. Leipzig 1880.
50. Günther, P.: Schiller in einer Zeit der Technik. Verlag C. G. Müller, Karlsruhe 1958.
51. Hammacher, Klaus: Universalismus und Wissenschaft im Werk und Wirken der Brüder Humboldt. Frankfurt/Main 1976.
52. Harig, Gerhard: Alexander von Humboldt. Eine Auswahl. Urania-Verlag, Leipzig/Jena 1959.
53. Haym, Rudolf: Aus meinem Leben. Erinnerungen. Aus dem Nachlaß hrsg. Berlin 1902.
54. Heilbronn, Ernst: Zwischen zwei Revolutionen. Der Geist der Schinkelzeit (1789-1848). Volksverband der Bücherfreunde, Wegweiser-Verlag GmbH, Berlin 1927.
55. Hein, Wolfgang-Hagen (Hrsg.): Alexander von Humboldt. Leben und Werk. Weisbecker Verlag, Frankfurt/Main 1985.
56. Herz, Henriette in Erinnerungen, Briefen und Zeugnissen. Hrsg. von Rainer Schmitz, Leipzig und Weimar 1984.
57. Honigmann, Peter: Alexander von Humboldts Verhältnis zu Juden. In: Bulletin des Leo Baeck Instituts 76 (1987) 3-34. Jüdischer Verlag bei Athenäum. Jerusalem/Frankfurt/Main.
58. Humboldt, Alexander von:
-: Mineralogische Beobachtungen über einige Basalte am Rhein. Braunschweig 1790.
59. -: Die Lebenskraft oder der Rhodische Genius. In: Die Horen. 1795, 90-96.
60. -: Über einige Gegenstände der Pflanzenphysiologie. In: Über Ernährung der Pflanzen und Fruchtbarkeit des Bodens. Leipzig 1798, 3-44.
61. -: Ideen zu einer Geographie der Pflanzen, nebst einem Naturgemälde der Tropenländer. Mit einer Kupfertafel. Tübingen 1807.
62. -: Geographie der Pflanzen in den Tropen-Ländern; ein Naturgemälde der Anden. Von Alexander von Humboldt und A. G. Bonpland. Einzelblatt, Paris 1805.
63. -: Versuch über den politischen Zustand des Königreichs Neu-Spanien (5 Bde.). Tübingen 1809-1814.

64. -: Rede. Gehalten bei der Eröffnung der Versammlung deutscher Naturforscher und Ärzte in Berlin am 18. September 1828. Berlin 1828.
65. -: Kosmos. Entwurf einer physischen Weltbeschreibung. (5 Bde.). Stuttgart und Tübingen 1845-1862.
66. -: Ansichten der Natur. Stuttgart und Tübingen 1849.
67. -: Alexander von Humboldts Reise in die Aequinoctial-Gegenden des neuen Continents. In dtsch. Bearb. von H. Hauff. 6 Bde. in 3 Bdn. Cotta, Stuttgart 1861-1862.
68. -: Essa: Politique zur l'île de Cuba (Extrait de la »Relation historique«) 2 Bd. Paris 1826.
69. -: Auf Steppen und Strömen Südamerikas.Reise in die Äquinoktialgegenden des Neuen Kontinents. Leipzig 1959.
70. -: Über den Zustand des Bergbaus und Hütten-Wesens in den Fürstentümern Bayreuth und Ansbach im Jahre 1792. Bearb. von H. Kühnert. Freiberger Forschungshefte, D. 23, Berlin 1959.
71. -: Briefe von Alexander von Humboldt an Varnhagen von Ense (1827-1858). Hrsg. von Ludmilla Assing. F. A. Brockhaus, Leipzig 1860.
72. -: Briefwechsel und Gespräche mit einem jungen Freunde (1848-1856). Hrsg. von Friedrich Althaus. Berlin 1861.
73. -: Briefwechsel Alexander von Humboldts mit Heinrich Berghaus (1825-1858). Hrsg. von Heinrich Berghaus. 2. Ausgabe. Jena 1869.
74. -: Briefe von Alexander von Humboldt an Christian Carl Josias Freiherr von Bunsen (1816-1856). Leipzig 1869.
75. -: Briefwechsel zwischen Alexander von Humboldt und Georg Graf von Cancrin (1827-1832). Hrsg. von W. Schneider und F. Russow. Leipzig 1869.
76. -: Briefe Alexander von Humboldts an Friedrich v. Raumer. Litterarischer Nachlaß (2 Bde.). Berlin 1869.
77. -: Lettres de Alexandre de Humboldt à Marc-Auguste Pictet (1795-1824). Hrsg. v. A. Rilliet. In: Le Globe VII (1869), 120ff.
78. -: Goethes Briefwechsel mit den Gebrüdern von Humboldt (1795-1832). Hrsg. von F. T. Bratranek. Leipzig 1876.
79. -: Briefe Alexander von Humboldts an seinen Bruder Wilhelm. Hrsg. v. d. Familie von Humboldt. Ges. dtsch. Literaturfreunde, Berlin 1879.
80. -: Jugendbriefe Alexander von Humboldts an W. G. Wegener. Leipzig 1896. Hrsg. von Albert Leitzmann.
81. -: Briefe Alexander von Humboldts an Ignaz v. Olfers. Hrsg. von E. W. M. v. Olfers. U. E. Sebald, Leipzig 1913.
82. -: Alexander von Humboldt und das Preußische Königshaus. Briefe (1835-1857). Hrsg. v. C. Müller, Leipzig 1928.
83. -: Briefe an Cotta (1833-1863). Hrsg. von Herbert Schiller. Stuttgart u. Berlin 1934.
84. -: Die Jugendbriefe Alexander von Humboldt's (1787-1799). Hrsg. von Ilse Jahn u. Fritz S. Lange. Akademie Verlag, Berlin 1973.
85. -: Briefwechsel zwischen Alexander von Humboldt und Carl Friedrich Gauß. Hrsg. von K.-R. Biermann. Berlin 1977.

86. -: Briefwechsel zwischen Alexander von Humboldt und Heinrich Christian Schumacher. Hrsg. von K.-R. Biermann 1979
87. -: Briefwechsel zwischen Alexander von Humboldt und Peter Gustav Lejeune Dirichlet. Hrsg. von K.-R. Biermann. Berlin 1982.
88. -: Memoiren. 1. Lieferung. Verlag von Ernst Schäfer, Leipzig 1861 Anonym.
89. -: Gedenkschrift zur 100. Wiederkehr seines Todestages. Im Auftrage der Alexander von Humboldt-Kommission d. Dtsch. Akademie der Wissenschaften zu Berlin: Alexander von Humboldt und der Bergbau. Hrsg. von Baumgärtel. Akademie Verlag Berlin 1959.
90. Alexander von Humboldt und seine Welt. Ausstellung des Ibero-Amerikanischen Instituts im Schloß Charlottenburg. Berlin. 1969.
91. Humboldt, Wilhelm von: Ideen zu einem Versuch, die Gränzen der Wirksamkeit des Staates zu bestimmen. E. Trewendt, Breslau 1851.
92. -: Seine Briefe an Christian Gottfried Körner. Hrsg. von F. Jonas. Verlag Schleiermacher, Berlin 1880.
93. -: Sonettdichtung. Hrsg. von Albert Leitzmann. A. Marcus u. E. Webers Verlag, Bonn 1912.
94. -: Werke in fünf Bänden. Hrsg. von A. Flitner u. K. Giel. Wissenschaftl. Buchgesellschaft, Darmstadt 1960-1981.
95. Hofmann, Dieter: Gedichte a. a. O.
96. Jan, I.: Die anatomischen Studien der Brüder Humboldt unter Justus Christian Loder in Jena. In: Beitr. Gesch. Univ. Erfurt 14 (1968/69) 91-97.
97. Jünger, Ernst: Siebzig verweht II. Klett-Cotta, Leipzig 1981.
98. Kaegi, Werner: Jacob Burckhardt. Eine Biographie. Bd. 3: Die Zeit der Klassischen Werke. Benno Schwabe Verlag, Basel-Stuttgart.
99. Kaehler, Siegfried A.: Historische Zeitschrift. – Wilhelm und Alexander von Humboldt in den Jahren der napoleonischen Krise. München und Berlin 1916.
100. -: Wilhelm von Humboldt und der Staat. Vandenhoeck u. Ruprecht Göttingen 1963.
101. -: Studien zur deutschen Geschichte des 19. und 20. Jahrhunderts. Vandenhoeck u. Ruprecht, Göttingen 1961.
102. Kafka, Franz: Ein Bericht für eine Akademie. In: Ein Landarzt. K. Wolff Verlag. München/Leipzig 1919.
103. Keller, Gottfried: Neuere Gedichte: Am Tegelsee, in Wanderbilder 1852.
104. Kletke, H.: Alexander von Humboldt's Reisen im europäischen und asiatischen Rußland. Hasselbergsche Verlagsbuchhandlung, Berlin 1858.
105. Klose, Olaf u. Redlefsen, Ellen: Nordelbingen. Beiträge zur Kunst- und Kulturgeschichte. Bd. 34. Boyens & Co., Heide in Holstein 1965.
106. Kohut, Adolph: Alexander von Humboldt und das Judentum. F. W. Dardubitzsche Buchhandlung, Leipzig 1871.
107. Krammer, Mario: Alexander von Humboldt. Mensch. Zeit. Werk. Gebrüder Weiss Verlag, Berlin-München 1954.
108. Kretschmer, Ernst: Geniale Menschen. Springer Verlag, Berlin-Göttingen-Heidelberg, 1958.

109. -: Körperbau und Charakter. 23./24. Auflage. Springer Verlag, Berlin-Göttingen-Heidelberg 1961.
110. Kübeck, Max v.: Metternich und Kübeck. Ein Briefwechsel. Wien 1910.
111. Linden, Walther: Alexander von Humboldt. Weltbild der Naturwissenschaft. Hoffmann und Campe Verlag, Hamburg.
112. Löwenberg, Julius: Briefe Alexander von Humboldts an Frau v. Wolzogen. In: Vossische Zeitung, Nr. 42 v. 16. 10. 1881, Sp. 9-12, Nr. 44 vom 30. 10. 1881, Sp. 4-7. a. a. O.
113. -: ? Memoiren Alexander von Humboldts. Verlag E. Schäfer, Leipzig 1861 Anonym.
114. -: Alexander von Humboldt, Bibliographische Übersicht seiner Werke, Schriften und zerstreuten Abhandlungen. Unveränderter Nachdruck aus dem Jahre 1872. Brockhaus, Stuttgart 1960.
115. Menze, Clemens: Wilhelm von Humboldts Lehre und Bild vom Menschen. A. Henn Verlag, Ratingen 1905.
116. Meyer-Abich, Adolf: Alexander von Humboldt. rororo-Monographie 131, Rowohlt Verlag 1967.
117. Muthmann, Friedrich: Alexander von Humboldt und sein Naturbild im Spiegel der Goethezeit. Erasmus-Bibliothek, Zürich und Stuttgart 1955.
118. Nelken, Halina: Alexander von Humboldt. Eine dokumentierte Ikonographie. Dietrich Reimer Verlag, Berlin 1980.
119. Paul, Jean: Die Schönheit des Sterbens in der Blüte des Lebens (1813).In: J. P. Dichtungen, Dieterich Leipzig 1940.
120. Pauls, Walter u. Tessendorf, Wilhelm (Hrsg.): Der Marsch in die Heimat. Ein Heimatbuch des Bezirks Berlin-Reinickendorf 1937. Verlag Moritz Diesterweg, Frankfurt/Main.
121. Pindar: Siegeslieder. Eugen Diederichs, Jena 1912.
122. Pfeiffer, Heinrich: Alexander von Humboldt. Werk und Weltgeltung. München 1969.
123. Plank, Rudolf: Lebendige Harmonie von Natur und Geist. Festrede auf Alexander von Humboldt. Karlsruher Akadem. Reden - Neue Folge Nr. 17. C. F. Müller, Karlsruhe 1959.
124. Plewe, Ernst: Vom technischen Denken zur universalen Weltschau. Festrede auf Alexander von Humboldt. Karlsruher Akadem. Reden - Neue Folge Nr. 17. C. F. Müller, Karlsruhe 1959.
125. Ploetz, Karl: Auszug aus der Alten, Mittleren und Neueren Geschichte. Ploetz, Leipzig 1905.
126. Popper, Karl R.: Das Elend des Historismus. J. C. B. Mohr (P. Siebeck), Tübingen 1974.
127. Rave, Paul Ortwin: Wilhelm von Humboldt und das Schloß Tegel. Gebr. Mann Verlag, Berlin 1956.
128. Reich-Ranicki, Marcel: Thomas Mann und die Seinen. Deutsche Verlagsanstalt, Stuttgart 1987.
129. Rilke, R. M.: Die Gedichte. »Fortschritte«. »Buch der Bilder«. Insel Verlag 1986.

130. Rose, G.: Reise nach dem Ural, dem Altei und dem Kaspischen Meere auf Befehl Sr. Majestät des Kaisers von Rußland im Jahre 1829 ausgef. von Alexander von Humboldt (2 Bde.). Berlin 1837 und 1842.
131. Schiller, Charlotte: Briefe an einen vertrauten Freund (v. Knebel). Hrsg. von Düntzer, Leipzig 1856.
132. Schiller, Friedrich v.: Echtermeyer. Auswahl deutscher Gedichte. (Siegesfest). Verlag des Waisenhauses, Halle/Saale 1936.
133. -: Weimarer Nationalausgabe. 1958.
134. Schipperges, H.: Ärzte um Alexander von Humboldt. In: Deutsche Medizinische Wochenschrift 84 (1959) 1653-1657.
135. Schleucher, Kurt: Alexander von Humboldt. Der Mensch. Der Forscher. Der Schriftsteller. Eduard Roether Verlag, Darmstadt o. J.
136. Schnabel, Franz: Deutsche Geschichte im Neunzehnten Jahrhundert. 4 Bde. Herder, Freiburg 1937-1951.
137. Schneider, Hans-Karl: Humboldts »Ölquellen«. Esso Magazin, Jg. 11 (1959) H. 1.
138. Schoeps, Hans-Joachim: Preußen - Geschichte eines Staates. Propyläen Verlag, Berlin.
139. Schopenhauer, Arthur: Aphorismen zur Lebensweisheit. Reclam.
140. -: Parerga und Paralipomena. 2. Bd. Philipp Reclam jun., Leipzig.
141. Schultze, Joachim H.: Studien über Alexander von Humboldts universale Geisteshaltung. Einführung in die Festschrift. Walter de Gruyter u. Co., Berlin 1959.
142. Scurla, Herbert: Alexander von Humboldt. Sein Leben und Wirken. Verlag der Nation. Berlin 1969.
143. -: Alexander von Humboldt in seinem Verhältnis zu Schiller und Goethe. Wissenschaftliche Zeitschrift - Hochschule für Bauwesen. Cottbus 1959/1960, S. 1-17.
144. -: Alexander von Humboldt. Eine Biographie. claassen 1982.
145. Seneca, L. Annaeus: Briefe an Lucilius. Hrsg. von M. Rosenbach. Wissenschaftliche Buchgesellschaft, 1984.
146. Snow, C. P.: Die zwei Kulturen. Klett Verlag, Stuttgart 1967.
147. Springer, Anton: Fr. Chr. Dahlmann. Leipzig 1870.
148. Steinbuch, Karl: Falsch programmiert. Deutsche Verlagsanstalt, Stuttgart 1968.
149. Steiner, George: In Blaubarts Burg. Suhrkamp Taschenbuch 77, 1972.
150. Stevens, Henry: The Humboldt Library. A Catalogue of the Library of Alexander von Humboldt. Leipzig 1967.
151. Srbik, Ritter Heinrich v.: Metternich. Der Staatsmann und der Mensch. 3 Bde. Bruckmann, München 1925-1954.
152. Sroka, Ludwig: Alexander von Humboldts wissenschaftliche Sendung. Vermächtnis und Leitbild. Hamburg.
153. Sydow, Anna v. (Hrsg.): Wilhelm u. Caroline von Humboldt in ihren Briefen. (7 Bde.). 1.-4. Aufl., Ernst Mittler u. Sohn, Berlin 1906-1916.
154. Terra, de Helmut: Studies of the documentation of Alexander von Humboldt.

Proc. of the Americ. Philosophic Society, 102 (1958), 136-141, 560-589.
155. Tod, H. W.: Berliner Erinnerungen aus den fünfziger Jahren. In: Deutsches Heim, S. 103-106, ca. 1883.
156. Troll, C.: Die Lebensformen der Pflanzen. Alexander von Humboldts Ideen in der ökologischen Sicht von heute. In: Pfeifer, H.: Alexander von Humboldt. Werk und Weltgeltung. München 1969.
157. Ule, Otto: Alexander von Humboldt. Biographie für alle Völker der Erde. R. Lesser, Berlin 1869.
158. Valery, Paul: Herr Teste. Insel Bücherei Nr. 658, 1957.
159. Vareschi, Volkmar: Geschichtslose Ufer. Auf den Spuren Humboldts am Orinoko. München 1959.
160. Vogelsang, Hermann: Philosophie der Geologie und mikroskopische Gesteinsstudien. Bonn 1867.
161. Wietholz, August: Geschichte des Dorfes und Schlosses Tegel. Knüppel-Verlag, Berlin-Tegel 1922.
162. Ansichten der Natur: Die Reisen Alexander von Humboldts. 3. Folge: Die Besteigung des Chimborazo. Kult. Wort, Norddeutscher Rundfunk. 1. 9. 1963 MW.
163. Alexander von Humboldt 1769-1859. Hrsg. vom Rektor der Bergakademie Freiberg. Akademie-Verlag, Berlin 1960.
164. Ein ketzerisches Zwischenspiel. In: Du, September 1970. Manesse Zürich.

Nachweis der Zitate

Die Nummer hinter der Anmerkungsziffer entspricht der laufenden Numerierung des Literaturverzeichnisses

1 71. Briefe, S. 300.
2 19. Bitterling, S. 93.
3 34. Eckermann, S. 185.
4 – Darwin
5 142. Scurla, S. 7-9.
6 84. Briefe, S. 601.
7 123./124. Plank/Plewe.
8 141. Schultze, S. 92.
9 55. Hein, S. 115/116.
10 27. Bruhns II, S. 286.
11 27. Bruhns II, S. 454.
12 71. Briefe, S. 289.
13 21. Borch, S. 97.
14 66. A. v. H., S. 38.
15 27. Bruhns II, S. 481.
16 4. Beck II, S. 332.
17 21. Borch, S. 289.
18 52. Harig, S. 346.
19 5. Beck, S. 222.
20 5. Beck, S. 222.
21 4. Beck II. S. 204.
22 160. Vogelsang, a. a. O.
23 4. Beck II, S. 256.
24 5. Beck, S. 239.
25 5. Beck, S. 239.
26 53. Haym, S. 252.
27 5. Beck, S. 175.
28 5. Beck, S. 61.
29 21. Borch, S. 159.
30 83. Briefe, 15. 2. 1854.
31 153. Sydow, S. 46.
32 71. Briefe, S. 356.
33 71. Briefe, S. 357.
34 71. Briefe, S. 188.
35 142. Scurla, a. a. O.
36 71. Briefe, S. 113.
37 32. Dove, S. 106.
38 157. Ule, S. 8.
39 20. Bohner, S. 177.
40 50. Günther, a. a. O.
41 5. Beck, S. 12.
42 5. Beck, S. 5.
43 5. Beck, S. 5.
44 27. Bruhns I, S. 49.
45 27. Bruhns I, S. 49.
46 54. Heilbronn, a. a. O.
47 142. Scurla, S. 7.
48 84. Briefe, S. 47.
49 84. Briefe, S. 70.
50 74. Briefe, S. 51.
51 84. Briefe, S. 137.
52 84. Briefe, S. 162.
53 8c. Beck, S. 137.
54 84. Briefe, S. 173.
55 84. Briefe, S. 175.
56 84. Briefe, S. 142.
57 153. Sydow, a. a. O.
58 153. Sydow, a. a. O.
59 84. Briefe, S. 179.
60 84. Briefe, S. 179.
61 84. Briefe, S. 209.
62 84. Briefe, S. 204/205.
63 4. Beck I, S. 58.
64 27. Bruhns, S. 168.
65 4. Beck I, S. 57.
66 84. Briefe, S. 313.
67 84. Briefe, S. 400.
67a 27. Bruhns I, S. 175.
68 27. Bruhns I, S. 212.
69 27. Bruhns I, S. 212.
70 4. Beck I, S. 112.
71 –
72 84. Briefe, S. 55.
73 9. Benn, S. 445.
74 –
75 113. Anonym, S. 357. (s. u. Löwenberg)
76 84. Briefe, S. 106-107.
77 84. Briefe, S. 474.

[78] 19. Bitterling, a. a. O.
[79] – Goethe
[80] 84. Briefe, S. 347.
[81] 158. Valery, S. 68.
[82] 27. Bruhns I, S. 205.
[83] 27. Bruhns I, S. 205.
[84] 27. Bruhns I, S. 212/213.
[85] 46. Goethe, S. 407.
[86] 66. A. v. H., a. a. O.
[87] 132. Schiller, S. 290.
[88] 153. W. v. H., a. a. O.
[89] 84. Briefe, S. 553.
[90] 84. Briefe, S. 192.
[91] 84. Briefe, S. 192.
[92] 84. Briefe, S. 681.
[93] 45. Goethe, 2. 2. 1830.
[94] 84. Briefe, S. 625 f.
[95] 84. Briefe, S. 625 ff.
[96] 27. Bruhns I, S. 222.
[97] 84. Briefe, S. 578 ff.
[98] 84. Briefe, S. 629/630.
[99] 84. Briefe, S. 680.
[100] 117. Muthmann, S. 66.
[101] 71. Briefe, a. a. O.
[102] – A. v. H.
[103] 27. Bruhns I, S. 221.
[104] 27. Bruhns I, S. 221.
[105] 71. Briefe, S. 90.
[106] 27. Bruhns I, S. 211.
[107] – Goethe »Faust«.
[108] 24. Brecht, a. a. O.
[109] 5. Beck, S. 398.
[110] 4. Beck I, S. 196.
[111] 129. Rilke, S. 348.
[112] 63. A. v. H., a. a. O.
[113] 4. Beck, a. a. O.
[114] 84. A. v. H., a. a. O.
[115] 27. Bruhns I, S. 224.
[116] 5. Beck, S. 36.
[117] 5. Beck, S. 36.
[118] 66. A. v. H., Vorrede.
[119] 107. Krammer, S. 132.
[120] 153. Sydow, S. 265/266.
[121] 17. Biermann, S. 193.
[122] 107. Krammer, S. 135/136.
[123] 79. Briefe, S. 127 ff.
[124] – A. v. H.
[125] 71. Briefe, S. 357.
[126] 110. Kübeck, S. 25.
[127] 5. Beck, S. 217.
[128] 153. Sydow, S. 43 f.
[129] 153. Sydow, S. 46 f.
[130] 153. Sydow, a. a. O.
[131] 4. Beck II, S. 161.
[132] 66. A. v. H., Vorwort.
[133] 80. Briefe, S. 93.
[134] 142. Scurla, S. 102.
[135] 27. Bruhns I, S. 110.
[136] 4. Beck II, S. 9.
[137] 142. Scurla, S. 323/324.
[138] 84. Briefe, S. 520.
[139] 73. Briefe, 01. 06. 1825.
[140] 4. Beck I, S. 114.
[141] 55. Hein, S. 109.
[142] –
[143] 4. Beck I, S. 63.
[144] 153. Sydow, 12. 11. 1817.
[145] 153. Sydow, a. a. O.
[146] 153. Sydow, 30. 11. 1815.
[147] 153. Sydow, S. 64 (1817).
[148] 4. Beck II, S. 36.
[149] 71. Briefe, S. 99/100.
[150] 21. Borch, S. 199.
[151] 31a. Dove, S. 106.
[152] 34. Eckermann, S. 629.
[153] 142. Scurla, S. 268.
[154] 142. Scurla, a. a. O.
[155] 103. Keller, a. a. O.
[156] 27. Bruhns, S. 112.
[157] 21. Borch, S. 313.
[158] 27. Bruhns II, S. 171.
[159] 27. Bruhns II, S. 129.
[160] 27. Bruhns II, S. 146.
[161] – Nicolai,
[162] 1. Bardua, a. a. O.
[163] 45. Goethe III, S. 4.
[164] 4. Beck II, S. 83.
[165] 146. Snow, S. 31.
[166] 17. Biermann, S. 98.
[167] 27. Bruhns II, S. 153.

168 – W. v. H.
169 100. Kaehler, a. a. O.
170 – Haydn »Schöpfung«.
171 93. W. v. H., a. a. O.
172 149. Steiner, S. 149.
173 42. Gehlen, a. a. O.
174 91. W. v. H., a. a. O.
175 32. Dove, a. a. O.
176 100. Kaehler, S. 48.
177 100. Kaehler, S. 56.
178 93. W. v. H., a. a. O.
179 93. W. v. H., a. a. O.
180 94. W. v. H., a. a. O.
181 102. Kafka, S. 149.
182 153. Sydow, S. 390-392.
183 93. W. v. H., a. a. O.
184 153. Sydow VI, S. 47.
185 149. Steiner, a. a. O.
186 161. Wietholz, Kap. 27.
187 47. Goethe, S. 653.
188 10. Berglar, S. 131.
189 71. Briefe, S. 267.
190 27. Bruhns I, S. 221.
191 71. Briefe, S. 267.
192 22. Botting, S. 274.
193 27. Bruhns II, S. 132.
194 27. Bruhns II, S. 165.
195 27. Bruhns II, S. 169.
196 22. Botting, S. 299.
197 86. Briefe, S. 90.
198 27. Bruhns II, S. 96.
199 71. Briefe, S. 23.
200 71. Briefe, S. 20.
201 4. Beck II, S. 221/222.
202 71. Briefe, S. 120.
203 5. Beck, S. 81.
204 4. Beck II, S. 221/222.
205 71. Briefe, S. 124.
206 71. Briefe, S. 124.
207 5. Beck, S. 345.
208 5. Beck, S. 409.
209 71. Briefe, S. 172.
210 5. Beck, S. 339.
211 142. Scurla, S. 323-324.
212 17. Biermann, S. 105.
213 31. Dove, S. 10.
214 19. Bitterling, S. 75.
215 21. Borch, a. a. O.
216 5. Beck, S. 115.
217 71. Briefe, S. 64.
218 25. Brugsch, a. a. O.
219 5. Beck, a. a. O.
220 17. Biermann, S. 38.
221 27. Bruhns II, S. 32.
222 88. Humboldt, S. 367.
223 66. A. v. H., a. a. O.
224 27. Bruhns II, S. 465.
225 71. Briefe, S. 92.
226 27. Bruhns II, S. 367.
227 45. Goethe, S. 308.
228 71. Briefe, S. 99.
229 71. Briefe, S. 99.
230 71. Briefe, S. 398.
231 112. Löwenberg, a. a. O.
232 119. Paul, S. 371.
233 107. Krammer, S. 134/135.
234 5. Beck, S. 236.
235 83. Briefe, S. 32.
236 – Eichhorn.
237 89. A. v. H., a. a. O.
238 89. A. v. H., a. a. O.
239 89. A. v. H., a. a. O.
240 5. Beck, S. 244.
241 – Hofmann, »Gedichte«.
242 151. Srbik II, S. 342 ff.
243 28. Burckhardt, a. a. O.
244 28. Burckhardt, a. a. O.
245 27. Bruhns I, S. 195.
246 4. Beck II, S. 312.
247 35. Engelmann, S. 275.
248 4. Beck II, S. 235.
249 4. Beck II, S. 234.
250 27. Bruhns II, S. 469/470.
251 4. Beck II, S. 237.
252 135. Schleucher, S. 607.
253 18. Biermann, S. 11.
254 109. Kretschmer, S. 186.
(2) 42. Gehlen, a. a. O.
255 42. Gehlen, a. a. O.
256 139. Schopenhauer, S. 177.

[257] 145. Seneca, a. a. O.
[258] 128. Reich-Ranicki, S. 46.
[259] 121. Pindar, a. a. O.
[260] 12. Biermann, S. 318.
[261] 4. Beck II, S. 19.
[262] 4. Beck II, S. 231.
[263] 84. Brief, S. 106.
[264] 84. Brief, S. 142.
[265] 84. Brief, S. 157.
[266] 84. Brief, S. 352.
[267] 27. Bruhns II, S. 119.
[268] 36. Enzensberger, S. 56.
[269] 8. Beck, S. 109.
[270] – Fontenelles.
[271] – Donne, John (17. Jh.).
[272] 11. Biermann, S. 107/108.

Personenregister

Alle Rechte vorbehalten. - Lithos: Repro-Center Färber, München. - Satz: Filmsatz Schröter GmbH, München. - Druck: Verlagsdruckerei E. Rieder, Schrobenhausen.